新文京開發出版股份有限公司

NEW
WCDP

新世紀‧新視野‧新文京 — 精選教科書‧考試用書‧專業參考書

New Wun Ching Developmental Publishing Co., Ltd.

New Age · New Choice · The Best Selected Educational Publications — NEW WCDP

創造學

第4版

─理論與應用

FOURTH EDITION

Creatology Theory and Practice

經觀榮 王興芳｜編著

序版四
PREFACE

　　本書第四版對內容略作補充，新增案例分享，俾使本書更加完備。全書共十七章，內容可分為三個部分，茲如下介紹：

　　第一部分，有關創造學的基本認知，包括：創造學概述、創造性成果取得的條件與創造力的訓練、思維技能訓練的前提、右腦與創造力的開發、集體創造力的開發。

　　第二部分，有關創造思維的方法，包括：擴散思維（附水平思考、收斂思維）、類比思維（附等價變換法、提喻法）、聯想思維（附檢核表法）、組合思維（附信息交合法、系統思維）、列舉思維（附移植法）、逆向思維（附簡單思維）、TRIZ 理論簡介。

　　第三部分，創新思維在企業中的運用，包括：創新的企業文化、知識管理與組織學習、管理創新－對人的尊重、產品開發（含營銷創新、服務創新）、結語。

　　創新的素質包含心理、個性、知識、能力等因素，其最終表現的水準，則決定於後天的習成，而創造有方，透過對創造性思考方法的理解和運用，將使創造的過程變得容易，因此希望本書的出版對讀者有所助益。況且現代企業的競爭，也在於人才的競爭，而創新意識與創新能力的有無，也是個人在職場勝出的關鍵之一。

其次，也希望本書有關創造思維方法的介紹有助於思辨、判斷，針對眼前的問題、現象能多角度、多層次、多方位的由更廣的角度思考，以打破直覺、慣性、經驗、知識的侷限。

　　如一位女孩深夜獨自走在一條人煙稀少、路面不寬的道路上，結果看到對面走來一位大塊頭猙獰的男子，並張開兩隻手朝她走來。女孩的第一個反應是：「流氓」，往路旁閃躲一下，讓男子先閃過，但男子卻還是走在路中間。最後女孩心急下一腳踢向男子下腹部。只聽到一陣「嘩啦」的聲音，該男子無奈的喊著：「天啊！真沒想到已經是第三塊玻璃了，還是無法順利的拿回家！」

　　這個舉例顯示了直覺、感覺的認知未必可信，未必是事實。因而：眼見未必為真，耳聽未必為實。

编著者 謹識

目 錄 CONTENTS

Creatology:
Theory and Practice

01
Chapter

創造學概述

壹、創造學的基本概念

貳、創造性思考者的風格

創造力是人類社會進步的真正動力，一部人類社會的文明史，也就是人類不斷創造的歷史。在過去人們雖然認識到創造力的重要，但對創造力本身的研究有限，人們對創造力的開發、培養、激勵，是處在自發的、無意識的、偶發的或機遇的狀態。但今日，人們已建構了有體系的創造學研究，特別是成為一門學科後，利用創造學的知識與技能，將能更主動地改造自然、改造社會、改善企業，以創造更加豐盛的經濟效益與社會效益，並使個人才能獲得最大程度的發揮。

 壹 創造學的基本概念

人類在面對問題時，通常會採取兩種方法進行解決，一是利用他人已總結出的有效方法，這不需要創造性，只需要學習、掌握和運用現有的知識，是一種再造性思維；二是活用已有的知識去解決問題，或者以新的方法去解決所面對的問題，這屬於創造性思維。因而創造性思維是人類思維的高級形式或過程，它可以揭示事物的本質屬性與內在關係，並在此基礎上產生新穎的思維成果。

如下例即屬於創造性思考：

據說哥倫布在發現新大陸後，受到西班牙國王的獎勵，但有人不服地認為哥倫布不過是運氣好，因為船一直往西航行著，碰巧遇到陸地而已。面對這種懷疑，哥倫布一面承認自己的好運，但又肯定自己創造性的貢獻，同時表示發現新大陸就如一顆熟雞蛋立住而不讓它倒下一樣，這不是任何人都能做到的，果然大家聽後，紛紛

進行試驗，結果真的是沒有人能做到，最後哥倫布將蛋殼的一端輕輕壓破，然後蛋立住了，他說：「現在誰都會了。」

　　除了哥倫布採取的方法外，你還能想出哪些方法可以讓熟雞蛋立住？

一、創造的意義

1. 泰勒的創造五層次說

　　　　美國的創造心理學家泰勒(I. Taylor)根據創造產品的性質與複雜性，將創造分為五個層次：

(1) 即興式的創造：這種創造是隨興而發，是一種快樂自怡的即興式創造活動，如鋼琴家即興演出、詩人的即興創作、兒童的塗鴉。在活動中，人的知、情、意達到高度的和諧。

(2) 技術性的創造：運用一定的科技原理和思維技巧以解決實際問題所進行的創造活動，其以技術性、實用性、客觀性、精密性為特點，創造者可以模仿或借用現有的事物、方法，而不強調創新的程度。如鉛筆與橡皮擦組合成橡皮擦頭鉛筆。

(3) 發明式的創造：這種創造並不會產生新的原理原則，但產品有較強的創新性及社會的實用性，比技術性創造有更高層次的創新。如愛迪生的電燈、瓦特的蒸汽機以至日常生活中的收音機、電視機、電腦等，產品的性質與功能是全新的。

(4) 革新式的創造：能在否定舊事物或舊觀念的前提下，造出新事物或新觀念。創造者不但熟悉舊事物或舊觀念，並且還要有高度抽象化、概念化的技巧以及敏銳的觀察力與領悟力，

對未知進行探索而產生與原有認知不同的新事物、新觀念。如新工具取代舊工具，新定律取代舊定律。如複製羊桃莉的出現，產生了無性繁殖的哺乳動物。

(5) 突現式的創造：這種創造是最複雜的，它是全然不同於過去的新觀念，或從未有過的新認識，揭示或發現尚無所知的新規律。而產生科學研究上的新領域。如愛因斯坦(Albert Einstein)的相對論、門捷列夫建立的元素週期表。

2. 日本創造學會的定義

1982 年 6 月，日本創造學會向全體會員徵集對「創造」概念的定義，1983 年在該學會會刊《創造學研究》上，刊登了 83 種定義，可對創造的意涵及範圍的認知有所釐清。如：

(1) 現有要素的新組合，這種組合對創造者本人來說是新穎的。（R. L.貝利）

(2) 創造就是把已知的材料重新組合，產生新的事物或思想。（恩田彰）

(3) 創造就是破舊立新。（王加微）

(4) 所謂創造，是主體綜合各方面的信息以形成一定的目標，進而控制或調節客體產生有社會價值的、前所未有的、新成果的實際活動。（甘自恆）

(5) 創造，是人類的傳奇，因為它體現了一個人的個性，所以是意志的具體表現。（小川藤彌）

(6) 把握本質的變革，在事物方面就是機能、構造的變革；在社會方面就是結構、慣例、方法的變革。（高橋浩）

(7) 創造，是以人類大腦左右半球的信息交換為基礎產生新文化的行為。（久田成）

(8) 創造是以獨創的設想和努力去開拓對於個人、集體、國家、人類的未知領域，使之實現，成為對人類有貢獻的事物的活動。（上條芳省）

(9) 創造首先是頑強的、精細的，同時富於靈感的勞動，這種勞動要求人的全部體力和智力的高度緊張。真正的創造總給社會以有益的、有意義的結果。（波果斯洛夫斯基）

3. 創造的意義

　　根據一定的任務、目標、目的，運用自己的知識、技能和智力等綜合素質以獲得一新發現、新知識、新理論、新發明、新構思、新設計、新工藝、新技術、新產品、新作品、新制度的過程，就是創造。

　　而創造必須具備三個基本要素，即新穎、進步和有價值。其中最關鍵的就是新穎，也就是創新。所以創新也就變成創造最本質的含義。而新的含義則可分為三個層次：

(1) 對人類社會來講是新的，是前所未有的，如中國古代的四大發明、愛迪生發明的留聲機。這種能力是各行各業，如科學家、發明家、藝術家等傑出人物所有的。

(2) 對社會某一個特定的群體而言是新的，但對全社會卻可能並沒有新的含義。如宋朝時司馬光的破缸救人，對成年人來說，可能就沒有創造性。

(3) 對每一個自己來說是新的，也是自我實現的創造力，雖然它可能是別人早已想到的。

4. **與創造相關的名詞**

(1) 創新(lnnovation)：是將發明和創造實用化的過程。其有廣義、狹義之分。狹義的創新是指在經濟活動引入新的思想或方法以將生產要素重新組合，也是對科學技術、發明、發現、創造的實際應用，它是屬於經濟學的概念。而廣義的創新，則包括一切從無到有的創造，產生以前未有的設想、技術、文化、商業、社會方面的關係，也包括自然科學的新發現。

(2) 發明(lnvention)：是透過思維或實驗方法首先為一項科學或技術難題找到或發現解決方案或方法。通常是新事物或技術首度出現，它可以是物件或方法，也可以是有形或無形的。發明的成果都具有新穎性，但又可分不同層級，最低層級的發明屬於改進或革新；有的發明屬於首創而等於創造，如飛機、汽車等；最高級的發明則是發現級的重大成果，如日心說、萬有引力等學說。

(3) 發現(Discovery)：是指對科學研究中前所未知的事物、現象及其規律性的一種認識活動，即第一次明確的敘述已存在的客觀事實、規律和現象。發現是最高等級的創造。

(4) 創意(Originality)：是重新定義事物與事物的關係或就現有事物或元素重新組合，而產生引人入勝和出其不意的感覺，常與藝術、文化結合在一起，而呈現出隱含的示意。因此創意並不就等於創新或創造，但好的創意可以產生創新或創造的成果。

　　雖然創造、創新、發明、發現、創意的含義有些許差異或層級的不同，但都要求新穎或首創，都在追求對人類改變、認識世界的理想，因而在本書中，並不將創造與創新、發明等詞予以區分，它們指涉的觀點是通用的。

二、創造性思維的意義

　　創造性思維是指人在創造活動中，能夠找出客觀事物的本質屬性和內在關係，並且產生新的、前所未有的思維成果的思維活動方式。它的特性表現在思想的創見性、發散性、綜合性和非邏輯式，但其基礎還是奠立在邏輯的思維上，即通過判斷、推理、比較、分析、綜合、抽象、概括、歸納、演繹等思維形式來付諸實現。

　　孫建霞和柳新華對此說明如下：

1. 判斷是藉助於若干信息來判定事物的本質、特徵和規律。

2. 推理是由已知判斷引出新的判斷。

3. 比較是確定事物之間的共同與差異點。

4. 分析是把整體分解為部分，從中認識事物的基礎和本質。

5. 綜合是把各種不同而相關的事物進行整合。

6. 抽象是從具體的事物中抽出相對獨立的各個方面關係與屬性。

7. 概括是將某一類事物中的某些事物所具有的共同本質屬性，推廣到整個這一類事物的認識。

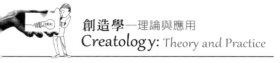
8. 歸納是由特殊到一般。

9. 演繹是由一般到特殊。

三、創造性思維的特徵

1. 求異性

不輕信權威，不拘泥於習慣，以懷疑批判的態度面對事物的不同與特殊之點，特別是現象、本質、形式與內容的不同之處，而創新本質上就是對現有的不滿、否定和超出。如盡量對產品與消費者細分需求，因為消費者存在著年齡、職業、性別、性格、興趣、文化、修養、經濟條件的各方差異，故對同一種產品的需求就有所不同。如毛衣的式樣和花色：青年學生追求時髦、新潮，富有個性；女職員希望色彩鮮明，有朝氣；中老年希望端莊穩重。

2. 聯想性

將表面不相關的事物聯繫起來，以達到創新的目的。可利用現有的經驗舉一反三，也可利用別人的發明創造進行創新。擅於聯想的人有兩個共同點：一是有敏銳的眼光，善於發現聯想的原型；二是有思索的習慣。如有充氣的氣球、皮球，就可有充氣的劇場、充氣的床、充氣的椅子及快速充氣的安全氣囊。

3. 發散性

是一種開放性的思維，從一點出發，向四周擴散，不畫地自限，以提供更多的選擇。即可以從不同的角度去說明事件及其變化的原因，而對某些現象、情況作出多種解釋。如風箏是兒童喜愛的玩具，但是還可傳遞軍事情報、空中擊靶、雷雨天作雷電試驗。

4. 綜合性

將事物的各個側面、部分和屬性的認識統一為整體的知識，以把握事物的本質和規律。但這種綜合，不是隨意、主觀地拼湊或機械性地相加，而是按其內在的、必然的、本質的聯繫所進行的綜合。如日本的松下電器曾引進 300 多項新技術、所有的零部件、線路圖，然後加以綜合利用，生產出世界上最好的電視機。

5. 逆向性

是有意義的從常規思維的反方向思考問題。看到事物的優點，也看到它的缺點；同樣的，看到事物的缺點，也要反過來看看它的優點。即在面對問題時，不用固有的思路去思考問題，而要從對立的、完全相反的角度去提出、思考及解決問題。如以吹動的方式清除灰塵，結果使用除塵器時，飛揚的灰塵令人窒息，那麼吹塵既然不好，吸塵又如何？結果試驗證明吸塵的方法是可行的，因而帶有灰塵過濾器的吸塵器就出現了。

6. 獨創性

　　在思維的方法或結論，能提出新創見、作出新的發明，實現新的突破。即敢於打破陳規陋俗，摒棄舊有的觀念，懷疑權威的理論。如哥白尼假使不敢懷疑早被認定為神聖不可侵犯的托勒密的地心說，就不可能產生他的日心學說。又如諾貝爾獎金的得主理查·德費曼曾說：「自己成為天才的祕密，就是不理會過去的思想家們如何思考問題，而是獨創新的思考方式。」

7. 變通性

　　在思考過程中，為排除障礙，而改變原有的思維方式。如孫臏每天減少軍灶以誘敵，但虞詡在面對羌族大軍的時候，卻讓部下每人各築兩個軍灶，並且每天增加一倍，讓羌兵看到日日增加的軍灶，而不敢逼近。

四、創造或創新的種類

　　創造或創新並不只限於技術與工藝的一面，還包括更廣的範圍，如：

1. 產品創新

　　因為改變、增加或改善品種、技術、工藝、設計而出現的新產品、新服務，或提高原有產品的功能。但產品創新不限於技術創新，新材料、新工藝、現有技術的重新組合或新的應用，也可以實現產品創新。

2. 組織及管理創新

　　是新的管理思想、管理原則和管理方法，改變企業的組織架構、管理流程、運作模式、組織形式。如品質管理、知識管理、客戶管理、組織再造、勞資關係、合理化建議、民主參與、精實管理、細胞式生產等。

3. 營銷創新

　　指營銷策略、營銷管道、營銷方式、廣告策劃、品牌戰略等。

　　餘如商業模式的創新、文化創新等。

五、創造學的由來與發展

　　創造學的出現，有賴於作為其理論基礎的一些學科，如：腦神經科學、認知心理學、社會心理學、人格心理學的發展而取得相當的奠基與進展。

　　遠在 1903 年時，美國的創造性研究人員就對 1,000 位生於西元前 600 年到西元 1800 年的傑出人物進行研究，以探討影響人類創造才能的各種素質及心理品質。1906 年時，美國的一位專利審查人員 E. J.普林德爾向美國電氣工程師協會提供一篇名為〈發明的藝術〉的論文，對工程師提出進行創造力訓練的建議，並以實例說明一些改進發明的技巧和方法。1931 年美國內布拉斯加大學教授克勞福德發表《創造思維的技術》一書，提出特性列舉法，並在大學開課講授。

　　1933 年美國電氣工程師奧肯撰寫發明教育的講義，並開設訓練班。1937 年史蒂文森在通用電氣公司為技術人員開設創造工程課程，這是工業界進行創造人才培訓的開始。

　　1938 年，被譽為現代創造學之父的奧斯本(A. F. Osborn)創立智力激勵法，運用在工作上且取得成功後，為了普及創造技法，乃撰寫一系列相關著作，如：《思考的方法》（1941 年）、《所謂創造能力》（1948 年）、《實用的想像》（1953 年），為創造學建立系統理論，並且深入學校、社團、工廠推廣其應用。1954 年奧斯本創立「創造教育基金會」，以在美國教育界推廣創造性教學，其努力目標有三：1.開設專門研究創造的課程；2.在其他實際課程中運用創造原則和方法；3.在其他各學科內，運用更具有創造性的講課方式，以在既有的知識領域內能產生更豐富的想像。

　　1942 年，天文學家茲維基(F. Zwicky)在參與美國火箭研製過程中，利用數學中的排列組合原理，提出「形態分析法」，他依照火箭各主要組成部件所可能有的各種形態的不同組合，利用形態分析法，共得到 576 種不同的火箭構造方案。1944 年，美國科學家戈登(W. J. J. Gordon)提出「提喻法」，而提喻法和智力激勵法已進入各機關、企業、團體中被廣泛使用。

　　1960 年代以來，美國許多著名的大學，如麻省理工學院、加州大學、哈佛大學、史丹福大學等，相繼開設有關創造學的課程或創造學研究所。許多著名的大企業及軍事單位也都成立創造力開發訓練部門。

　　日本在 1930 年代，開始引進美國有關創造學的研究成果，但1940 年代起開始有了自己的特色，如 1944 年，日本創造學先驅的市川龜久彌發表《創造性研究方法》一書，1955 年提出「等價變換法」的創造技法，此後日本學者又相繼提出各種創造技法。1982年，當時日本首相福田赳夫更明確宣示創造力開發是日本邁向二十一世紀的保證。而企業界更強調要開發創造力、創造新技術、發展新產業、確保競爭優勢。

　　及至今日，有關創造學的研究，早已獲各國政府、教育界、企業界、科學界的重視，而獲得全面的推廣。在台灣則從 1960 年代起引進創造學，如陳樹勛的《創造力發展方法論》（1969 年）、紀經紹的《價值革新與創造力啟發》（1977 年）。為了使創造學在學校生根，教育部更發表《創造力教育白皮書》，至於企業也不斷提出創新的口號，相關著作或關於創造學、創意思考、創意管理、價值創新等譯書，更如雨後春筍。

 貳 創造性思考者的風格

　　要成功做一個具有創意、能創造發明的人，不是光想就能達到的，而是需要具備一些人格特質，必須在各方面努力以增強自己創造能力的素養。

一、對目標的堅持

　　一個創新者會將大部分的思考和努力集中在單一目標上，而一旦選定這個目標，就會離它愈來愈近，並調適潛意識，以便為實現目標貢獻心力，不怕任何的挫折和失敗，努力克服各種困難和障礙，如海倫凱勒專注於學習說話，因此，儘管她天生失去視聽覺與說話能力，仍然實現自己的明確目標。

　　十九世紀英國著名的數學家兼天文學家哈密爾頓創造了四元數的算法，他長年累月都處在強迫狀態之下，後來他回顧了四元數算法的發現經過：「明天是四元數的十五歲生日了。一八四三年十月十六日，當我偕同妻子步行前往都柏林而經過布洛瀚橋的時候，它就來到了人間；換言之就呱呱落地，發育成熟了。此時此地思想的電路接通了，而從中落下的就是 i、j、k 之間的基本方程式。⋯我感到問題在那一刻解決了，智力該喘口氣了，它已經糾纏我至少十五年之久。」

　　人能設想和相信什麼，就能以積極的心態去完成它，工作變得有樂趣，會因為激勵而自願付出代價，願意研究、思考、設計自己的目標。對目標思考愈多，對於機會的存在變得愈敏銳，也就更容易察覺到這些機會，而步向成功。

二、有獨創性

　　每個人可以比想像中擁有更多的選擇，但人們常陷入選擇的困擾中，誤以為只有 A、B、C 三種選擇，但事實上在任何情況下，都有無數的選擇，包括我們未曾想過，或從來沒有人想到過的可能

性，因此不論科學研究、藝術創作都要思路開闊，大膽思考，在提出和解決問題的方法上有自己的獨創性。只有不因循守舊，才能跳出日常思考的框架。

科學發展，就是科學研究成果不斷創新的過程。在進化論的形成過程中，法國的生物學家拉馬克首先打破神學的束縛，大膽地否定過去生物學書籍裡的觀念，認為生物是進化的，而環境的變化則是生物進化的主因。後來達爾文研究拉馬克的學說，吸收其中合理因素，提出以自然環境為中心的進化理論，解釋了許多拉馬克所不能解釋的現象，使進化論真正的建立於科學的基礎上，達爾文的著作就成為進化論的經典著作。

獨創性需要有求異思維的習慣與質疑批判的能力，善於消除事物中不合理的部分。

三、勇於獻身

要獻身於創新的工作，就必須認清個人要付出一些代價，作出一些犧牲。

如我國的祖沖之從小就「專攻數學，搜練古今」，立志「搜練古今，博采沉奧。唐篇夏典，莫不揆量，周正漢朔，咸加該驗，馨策籌之思，究疏密之辨」。作官之後，也利用公餘時間，堅持鑽研學術，能吸收前人的成果，又能善用獨立思考，終於成為大數學家。古人曾摸索出圓周和直徑的比例，大致為三比一。但這數字並不夠精確，後來西漢時的劉歆求得 3.1547；東漢張衡求得 3.16；曹魏時劉徽求得 3.14；劉宋時何承天求得 3.1428。而祖沖之吸收前人

的研究成果，經過艱苦運算，終於得出大於本質的近似值是 3.1415927，小於本質的近似值是 3.1415926，而圓周率在二者之間，他成為世界上第一個把圓周率算到小數點後第七位數的數學家。

又如居里夫婦在提煉鐳的過程中，實驗室設備簡陋，且要從事翻倒礦石、攪拌冶鍋、傾倒溶液等笨重體力勞動，十分艱苦，經過幾年的不懈努力，終於在用了四百噸鈾瀝青礦、一千噸化學藥品和八百噸的水後，提煉出一克的鐳，而居里夫人的體重減輕了 14 公斤。

四、不迷信權威

英國哲學家羅素在民國初年到我國講學時，有一天提出一個問題：2 + 2 等於多少？雖然答案連幼稚園大班小朋友都可能知道，但無人回答，大家在想羅素是一個國際知名的大哲學家、大數學家，提出這問題必然另有深意。最後羅素自己作了回答：2 + 2 等於 4。這說明對權威的迷信，會束縛人的思想。

所以要學習、接納別人的知識與經驗，但不能盲信、盲從。因為人的知識、經驗、所擅長的事都有侷限性，不知道的多於知道的；某一方面是內行，另一方面可能是外行。即使在本行內，也可能還有許多未知。因此對別人的經驗成果，要嘗試抱著批評的態度，以免影響到自己的思維空間。

五、具有想像或幻想能力

　　具有創造力的人，一方面充滿想像和幻想，另一方面又要腳踏實地；要做到既超越現實，但又與過去有所聯繫。偉大的科學與藝術一樣都需要想像的跳躍，使我們進入與現實完全不同的世界，有人把這些想法當作與現實無關的幻想，但是藝術與科學的關鍵點就在於超越當前的現實，以創造一種新的事實。

　　但是這種想像力或好奇心隨著年齡的增長卻逐漸消退或消失，這種現象可能是因為家庭、學校教育以灌輸為主，不鼓勵提問，或者早已司空見慣及思想怠惰所造成的，而一個創造者卻能繼續保有小時候的好奇心，總是想知道「是什麼？怎麼樣？」，對每一個變化問「為什麼？」，總是想要弄清楚周圍的世界。

　　愛迪生就是一個從小具有好奇心的人，總是要追問「為什麼？」他看到鳥在空中飛，就想：那為什麼人不能飛呢？由氣球聯想到如果有什麼東西讓人的肚子裡也充滿了氣，不就能飛了嗎？於是配了一包發酵粉找來同伴吞下去，結果同伴不但沒飛起來，反而肚疼不已，後來被父親打了一頓，警告他不准再做實驗。愛迪生雖然不再進行人體實驗，可是他的好奇心一如往常，終於成為擁有一千多項發明的大發明家。

　　又如人類追求像鳥一樣在空中飛翔的夢想和努力，在過去一直沒有中斷過，人們利用巨大的風箏、熱氣球、飛艇試著在空中飛翔。到了二十世紀初，萊特兄弟發明的飛機在美國終於試飛成功；升空三公尺，飛行時間十二秒，飛行距離三十五公尺，這紀錄在今

天看來很渺小，但卻是人類第一次在空中真正展開翅膀，從此人們再也不須羨慕鳥了。

　　創造想像的原料來自豐富的知識和經驗，來自於廣泛實踐基礎上的感性想像。所以要發展自己創造想像的能力，就必須不斷擴大知識範圍，增加感性想像的空間，甚至能形象化沒有見過的東西，如想像所有坐在教室的同學都穿著聖誕老人的服飾。

六、具有幽默感

　　幽默對於緩解緊張生活，協調人際關係都扮演著重要功能。而從創意思維的角度來看，各種類型的幽默都是在言談舉止上表現出來的一種創意。因為一個人要激發幽默，必然要擺脫理性和固有結論的束縛，而這是創意思考的必要條件。所以創意思維可以激發幽默，幽默也可以激發創意思維。

　　如愛因斯坦的相對論深奧難懂，因此愛因斯坦對求教的男士回答說：「如果你與一位美麗的女士對坐一小時，感覺上好像才過了一分鐘；如果你在熱火爐上坐一分鐘，就好像坐了一個小時，這就是相對論。」

　　又如一位商人站在店門外，大聲叫賣：「花生每斤 7 元，這是最後一天了，明天就要開始調價了，快來買呀！」許多消費者聽到叫賣聲，被引了過來，甚至還排隊等著採買花生，這時商人的妻子悄悄問他：「明天調漲多少？」商人回答說：「一斤 6 元。」

　　通常大家認為調價就是代表要漲價了，因為這是慣性思維，但調價事實上是調降。

七、一絲不苟

具有創新精神的人，都不滿足於不完全確切的知識，遇到問題總是打破砂鍋問到底，絕不牽強附會、放過任何疑點或含糊不清的地方，對於問題總是進行環環相扣的追問。

有一位對發明有興趣的小女孩，發現父親的臉色欠佳，就問母親：「父親為何臉色不好？」母親回說：「因為昨晚沒睡好。」小女孩再問：「為什麼沒有睡好？」母親：「因為他有一張珍貴的郵票找不到了。」小女孩追問：「為什麼找不到了？」母親：「因為你父親的抽屜裡放的東西又多又亂，可能不小心夾在裡面丟掉了。」小女孩弄清事件的經過，經過幾天的動腦，為父親設計了「抽屜保險櫃」，就是在抽屜裡設置一個可放貴重物品的櫃中櫃，如此一來貴重物品就不會因疏忽而丟失了。因為小女孩好問問題，一個簡單實用的小發明就出現了。

八、不怕失敗

愛迪生曾說：「失敗也是我們所需要的，它和成功一樣對我有價值。只有在我知道一切做不好的方法之後，我才知道做好一件工作的方法是什麼。」誠然一個人什麼事都不敢做，就學不到任何東西，而失敗的反饋可提供嘗試另一種不同方法的契機。故重要的不是失敗幾次，而是最後是否成功，也只有追求結果的人，才能獲得最後的成功。

　　愛迪生所說的話，也正是他一生發明、創造的寫實，他發明電燈的失敗紀錄高達 1,200 次，有人不安好意的對他說：「先生，你已經失敗 1,200 次了！」意思是說，應該放棄了。但愛迪生卻笑著回答說：「不！我準備失敗一萬次。」結果愛迪生還是失敗了嗎？

　　科學研究的路上，失敗的紀錄遠多於成功，因為科學工作的探索性、連續性特徵，不可避免的受到主客觀因素的影響。失敗在所難免，但也可能是一個契機。有一個家庭從國外旅行回國，在回家的途中，遇上大車禍而大塞車，遲了五、六小時才返抵家門，面對等待的親友，連呼倒霉，這時一位老人家在一片倒霉氣氛中，向他們道賀說：「這樣大的車禍，死傷這麼重，你們全家都平安回來，這不是天大的福分嗎？」天下事，得失、成敗、福禍全在一念之間。

　　德克斯曾是上門推銷鋁製廚具的業務員，但是銷售狀況不佳，他很快的發現原因是鋁製廚具清洗不便影響購買慾，於是把這個挫折當作反饋而不是失敗，並且想出解決方法：隨廚具附贈易清洗的工具，於是把細鋼絲絨和肥皂結合在一起，創造出百潔布，結果卻發現顧客對百潔布更有興趣，於是不再推銷廚具，而改為生產百潔布。

　　不怕失敗也可進一步解釋為一個人有強烈掌握自己命運的感覺，因而成功的創造者會對自己的創造性活動充滿勇氣，有打破常規思維接受改變的勇氣。

九、能善用直覺

足球員的臨門一腳仰賴其直覺，科學研究發現儘管是嚴謹的活動，但直覺仍然是發明的源泉，因為尋找科技創造領域，選擇創造目標，只根據理智裁決一切，往往會忽略天賦的直覺才能。

法國物理學家亨利・普加安瑞和亨利・柏克瑞兩個人發現鈾鹽會自動放射出一種性質不同於 X 射線的射線，它不只可以穿透一層黑紙照相底片感光，還能把周圍的空氣變成導電體，使驗電器放電。居里夫婦則對這種現象思考：既然鈾和鈾的化合物能不斷放出射線，向外輻射能量，那這能量是從何處來的呢？性質又如何？他們仔細研究分析普加安瑞和柏克瑞的研究物，找出各式各樣的元素後，判斷在瀝青礦中，可能含有兩種新的元素，它們的放射能量強度不同。在 1898 年 7 月，果然發現了一種，12 月又發現了鐳的存在。但在當時的科學界，要宣布發現新元素，就必須拿出證物，並要求測出它精確的原子量，因此有人追問：「拿出來看看？」但居里夫婦卻拿不出來，卻仍堅信自己是對的：「這種元素一定存在，只要找出來就行了。」大約在四年之後，居里夫婦終於從四百噸的鈾瀝青礦中提取了一克鈍鐳，並初步測定它的原子量為 225。

又如俄國化學家門捷列夫，根據自己提出的元素週期律，預言了未知的新元素，這些新元素在後來也都真的被發現了。

十、勇於冒險

風險和創新成果之間是成正比的關係，創新就是承擔風險的補償，只有著重於創新，而不著重於困難的人，才能充分地利用創

新，取得最大成功。如果一個人在從事一項工作前，只著眼是否易於成功，而不是著眼於接受挑戰，縱使能夠成功，其成功也是有限的。

同時一個成功者也不相信做任何事都要先完全清楚細節，他們知道什麼是必須知道的，而不讓細節影響前進的腳步。如對電的知識我們可能所知不多，但仍然會開關電燈，決不會因為不懂電學，就改在月光下讀書。

一個新人進入一家公司作業務員，他過去沒有銷售的經驗，甚致對推銷業一無所知，好在他對於自己一無所知的事實並不知道，並且在別人的鼓勵下成功發展，最後負責公司整個銷售部門的業務。

英國的勞埃德保險公司是目前世界上最著名、最悠久也是最賺錢的保險公司之一。該保險公司的信條是：「敢冒最大的風險，去賺最多的錢。」因為勇於開拓創新的精神，就是能敏捷地認識並接受新事物，在市場上爭取最新保險型式的第一名。1886 年汽車誕生，在 1909 年還沒有汽車這一名詞時，勞埃德公司率先承接這一型式的保險，而暫命名為「陸地航行的船」。它也首創了太空技術領域的保險，如由美國太空梭施放的兩顆通訊衛星，在 1984 年因脫離軌道而失控，眼看要賠償一億八千萬美元時，勞埃德公司出資五百五十萬美元，委託「發現號」太空梭的太空人回收兩顆衛星，經過整修，在 1985 年 8 月被再次送入軌道。結果該公司不但少賠了七千萬美元，並且也向股東證明衛星保險還是有利可圖的。

　　冒險比墨守成規存有更多的機會，所以必須竭盡所能獲得相關領域的任何知識，並把承擔風險當作理所當然，讓自己更有競爭的挑戰。

十一、忘掉自己

　　優秀的思考者能對自己的觀點和思考提出質疑，能接受自己可能是錯的，並且能認知到解答可能來自最不可能出現的地方，而不急著做出判斷。

　　另一方面，可試著假設自己在別人的境遇下，會怎麼做或者有什麼樣的感覺，對事情取得更深入的理解及處理方式，以獲得更多的假設，並從中進行選擇。

創造性成果取得的
條件與創造力的訓練

壹、創造性成果取得的條件

貳、創造力的訓練

進行創造性思考以取得一定的成績前，必須先認定問題的存在，產生解決問題的動機或需要，並使目標明確化，再進行訊息的收集、問題的分析以取得成果。同時創造活動因為是一種探索未知的活動，不只是簡單的重複勞動（勞心和勞力）。因此，要想從事創造活動者，必須能認識到基本的思維方法。

 壹　創造性成果取得的條件

創造性成果是指人類透過創造性活動所獲取的發明創造成果或創造性的提出在操作、工藝、科學研究、管理、行銷等方面的新方法。而每個人都有可能獲得創造性成果，所以創造不是少數人的專利品。但是要取得創造性成果，卻必須要具備一些條件。

一、需要的動機

人總是隨著習慣規律行事，並懶於思考，但內在的需求卻驅使著人類從事創造活動。心理學家馬斯洛(A. H. Maslow)對人類的需要分為五類：1.生理的需要，如食物、水；2.安全的需要，如安全、秩序、穩定；3.歸屬感和愛的需要，如親愛、認同；4.自尊與受尊重的需要，如權勢、成就感；5.自我實現的需要，如創造發明，發明潛能。這說明人可以因為各種不同的理由和需要而從事創造發明。

　　如家庭主婦為符合家人多變的口味，經常改變料理方法，或添加不同的配料，就可能創造別出心裁的菜式組合，贏得大家的讚賞，成為創意十足的烹飪大師。如因戰爭的需要，雷達、坦克、潛水艇等新式武器，一一應運而出。愛迪生為了不斷發明新的東西，在實驗室裡，往往一待就是幾天幾夜，直到有成果出現為止。

　　又如不少中老年人都喜歡按摩，但人工按摩費時費力，又不能在家中隨時待命，於是發明了定時自動按摩沙發躺椅，它的背靠裝有形狀如帶柄皮球的按摩器，當人躺在沙發上時，預先調節好振動頻率的強弱，按摩器就開始在人的背部、腰部作有規律的頻率振動，產生按摩理療的功能。當人舒適的進入夢鄉後，按摩器時間一到就自動停止振動。

　　所以需要是創造之母，促使人迎合需要而去思維、去發現、去發明。如在市場中如何判斷消費者的現實需求和潛在需求，並將其轉化為創造過程，是營銷人員的重要職責。產品在市場上被接受的程度，則決定了創新的成效。

二、認知問題

　　解決問題是困難的，但要發現問題往往更難。愛因斯坦曾說：「單純提出和闡述一個問題往往比解決這問題更為重要。解決問題也許只要數學計算或實驗技巧，但要提出新問題或從新角度考察舊問題，則需要創造性的想像力。」

1. 問題和問題的解決

　　每個人都會面臨某些需要解決的問題，如醫生要診斷患者的病情，工程師要克服隧道的施工艱難，圍棋手要下好每一步棋，但在日常生活中問題雖然分門別類不勝枚舉，但真正的問題應包含三個基本成分：

(1) 給定：已知的關於問題的描述，即問題的起始狀態。

(2) 目標：關於構成問題結論的描述，即問題要求的答案或目標狀態。

(3) 障礙：正確的解決方法常常不是直接的、顯而易見的，而必須間接透過一定的思維活動才能找到答案，達到目標。

　　問題就是給定的條件與達成的目標之間有障礙的存在而需要克服，也就是問題的本身不是很明確，這時候就需要產生問題意識，弄清楚條件和目標。因此，要有豐富的知識和技術，及敏銳的感覺以捕捉問題。並且在多方向、多層次的觀察中，疑所不疑，以自己的力量解決問題，而不是只模仿他人。

　　問題的解決，是人在面臨一個問題又缺乏現成方法或現有知識、技巧去解決時，就會觸發思維活動去求解決，並在獲得所需的方法、技巧、知識及付諸實施或驗證後，問題即得到解決。因此問題的真正解決有三個基本特徵：(1)有目的性；(2)系列的心理操作；(3)顯著的認知操作。

2. 問題解決的策略

(1) 杜威(J. Dewey)的五步驟解題模式

　　　杜威是位哲學家、教育家，他以為問題的解決包括前後相繼的五個步驟：A.感到某個問題的存在；B.對問題進行分析；C.擬出能解決問題的各種假設；D.檢驗所擬定的假設。E.判斷最有效的解決方案。

(2) 波利亞的解題四階段及啟發式策略

　　　波利亞是一位數學家也是一位教育家，他提出解決問題的四個階段及在每階段中啟發思考的策略：

A. 明確問題：a.弄清楚是否理解未知、已知和有關條件。b.弄清是否已理解目的的狀態，初始狀態和所允許操作的實質。c.如果某問題的表徵方式不能導致問題的解決，則重新陳述該問題。

B. 擬定計畫：a.考慮某個與當前問題類似的已知問題，並設法予以解決。b.考慮某個與當前問題有相同的未知性但較簡單的已知問題。c.如果對問題無能為力，嘗試轉化為解決方法所能處理的已知問題。d.設法簡化問題。e.把問題分成幾部分，如果對這幾個部分仍然無法解決，再將其分為更小的部分，直到問題可解決為止。

C. 實施計畫。

D. 檢查回顧。

(3) 史里夫(B. D. Slife)和庫克(R. E. Cook)的五步模式

　　A. 認清問題：認識問題的存在，並注意到問題的性質與特點。

　　B. 分析問題：分析影響問題的各種因素、收集必要資訊，掌握因果關係。

　　C. 考慮可供選擇的不同方案：不要急著作決定，因為它會扼殺解決問題的好創意。

　　D. 選擇最佳方案：對各種方案進行慎重篩選，找出最適當的解決方案。

　　E. 評價結果。

3. **準備、分析、詢問**

(1) 準備：是指已具備的知識及為了解決問題所必須收集的資料而言，資料愈多愈好，這是研究有價值、有意義的問題所必要的。

(2) 分析：分析中可將資訊分類、分解，掌握本質、重點，將其關係明朗化，可使目標具體化；使資料導向目標；使準備工作更易進行，並且可以從判斷的階段跳入獨創的階段，找到產生創造力的線索。

(3) 詢問：「是否有其他用途」是最基本的詢問技巧，其他包括是否可改變、可借用、可替代、可縮小、可擴大等。

三、創造性思維能力的培育

1. 具有豐富的知識

在知識經濟的時代，知識就是財富，掌握了知識就掌握了創造的源泉，因為問題的解決、方案的提出，最後都要依賴知識，甚至有了豐富的知識，更容易認知發現問題，並進行有條理、有意識的分析、整合。因為知識的爆炸及時空的限制因素，現代人要專精某一方面，但對其他的知識領域，也需廣泛地涉獵，前者決定知識結構的功能、性質；後者則有扶持、支撐的作用。

其次在求取知識過程中的閱讀，也是培養創造力所需，如短篇小說看到一半時，闔上書，自己來想像後來的發展和結局；暫停閱讀推理小說，根據已有線索，思考兇手是誰及如何進一步推理。閱讀偉人傳記，在每一個關鍵時刻，當事人的反應、作為，都可以激發我們的聯想、類比、引申。一邊閱讀一邊作筆記也是訓練獨創力的方式。

2. 不受習慣的束縛

思想僵化呆板的人不可能有創新思維，因為他們總是用同一種思維模式想事情或解決問題，而不敢突破框架。但只要打破固定的概念世界，就會出現驚奇的表現。一隻大象可以用鼻子輕鬆地抬起一噸重的東西，但馬戲團裡養的象，自幼小無力時開始，就被重重的鐵鏈拴在鐵樁上，不管用多大的力量去抓都無法動彈，不久幼象長大了，氣力增加了，但只要身邊有

椿，就不敢妄動。如一名學生在樓梯口想要怎樣才能將手推車及上邊放的笨重儀器搬到三樓，想了許久後，他終於向經過的同學請求幫他將物品抬上樓去，結果經過的同學建議他說：「搭電梯就行了。」

又如「用什麼方法可將二十個紅棗放入擺在桌上的三個同樣大小的碗裡，但每個碗裡的紅棗都得是單數？」許多人會認為這是不可能做到的，因為二十個紅棗是雙數，三個碗是單數，所以如在三個碗裡放的都是單數，加起來自然也是單數，而不可能是雙數的二十，但不妨思考這三個碗是如何擺在桌上。

3. 堅持獨立思考

獨立思考，要有質疑批判的能力，不人云亦云，善於發現事物中的不合理因素，並用新方法、新途徑去解決問題。

發明家和科學家有一個共同的特質，就是不迷信權威，能夠大膽假設，小心求證，能夠質疑別人的看法。相反的，專家卻可能阻礙了這些有機會獲得豐盛成果的創意。如 1861 年德國發明家菲利普‧萊斯(Philip Rois)發明了能夠傳送音樂的工具，但專家告訴他不需要發明這樣的工具，因為電報已夠好了，結果在他擱下研究的十五年後，貝爾申請到電話的專利。又如今天快遞的服務，已深入公司、家庭，但在過去美國的每一位輸送專家，包括郵局，都一致認為快遞的觀念是行不通的，因為人們不可能只為了速度和可信度而支付昂貴的費用。

4. 提高聯想能力

　　愛因斯坦曾說：「想像力比知識更重要。」因為現有知識的世界是有限的，但想像的世界則是無限的。想像是一種心理過程，它以已有的知識、經驗為基礎，經過改組，創造出一個新的形象。所以想像不是亂想，而是具有內在的邏輯性。

　　聯想則是想像中最重要的，可以對某些事物賦予一種關係，而出現創意，創新產品或形象。如木頭與皮球是沒有關係的，但經過聯想便建立了關係：木頭－樹林－田野－草地－足球場－皮球。如電影放映機在發明後，碰到影片膠帶牽引的困擾，後來盧米埃爾兄弟無意中運用了縫紉機的運作聯想，使問題得以順利解決，雖然影片的牽引與衣料的拉動性質不同、作用不同。

5. 把握直覺和靈感

　　直覺和靈感在創造活動中可以作出預見，而科學家因此能夠在繁瑣的事實或事物中，敏銳的覺察出某一類現象和思想具有重大的意義，預見到未來在此方面將產生重大的科學發展和發現。所以愛因斯坦說：「真正可貴的因素是直覺。」因而又說：「我信任直覺和靈感。」而波恩更強調：「實驗物理的全部偉大發現都是來源於一些人的直覺。」如早在伽利略前的六十年，達文西就指出應該利用「一種大型的放大鏡」來研究月球及其他天體的表面。在牛頓萬有引力出現前兩百年，達文西就指出：「所有重量都會以最短的方式朝中心落下。」同時認為「每個沉重的物質都會往下壓迫，無法一直被往上舉，因此整

個地球必然是球體。」在達爾文前四百年，達文西就把人類與猴子、猩猩歸為同類，表示：「除了偶發事物之外，人與動物並無二致。」

要捕捉和把握直覺和靈感，必須要仰賴知識的累積和拓廣知識面；其次要做有心人，隨身攜帶筆記本、筆或者小型錄音機，在新的念頭一出現時，立刻將其寫下或錄下，並準備一個地方專門收集存放與每個不同科目有關的思想記錄，然後在準備就緒、認真考慮某一個問題的時候，就能以過去的許多設想作為基礎。而假如解決問題的過程中遇到障礙時，將問題的本身及相關訊息思索一遍後，暫置腦後不再理它，交由潛意識去蘊釀，過一段時間或睡醒時，便可能發現問題已獲得解答。

因此在直覺、靈感出現時，要採取積極的態度，鼓勵其自由發展，並進行認真的驗證。

四、七項達文西原則

國際知名的潛能開發大師邁可‧葛伯(Michael Gelb)寫了一本研究達文西的書《怎樣擁有達文西的七種天才》，他認為達文西的聰明才智過人，無論如何稱讚都嫌不足，他是一個藝術家、建築師、雕刻家、發明家、軍事工程師、解剖學家、植物學家、地質學家、物理學家，並且在各方面都有其創見和成就。而一般人也可以運用達文西天賦的基本要素來進行創意思考，其項目可分為：

1. 好奇：對於生命充滿無窮的好奇，終生追求，學習不懈。

2. 實證：務求從經驗中求證知識之真偽。堅持，並願意從錯誤中學習。

3. 感受：持續精鍊感官的能力，特別是視覺能力，以追求生動的經驗。

4. 包容：願意擁抱曖昧、弔詭和不確定。

5. 全腦思考：在科學與藝術、邏輯與想像間平衡發展，以全腦進行思考。

6. 儀態：培養優雅的風範、靈巧的雙手、健美的體格及大方的舉止。

7. 關聯：能夠瞭解並欣賞萬事和所有現象是相互關聯的，並進行系統思考。

 貳 創造力的訓練

一、創造活動的過程

　　創意思維起源於創造活動，創造活動的開始在於問題的出現，而通常創造性思維的過程可分為四個階段：

1. 準備期

　　包括發現問題、搜集資料、考察問題的背景、評估問題的價值、明確問題的狀況。

(1) 提出問題：問題是創造性思維的動力，它可以激起創造的熱情，促進創造實驗活動的開展，所以明確地提出問題，就等於問題已解決了一半。故愛因斯坦認為，提出一個問題往往

比解決一個問題更重要。因為提出新的問題，從新的角度去看舊問題，需要有創造性的想像力，同時必須要瞭解引起問題的重要事實，以及在解決問題上已有的前提條件，如理論與研究上現有的水準。

其次在進行選題的時候要把握四個原則：A.需要和實用性原則，能夠產出具有新原理、新結構、新組合、新外觀、新功能的成果，而為社會提供服務。B.創新性原則，能比現有同類事物進步，能解答現尚不能解答的現象或推翻現有的學說或經驗之論。C.科學性原則，發明創造的原理要符合事物發展的客觀規律，有科學的理論依據。D.可能性原則，如a.創造發明過程所涉及的知識是否都已基本具備；b.關鍵是否已找到、難度如何，是否具備解決的能力；c.創造發明的工藝是否可行；d.預測創造發明過程中可能出現的新問題或不利的因素，它們是否可以避免或排除。

最後要清楚的表述問題，這個表述不是提出問題者的表述，而是要解決問題者對這問題的表述、理解和分析。

(2) 搜集事實：在問題清楚表述後，要找到解決問題的方法，就要廣泛的搜集訊息，但有時候要獲得已知條件是很難的，甚至是無法得到的，這時可以採取聯想、類比、推理等方式，如用推理、從已知的事實中推斷另一事實是否發生過，這種推斷出隱含事實的過程，也屬於搜集事實的部分。

(3) 集中注意於主要事實，即抓住關鍵。

(4) 提出假設：假想是創意的前提，它可以揭示事實的奧祕，邁出探索的第一步，因為如果沒有假設，就很難在不同事物中發現其共同點，從未知事物中找出已知，從已知事物中預測未知，所以沒有假設，要想發現自然界和社會生活的新規律，要推進工藝、推出新產品是不可能的。

在假設提出後，還要盡可能想出其正面和反面的論據，特別是收集反面論據，要克服情感、主觀的因素。

2. 蘊釀期

對累積的資料和訊息進行篩選、分析綜合、歸納概括，對各創新方案（假設）進行比較，對各疑問反覆思考，在此時期，因為已掌握資料的多寡、優劣，以個人的知識經驗，綜合分析的能力，可能確定假設，也可能進行局部修訂，甚至全部改變。而獨創性愈高，醞釀構思的難度也隨之增加，有時醞釀的時間可以長達數年。

在這一階段，會出現解題的壓迫感，而在假設確定後就會產生解決問題的強烈願望，甚至引起緊張的強迫狀態，而將全付身心投入解題的活動，有時則可將問題通盤思慮後，交由潛意識去處理。

至於醞釀時間之所以可能長達數年，可能有以下原因：(1)各種因素間的關係難以明確；(2)假設誤入歧途而又積重難返；(3)對假設猶豫不決下不了決心；(4)形成頑固的思維定勢難以突破；(5)個人現有的知識和能力的限制。（孫建霞、柳新華編著，《創新：奔向成功》）

3. 明朗期

醞釀期的各種疑難、困惑解決了，而答案便常在突然之間出現，所以靈感和直覺是這個階段最重要的活動，它有時是逐漸到來，有時是突然發生。如牛頓因為一顆蘋果從樹上落下，而想到蘋果落地是因為被地球的引力吸下來的，於是發現萬有引力定律。

4. 驗證期

首先要檢驗成果的合理性、科學性，其次要利用觀察、實驗的方式檢驗其應用性、價值性、真理性，而實踐檢驗的重要，是因為經過這過程，才能使不精確的變成精確，不完善的變成完善，使錯誤得以導正。所以科學的假設都要進行大量的實驗，一直到某一項規律被發現、被證明、被確定為止。

二、創造性思維的方式

以下介紹幾種創造性思維的方式：

1. 擴散思維

是在解決問題的思考過程中，以一問題為中心，但不拘泥於這一點，而是從現有的資料盡可能地向四面八方作輻射狀的思考，探尋各種可能的答案，並允許聯想、想像的存在。這也是擴散思維能夠產生眾多創造性新設想的原因。

擴散思維可以是空間上的思維拓廣，多方位、多角度、多層次的思維，以突破點、線、面的限制。擴散思維也可以是時間上的思維推廣，從現實、過去與未來三方面來思考問題。

擴散思維有三個特點：(1)流暢性，能拓展思路，而不被常規或定勢所限。即可從一個事物跳到另一個事物，用一個事物代替另一種事物。(2)變通性，能考慮各種不同的答案或設想。如想出一個故事的數個結局，或一個故事的多個標題。(3)獨特性，能激起一般人想像不到的巧思奇想。

例如紅磚的用途有築牆、鋪地、鋪路等，可指出十幾種，但如採取擴散思維，就其形態、材資、結構、功能、組合和因果進行擴散，其用途即可擴充數十倍。

2. 收斂思維

也稱為求同思維、集中思維。是在解決問題的過程中，盡可能利用已知的知識和經驗，把各種訊息引到條理化的邏輯程序中，沿著單一的方向進行推演，以找到一個合乎邏輯規範的完滿答案。它的思考方式包含分析、綜合、歸納等，它可以集中各種理論、信息、知識、方案等以提出更周詳的假設，進行比較選擇，俾找出最佳方案。

收斂思維也具有三個特點：(1)嚴謹性，以邏輯規則進行推理論證，重視因果關係，不贊成聯想、想像。(2)單一性，在同一時間、條件下，在各種方案中只有一個是最好的。(3)求實性，在搜集大量訊息後，經由分析、綜合等等方式而獲得方案後，必須對方案進行實踐檢驗，如有不符合處，便重新對問題進行研究分析。

收斂思維與擴散思維具有互補性，因為擴散思維的各種答案，要經過收斂思維的綜合、比較、求同之後，才能確定；但

收斂思維強調科學性，實事求是，會侷限住思維的空間，此時擴散思維又正好濟其不足。

3. 逆向思維

逆向思維也稱反向思維，是從常規的反方向去提出問題、認識問題、解決問題的方式，並因此有所發現、有所創造、有所補充。易言之，逆向的方法，就是反過來想，亦可異途同功。但逆向思維並不是反常思維，而是建立在理性思維和科學方法的基礎上。

逆向思維的方式有二：(1)從現有事物的相反結構和形式設想發明，如過去大客車的引擎都放在車頭，現則放在後部的車尾；吸塵器，原來是模仿吹風機把灰塵吹到旁邊，結果塵土飛揚，吹塵不行，反過來吸塵如何？於是出現今天的吸塵器。(2)通過倒轉現有事物的因果關係來進行創造發明。如聲音引起振動，倒過來想，振動能否還原回聲音，愛迪生發明了留聲機；物理學家奧斯德發現電流能產生磁場的電磁效應，法拉第逆向思考，那麼磁場是否也能產生電流？結果他在 1831 年證實磁場也可以產生電流，這就是電磁感應定律；原子筆用久了會漏油，因為筆珠的耐磨性不夠，但與其設法提高筆珠的耐磨性，不如控制芯油的量，在筆珠尚未磨損前將油用完。

所以逆向思維有助於發現處理隱蔽狀態下事物的反面屬性，以加深對事物另一方面本質的認識。且逆向思維的求異性能夠發現事物的差異性，包含現象和本質的異質、已有理論與知識的侷限性等。對慣常所見抱著懷疑、分析、批判的態度，這正是創造思維的本質。

因而看一個事物的優點，也需要反過來看優點的深層背後是否有深層隱患；同樣地，看一個事物的缺點，也要反過來看。或許換一個角度，缺點就變成了優點。

4. 橫向思維

橫向思維是橫向地向空間發展，向各方向擴散的思維，通常背離理性的邏輯規則，而探索各種可能，並容忍失敗的存在，以使信息的搜索過程更具有創造性。同時透過自由聯想，向主導觀念挑戰、進行想像，提出創造性的方案，最後進行綜合性的分析。

橫向思維有兩種訓練方式：(1)對側向的注意：A.在解決問題的時候，故意暫時忘掉原來占主導地位的想法，而去尋找原本不會去注意的另一種思路。B.不從正面突破而是進行迂迴突擊。(2)間接注意：注意力不直接指向目標，而是注意與最終目標有關聯的間接目標，以達到目的。如犧牲眼前利益，換取長期利益，所以在享受順坡而下的滑雪快感前，必須先艱苦的攀登山頂。

橫向思維可以延緩立刻對問題作出唯一的判斷，有利於產生更多的新想法、新方案，故具有啟發性。

5. 縱向思維

縱向思維是直線式的思維。縱向思維起於某些假設、前提、概念，然後將研究對象分解成客觀存在的各個組成部分進行研究，瞭解其在空間分布上整體的各組成部分，在時間發展上整個過程的各階段，及整體的各要素和屬性。縱向思維的每

一步都是被邏輯所規範的,只尋找固定的目標,並排除不要的信息。

6. 系統思維

系統思維是從事物的整體和全局出發,對系統內整體與部分、部分與部分、整體與外部環境間的相互聯繫、作用、制約的關係及其規律性,進行精確的、綜合的考察,以獲得最佳方案的思維方式。它具有三個特性:(1)整體性,不能只把注意力集中在單一目標上,而必須具有整體觀。(2)辯證性,經由事物的聯繫與發展進行全面的考察,故不強調個體的最佳狀態,而要求系統的最佳狀態,改善系統結構。(3)綜合性,對系統進行綜合處理,各種條件、功能、技術相互配合,以追求整體的最佳功能呈現。

7. 比較思維

比較思維是確定事物間共同點和差異點的方法,以找到發明、改進的契機。如將不同廠牌的同一產品進行分解、比較,可以改良自身的產品;對一事物所產生的許多解決方案,也要經由分析、比較以選出最好的方案;比較不同市場、不同消費者的口味和文化背景,一家速食連鎖店就可以調整產品結構及行銷方法。

03
Chapter

思維技能訓練
的前提

壹、去除思維定勢

貳、活躍創造性思維

每個人都希望自己是具有創意的、能創新的，因為人的成功在相當程度上依賴創意和創新的能力，然而人類思考所依賴的神經系統很難加以訓練，人所能做的只是改進思維的技能，去除影響思維過程的一些障礙。

人從出生開始，都在學習著如何面對、處理問題，同時也不斷地學習各種思維的技能，但這種學習往往是無意識的，是知其然而不知其所以然，因為生活中自然學會的思維有四個缺點：受刺激本身的束縛、受思維定勢的束縛、受記憶容量的限制、受眼前利益的誘惑。在其中最值得注意和探討的即是思維定勢的束縛，思維定勢也可以稱為常軌思維，它是存在於人類頭腦中的認知框架，是在思維過程習慣使用的一系列工具和程序的總和，它規定人應該怎麼想？怎麼做？什麼是對的？什麼是不對的？別人怎麼想、怎麼做？你也必須怎麼想、怎麼做？

思維定勢有助於人的學習，並且在處理日常事務和一般性問題時，能夠駕輕就熟、得心應手，使問題順利獲得解決。但常規思維通常是狹窄的、單向的、僵化的，它不利於解決特殊、個案的問題，特別是在面臨新情況、新問題而需要開拓、創新的時刻，就會變成阻礙思考的束縛，影響新觀念、新點子的出現。甚至產生反作用，讓人在一開始就犯錯，且必須做很大的努力和付出，才能反轉正途。

試思考下列問題：

1. 一位警察局局長正在茶館與一位老先生下圍棋，下得是難捨難分，這時跑進一個小男孩，向警察局長喊著說：「不好了！你父親和我父親吵起來了。」老先生問局長：「這孩子是你什麼人？」局長說：「他是我兒子。」請問吵架的人和警察局長有什麼關係？

2. 一瓶紅酒，軟木塞緊蓋尚未開瓶，這時規定不能使用起塞工具，不能在軟木塞上打孔，也不准破壞軟木塞或瓶子，那麼用什麼方法能喝到酒？

3. 木桌上有一張千元紙鈔，紙鈔正中間放著一把菜刀，菜刀上支撐著一根橫著放的木桿，木桿兩端各繫著一個平衡用的小鐵錘，稍微晃動就會倒下來，那麼如何在保持木桿平衡的前提下，把千元紙鈔取出來？

再思考下列問題：

1. 許多電器廠商正在研發功能更好的咖啡壺──加熱更快、可以保溫、更易收藏、更為美觀，煮的咖啡更香醇，且採取各種手段進行市場競爭，此時這些廠商就如同在獨木橋上推擠的一群人，搶著過橋，險象環生。但這時卻有一家廠商在橋下划著船抵達對岸：雀巢食品公司研發出一種不用煮，只用開水沖泡就能立即飲用的即溶咖啡。

2. 有天早上，張氏夫婦共進早餐時，張先生不小心被餐刀劃破手掌，傷勢並不嚴重卻血流不止。張太太年輕時在學校曾受過急

救訓練，她回想起可進行緊急處理傷口的過程：控制失血需要用棉花或繃帶施壓，然後立即送醫急救。但在找到家裡的藥箱後，卻發現沒有棉花和繃帶，因此趕快向鄰居求救，鄰居卻無人在家，最後只好撥打一一九。在醫護人員為張先生包紮傷口時，其中一名人員指著餐桌上放置的乾淨而平整的餐巾說：「事實上，任何一塊乾淨的布片都可以充當代替品。」但張太太不知道變通已有的知識以應付現況。

3. 蜀漢時的馬稷熟讀兵書，自命不凡。馬稷奉命駐防街亭的時候，思考著大軍要在哪裡紮營。因為他本身熟讀兵書，想到《孫子兵法》說：「置之死地而後生。」並且歷史上項羽破釜沉舟、韓信背水列陣都獲得勝利，因此立刻下令大軍駐紮在一座山上，他心中的盤算是：當小山被魏軍層層圍困，而飲水、糧草被魏軍截斷後，等於置之死地而後生，蜀軍就要大勝了。但沒想到在山上的蜀軍發現被敵人包圍、飲水糧草被截斷，軍心渙散，一散不可收拾。

  壹 去除思維定勢

一、經驗定勢

人生活在經驗的世界，從小到大，我們看到、聽到、感受到、親身經歷的各種現象和事件，都存在腦中形成豐富的經驗，成為處理問題的好幫手，尤其是一切技術和管理的工作。如老練計程車司機比新手更容易掌握路況。

　　然而，經驗也有其缺點：

1. 經驗具有時間和空間的侷限，因為經驗總是產生於一定的時空環境，若超出範圍，它的時效性就會有所不足。如我們看到的樓梯大多是不能移動的，因而產生一種印象：樓梯是不會動的，因此在機場看到載著樓梯到處跑的登機用汽車，就覺得新鮮。

2. 個人的經驗是有限的，如果單憑有限的經驗去推斷、決策，必然可能出現錯誤。如有一張兩平方尺的正方形影印紙，從中對折一次，面積減少一半，厚度增加一倍。然後從中再對折第二次，紙的面積又減少一半，厚度則再增加一倍。這樣不斷對折到第 50 次時，它的厚度會有多少，就是憑經驗想不出來的。

3. 個人的經驗在內容上只能抓住常見的東西，而忽略少見的、偶然的東西。但在日常生活中總會有大量平常很少見到或偶然性的東西出現，如果用以往的經驗處理，必然產生偏差和失誤。

　　例如有一位船難遇救的船員，在事後感嘆又悔恨的說：「都是固守經驗害了他們，如果當時能冒險一試，就算只試一次，其他的同伴就不致於喪生孤島。」

　　那一次，他工作的遠洋漁船不幸觸礁，沉沒在汪洋大海中，包括他在內的九位船員經過與海水的搏鬥後終於登上一座孤島，暫時得以倖存。但島上除了遍布的石頭外，沒有任何可以充飢的東西，並且在烈日的曝曬下，每個人都口渴得要命，水變成最珍貴的活命要件，但儘管四周都是水──海水，大家卻都知道海水又苦又澀又

鹹，喝過後會更加口渴，最後仍會因嚴重脫水而死。九個人唯一的希望就是下起大雨或被經過的船隻發現。但是卻一直沒有下雨的跡象，也沒有任何船隻經過。漸漸地，他們撐不下去了，其他八名船員相繼渴死，只剩下他一人。此時飢渴、恐懼、絕望圍繞在他四周。在他也快渴死的時候，實在忍不住了，跳進海中喝了一肚子海水，喝完後一點也不覺得海水苦澀，反而覺得海水很甘甜、解渴。他想這是死亡前的幻覺吧！然後躺下等死。可是一覺醒來後，竟然還活著，他感到非常訝異，於是每天靠喝海水度日，終於等到經過的船隻。他生還後，大家都很奇怪為什麼孤島周圍的海水是甘甜的可飲用水，後來專家發現，那片海下有一口地下泉，由於地下泉水的不斷翻湧，所以孤島四周的海水實際上是可口的泉水。

誰都知道海水是鹹的，不能飲用，因此八名船員被渴死了，這是經驗害死了他們。而第九名船員在求生無望的最後生死之際，顛覆了經驗，做出異於常人的舉動，為自己找到生機。

除去經驗定勢的方法：

1. 因為經驗使人對外界的刺激、訊息都產生固定的反應模式，習慣成自然，對創意本身沒有幫助，所以要練習逆向思考。如一輛手排檔汽車在上坡途中突然熄火，再也無法啟動，按照經驗是請一些人在後面推動，但汽車在上坡路段，要推車並不容易。但駕駛可把汽車停在倒檔位置，然後放開手煞車，讓汽車下滑倒車，一樣可以重新啟動成功。又如沒有人規定只有男士才能使用刮鬍刀，所以吉利公司獨出心裁的推出女士專用的刮鬍刀，可以剃除腿毛、腋毛。

2. 嘗試培養冒險的勇氣，如可試著思考下列問題：

(1) 在時速 90 公里的火車上，是否敢站在車廂門口的踏板上。

(2) 如果馴獸師能保證你的安全，敢和他一起進入關著老虎的獸欄嗎？

(3) 沒有試騎過機車，你敢騎著它逛市區嗎？

(4) 離地面二公尺處張著救生網，你敢自八公尺高度一躍而下嗎？

　　此外，要透過現象認清事物的本質特徵，必須養成善動腦筋、願意思考的習慣，因為依靠自身的眼、耳、鼻等感覺器官去接觸並感受外部世界的各種刺激和變化時，有時也會產生誤差和錯覺，即親身體驗所獲得的訊息未必是可靠的。如將一隻手浸入熱水，另一隻手浸入冷水，然後再同時浸入溫水中，這時一隻手感覺是冷的，另一隻手感覺是熱的，這是因為「對比」造成認知的不確定性。又如一位百發百中的神槍手對著清澈見底的湖水中的魚扣動板機，連發數槍，卻一條魚也沒打中，這是因為光線穿過空氣進入水中時發生折射，這使得神槍手看到的魚偏離了原來的位置，故打不中。

　　所以經驗往往會在不知不覺中干擾思考，因此在科學中有一不可否認的事實，即一些半路出家的冒險者闖入一個多年徘徊不前的新領域時，往往會給這個科學領域帶來新的突破。如電報的發明者摩斯是一名肖像畫家；蒸汽船的發明者富爾頓是一位藝術家；發明軋棉機的惠特尼是一位小學教師；發現天王星的威廉·赫舍爾是一位教會風琴師；發現進化論的達爾文連大學學位都未拿到。

二、權威定勢

有人群的地方就會有權威，而一般人對於權威普遍有尊崇之情。這種尊崇時常會變成神話或迷信，以致習慣於引證權威性的觀點，不加思索的以權威論點為主，作為思考、判斷、評價、行事的準則。

所以權威定勢是指：張三是李四心目中的權威，所以當張三主張「是」時，李四便相信「一定是」絕對真理，甚至以為其乃天縱聖明，絕不會犯錯。如有人批評張三的觀點或出現與張三不同的觀點、理論時，就會產生情緒上的即時反應，認為其必錯無疑，而加以撻伐，這時李四的思考模式就是權威定義。

如中世紀時的西方文明，聖經、教會的權威是至高無上的，是一切法律、道德和日常生活的行動準則，誰敢大膽懷疑，就有可能被視為異教徒而受到迫害。據說，有一天一位教士藉助望遠鏡看到太陽上的黑子，但按照聖經的說法，太陽是聖潔無瑕的，絕不會產生黑子。最後，教士自言自語的說：「幸好聖經上早已有所說明，不然的話，我幾乎要相信自己親眼所見的東西了。」

如陶玉是一位化學家，在化學領域有較大的貢獻，於是在迷信權威之下，這位化學家可以參與國政，可以負責公共工程、國際事務、教育等，大家信其發言、見解均為權威之言，這就是把個別專業領域內的權威，不恰當地擴展到生活的其他領域。

不假思索的以權威論點為觀念，常阻礙推陳出新和創新思考的可能性，因為人不再懷疑，但事實上權威只是某一小範圍或某一短

暫時段的權威，它有侷限也會犯錯誤。如大發明家愛迪生曾斷言交流電太危險了，不適合家庭使用，而直流電是唯一途徑；英國著名物理學家，提出原子結構「太陽系」模型的盧瑟福，曾斷言從原子中釋放能量是空談；法國科學家勒讓、德國發明家西門子、美國天文學家柳康等也曾藉著論證，相繼得出「比空氣重的機械根本飛不起來」的結論。因此歷史上許多創新都是從推翻權威開始的。

如伽利略指出兩千年來以亞里斯多德為代表的一條憑常識、憑直覺的思路是靠不住的，有時會阻礙科學的進步。

亞里斯多德認為：「推動一個物體的力不再推動它時，該物體便歸於停止。」我們可以進行千萬次的試驗，證明亞里斯多德的說法是正確的。但伽利略設想在一塊木板上，放置一個物體，在手推動又離開後，物體的運動速度變慢以至於靜止，這與亞里斯多德說的情況一模一樣。伽利略的思路又向前一步假設，如果木板與物體的表面較光滑時，則發現物體往前運動的距離比上一次遠了一點。他的思考仍沒有結束，他更大膽假設如果木板與物體表面是絕對平滑的，即所有摩擦阻力都被消除後，這塊物體應該會按原有速度繼續運動下去。所以維持物體的速度不需要外力，而改變物體的速度才需要使用外力。伽利略的這個論斷，後來被牛頓採用並命名為慣性定律，更成為古典力學的一塊奠基石。

因此要保持創新思維的能力，要時刻警惕著權威定勢的存在，但是人可以打破對他人的權威崇拜，並不表示他從此就可以擺脫思維定勢，因為他也可能以自己為權威，再也聽不見或不能接納不同意見。

要去除權威定義的影響，可以：1.將同樣的論斷告訴他人，並表示這是權威所說，聽聽大家的反應及評價，從中作比較。2.設想今天的權威觀點、學說，二十年後會如何。3.思索外地權威的論斷是否適合本地。4.試問是何領域的權威，對此問題是否在行。5.權威的形成是憑自己的實力，還是依靠外力。

至於一個人在某一領域內是否屬於合格的權威，至少應具備三個條件：

1. 他所處的地位是否有利於獲得相關的事實和材料。

2. 他所受教育和累積的經驗，使他對特定問題能作出較準確的判斷。

3. 他所判斷的問題，不涉及個人利益，因為如涉及個人的名、利問題，則再偉大的權威之言也要打折扣。

三、從眾定勢

從眾定勢就是真理的判斷訴諸群眾，多數人贊同的說法就是真理，多數人不贊成的就不是真理。所以一個論點、觀點是否為真，不取決於論證，而只取於多數。因此，多數人怎麼做，我也怎麼做；多數人怎麼想，我也怎麼想。從眾定勢能使人具有歸宿感和安全感，去除孤獨和恐懼的心理，且隨波逐流也是一種處事的態度。如張三在請李四介紹女朋友時，開出了自己的條件，包括身高 165公分，李四問：「身高對婚姻、交友有什麼意義？」張三回答說：「別人徵求女友也都有這一條。」這就是最充分的理由。又如走到

路口，等紅燈變綠燈時，發現左右沒有來車，而身邊的其他行人皆紛紛直接穿越路口，很可能我們遲疑一下，便跟著眾人一起闖紅燈了。

從眾定勢會阻礙人的自主性思維，因為它不利於人的獨立思考和創新，而創新往往是突破從眾定勢而得到的。因此只有無關知識上真假對錯之判斷而只涉及眾人意向或利害的問題，可以訴諸多數；但有關知識上真假對錯之判斷而無關於眾人意向或利害的問題，絕不可訴諸多數。

去除從眾定勢，需要：

1. 不怕出醜，勇於提出奇思異想。如有一位經濟學家應邀對一群商界人士演講，他在牆上用圖釘釘了一張很大的白紙，在紙上畫了一個小黑點，然後問坐在前排的一位男士看見什麼？這位男士很快地回答：「一個黑點。」經濟學家接著問每一個人同樣的問題，而每個人都說是「一個黑點」。這時經濟學家以不疾不徐的口氣說：「沒錯，這裡是有一個小黑點，可是你們沒有注意到這張大白紙。」

2. 進行反潮流的逆向思維。

四、非理性定勢

人是理性的動物，能夠在理性和邏輯的指導下，準確地設計目標、預測結果，並追求實現，但這僅是不完全的假設，因為人又經常在情緒、感覺、本能、衝動、慾望的支配下盲動或蠢動。

　　如新聞雖然不斷報導各種詐財案件，但仍然有人因為一時的貪慾或情緒因素而受騙。又如在情緒好或不好時，對同一個人、事的態度和認知會有所不同。此外，人容易在不知不覺中以偏概全、避重就輕，如一個人在生活、工作中碰到小挫折就說：「我不行了！我完蛋了！」偶爾受到一次欺騙，就感嘆地說：「我再也不相信任何人了，你看那些小販、那些推銷員、那些醫生、那些警察等，他們全都在千方百計地想要算計我。」其實，情況絕非我們想像的那樣。

　　又如一家公司的管理模式，是優是劣完全取決於自己的看法。成功時，可以說公司管理上有三大法寶：精密的工作流程、完善的員工培訓、穩定的終身僱用；但失敗後，同樣的法寶卻換了一種說法：精密的工作流程變作「官僚主義心態」，員工培訓是「對員工的洗腦」，終身僱用制成為「人力資源變動能力差」。公司如此，個人也常犯類似問題。

　　要去除非理性的定勢：1.靜下心來，把所有的感情、慾望等排除在腦外。甚至可以設想你最討厭的人有哪些優點，你最討厭的事能帶來哪些好處。2.藉由日記反省一日中所出現的非理性行為，並分析其原因。3.控制怒氣，如延後發怒的時間。想發怒時，轉移注意力，全身放鬆。4.調整呼吸。

　　只有保持理性、平靜的思緒、情緒，才能集中精神，對現象、問題進行客觀、深入的分析探討，而得出有價值、有意義的結論。

五、自我中心的定勢

　　人往往過於自我肯定，在對外界事物進行思考和判斷時，總是習慣以自我為中心，以自我的思想觀念、價值模式、是非標準、情感傾向、審美情趣等去判斷其他的人、事、物，以致陷於偏頗，甚至強烈的自以為是，而否定別人的價值、輕視別人的見解，變成一種封閉、狹隘的心胸。這種自我中心的定義，使人不能吸納新知，而阻礙創造發明的進行。

　　如朗道是前蘇聯科學界的天才，十四歲進入大學，三十多歲就當選為蘇聯科學院的院士，他在物理學界的許多領域都有所建樹，並以超流理論獲得諾貝爾物理學獎。但他的天才使他目空四海、過度的自負，特別是在他出任科學院物理學部的主任後，變得更固執和武斷。

　　1956 年，蘇聯物理學家沙皮羅在對介子衰變的研究中，發現了介子衰變過程中宇稱不守恆，並向朗道介紹自己的發現，但朗道卻相信自己的直覺，認為宇稱一定是守恆的，並認為凡是與他觀點不合的想法必定是錯誤的，甚至將沙皮羅的論文若無其事的放在旁邊。

　　幾個月後，我國的旅美科學家楊振寧和李政道提出了沙皮羅已發現的弱相互作用下宇稱不守恆的理論，並在不久後，又由吳健雄以實驗作了證明。1957 年，楊振寧、李政道因此獲得諾貝爾物理學獎。在朗道獲知消息後，才如夢初醒的認識到自己順手放在一旁的是什麼。

要如何去除自我中心的定勢：

1. 承認自己的不足，確認無所不通、無所不曉的天才是不存在的。古人所說的：「智者千慮必有一失，愚者千慮必有一得。」在今天知識複雜的時代，更是如此。

2. 換位思考，不從我的利益出發，而站在別人的立場或公正客觀的立場看問題，從細微處體察到別人的需求、別人的所得。

如一位母親在聖誕節帶著五歲的兒子去買禮物。大街上迴響著聖誕樂曲，櫥窗裡裝飾著彩燈，盛裝可愛的小精靈載歌載舞，商店裡五光十色的玩具琳瑯滿目。「一個五歲的孩子將會以多麼興奮的眼光欣賞這絢麗的世界啊！」母親毫不懷疑地想著。然而她絕對沒有想到，兒子緊抓著她大衣的衣角，嗚嗚的哭出聲來，母親著急的問：「怎麼了？寶貝，要是總哭個沒完，聖誕精靈可就不到我們這裡來了！」小孩繼續哭著說：「我的鞋帶開了。」

母親只好在人行道上蹲下身子，幫孩子繫好鞋帶，但母親在無意中抬起頭時，卻發現什麼都沒有，沒有絢麗的彩燈、沒有迷人的櫥窗、沒有聖誕禮物，也沒有裝飾豐富的玩具架……原來那些東西都太高了，孩子什麼也看不見。落在他眼裡的只是一雙雙粗大的腿和婦人們低低的裙襬，在那裡互相摩擦、碰撞。真是可怕的情景！這是這位母親第一次從五歲兒子目光的高度眺望世界。她感到異常震驚，立即起身把孩子抱了起來。從此這位母親牢記：再也不要把自己的快樂強加給兒子。「站在孩子的立場看待問題。」母親透過自己的親身體會認識到這一點。

這就像是在市場交易中，消費者與生產者的視角會有所不同，故在研發生產、提供服務時要符合消費者的需求，而在商業競爭中，高明的競爭者都十分善於假設我若處在對方的境遇將會採取怎樣的行動，然後再據此制訂我方所有的行動計畫。

六、慣性思維

慣性思維是指思維沿著前一思考路徑以線型方式繼續延伸，並暫時的封閉其他的思考方向。這時候人只能在已經預約的、特定的、看不見的語境、邏輯、價值、常識中思考。

如提問：有樣東西，它毫無重量，眼睛能看見，如果將這樣東西弄到一個桶子上，還能使這個桶子減少分量，這是什麼東西？

答案是「一個洞」，但起初對這個問題百思不解的原因，不是聯想和擴散思維能力差，而是聯想的前提已經被不知不覺地預設，我們的思考只是在實體（東西）範圍內搜尋。

又如有個人橫穿馬路，雖然他身穿黑衣，當時既無路燈也沒有月亮，但是一個忘記開車燈的司機卻看到了他，為什麼？見到黑衣、路燈、月亮、車燈這些所提供的語境，最直接的聯想便是夜晚，這正是問題所設下的陷阱，它通過語境聯想的慣性之誤導，讓思考走入黑夜，而百思難解，事實上當時為白天。

再如一對老夫婦結婚五十週年紀念時，他們的兒女們送給他們二張世界上最豪華郵輪的頭等艙船票，老夫婦非常的高興。登上郵輪後真是大開眼界，可以容納幾千人的豪華餐廳、舞池、游泳池、

賭場等等應有盡有。唯一遺憾的是，這些設施的價格非常昂貴。老夫婦一向很節儉，捨不得去消費，只好待在豪華的頭等艙裡，或到甲板上吹吹風，還好來的時候因怕吃不慣船上的食物，帶了一箱速食麵。

轉眼間旅程即將結束前，老夫婦商量著回去後如果鄰居問起船上的飲食娛樂等事情，他們都答不出怎麼辦？所以決定最後一晚的晚餐到豪華的餐廳裡好好吃一頓，反正最後一次了，奢侈一次也無所謂。到了豪華的餐廳，燭光晚餐、精美的食物，他們吃得非常開心。晚餐結束後，老先生叫來服務員結帳，服務員非常有禮貌的說：「請出示一下您的船票。」老先生生氣的說：「難道你認為我們是偷上船的？」然後把船票丟給服務員，服務員接過船票後，在背面的許多空格中劃去一格，驚訝地說：「兩位登船之後沒有任何消費嗎？這是頭等艙船票，船上所有的飲食、娛樂，包括賭場籌碼都已經包括在船票裡了。」

老夫婦為什麼遭遇這種結果，是因為他們的思維禁錮了他們的行為，他們沒有想到去看看船票的背面。

由上述三個例子，可見習慣的存在可成為一種生活的智慧，但又變成一種定勢、一種心理枷鎖，阻礙著思維的突破。一旦那一種觀念占了上風，便很難改變或不願去改變，導致做事風格與方法沒有任何改變的餘地。對習慣的事物失去敏感性，反應變得遲鈍，甚至熟視無睹，認為是自然而然的事，自然無法發現問題，更不會去尋找解決問題的方法。

　　要克服慣性思維，就要養成在變中找方法的思考習慣，換一種方法和思路，結果、過程就會有所不同。或者養成用假設句提問的習慣，「如果我不做 A 而做了 B，結果會如何？」再由多個假設中尋找答案。

　　如火車站常在雨天播音提醒旅客：「請各位旅客不要忘記自己的雨傘。」這種提醒，聽了和沒聽一樣，旅客們照常忘記帶走雨傘。有一天，頭腦靈活的播音員決定換一種播音內容：「到目前為止，本站收到遺留在火車上的雨傘已達三千多把……請各位旅客留意。」下雨天本易使人感到煩悶，因此旅客在聽到這樣不同以往的提醒，自然格外留心。此後，旅客們遺忘雨傘的明顯變少。

　　又如一處植物園在告示牌上寫著：「凡折花者，罰款 200 元。」但有些遊客依然我行我素。後來一位工作人員對這種常見的警示語大膽地進行一些改革，寫著：「凡檢舉折花者，獎金 200 元。」這項小小的改變，使折花者怯步。因為過去折花者只須防範管理人員，但現在變成對所有人都必須防範。

　　以上兩例只是在語言陳述的習慣上作一點改變。再進一步向慣性思維挑戰、突破常規，例如鳥鳴和潺潺的山間溪流聲音能否販賣？如將之灌錄在光碟上，在家也能聆聽大自然的聲音。

　　再如有一家公司的產品銷路不錯，但產品賣出後，總是無法及時收回貨款，特別是有位客戶，買了 10 萬元的產品，卻總是以各種理由拖延不肯付款，而公司先後派了三批員工去討帳，都拿不到貨款。最後張姓與黃姓的兩位員工再被派去收款，經過長途搭車抵

達客戶所在的城市。然後在會客室被刁難的要求久候。最後總算見到客戶公司的老闆，也同意付款，並開了一張 10 萬元的支票。為了避免夜長夢多，兩人立刻前往該城市的銀行兌現，卻被告知存款不足，很明顯的是對方又耍了花招，給了他們一張無足夠存款兌現的支票，二人火大之下，準備立刻折返該公司理論。此時，張姓員工卻像想到什麼事似的，回頭與銀行職員套交情並說明情況，徵詢能否告知該公司帳戶內有多少存款，銀行職員回答：「帳上只有99990 元。」碰到這種情況，一般人可能一籌莫展，但張姓員工臉上卻詭異地微笑，填了張存款單，在該帳戶內存入 20 元，然後軋入 10 萬元的支票，圓滿達成任務。

活躍創造性思維

在思考過程中要突破思維定勢，以獲心靈的自由，其方式有：

一、具有洞察力

能透過事物的表面現象以觀察事物本質的能力，因為每個人的感受和洞察力是不同的，故要學會從多角度看問題。從新的視角用新的知識去分析，才會有新的見識、新的發現、新的創見。如一般人還停留在透過網路互通消息獲取知識的階段時，已有人架設網路商店而獲得利潤。

二、不要只尋找唯一的答案

只有一個點子，就無法進行比較，就無從知道它的優缺點，所以要從幾種方案裡，找出一個最好的。因此，在提問時的方式是：「有幾種方案？」這就如同一張正方形的紙，剪去一個角後，還有幾個角的問題，回答時要考慮到剪刀刀口的形狀及如何剪等。

三、重視意外的發現

當意外的新發現出現時，不要漠視或否定，而要認真的研究。如在 1920 年的夏天，蘇格蘭著名的細菌學家佛萊明在外出渡假前，於實驗室放了一些未加蓋的細菌培養皿。在他離開的這段期間，湊巧有黴菌被吹進窗戶，落入其中一個培養皿裡。他回來後，注意到培養皿裡有一塊黴菌的周圍，竟然出現一圈無菌地帶，在深感不解下，便拿黴菌進行實驗，因此發現一種名叫盤尼西林的黴菌，再經過與其他科學家的共同努力，一種新的藥物——抗生素宣告問世，更成為對抗疾病的特效藥。1945 年佛萊明及其他兩位研究人員共同獲頒諾貝爾醫學獎。

四、不侷限於個人的專業領域

一個人要有所成就，必須集中專才，精研專業，但在進行孕育創意時，過度強調專業，會阻擋個人視野。這就像建塔一樣，若塔越高，則塔所需的基礎愈廣大，所以需要廣博的知識，擴大了知識範圍，才能在提出問題的時候，同時也提高專精的程度。所以很多創造發明者，所從事的都是與發明無關的工作。如坦克的發明者是個記者，電報的發明者摩斯是一個畫家。

　　事實上，許多科學家熱愛研究也熱愛享受生活，他們大都有廣泛的業餘嗜好，如伽利略喜愛繪畫、聽音樂、製作玩具。科學家的這些嗜好，並不全是為了消遣，而是藉此修身養性，或為事業發展養精蓄銳，或為解決問題尋找智慧，因為藉著睡眠、散步、遊玩、釣魚、種花、欣賞音樂等活動使大腦在鬆弛時產生創見。

　　如愛因斯坦六歲開始學習小提琴，對於巴哈、莫札特及貝多芬的作品特別喜愛，幾乎每天都要拉奏他心愛的小提琴。在他精神緊繃地思索光量子假說或廣義相對論遇到困難時，就放下工作，拿起琴弓，那優美、和諧、充滿想像力的旋律，有助於他對科學創見和思想方法的啟發，具有催化作用。

　　又如 1979 年諾貝爾化學獎得主，德國化學家喬治・維格倫，除了勤奮研究外，還得益於他的鋼琴。從小接受音樂教育的他，每當工作之餘，或在研究中碰到難題，只要放鬆心情，彈彈鋼琴，就感到心曠神怡，思若湧泉。所以他的學生曾開玩笑的說：「老師的化學研究，有一部分得歸功於他的鋼琴。」而在 1964 年時，六十七歲的維格倫發表了有關脫氫磷鹽的文章，題目就叫做「施陶丁爾的旋律變奏曲」。

五、要有想像力

　　想像力是在過去經驗和知識的基礎上通過思維加工產生新形象或新設想的能力。而一個人沒有想像力，就不可能有所創新，更不可能脫離思維定勢。因而要讓想像自由的展翅，但有價值的想像，也必須有可靠的依據，能夠深刻反映事物的本質，有許多偉大的發

明都是從想像開始的。因此要大膽聯想、大膽想像，以突破常軌思維。

六、要有自信

一個人相信或不相信自己的能力，會出現不同的結果，自信心強的人敢想、敢說、敢做，不落入俗套或人云亦云，總是走自己的路，並堅信自己能夠成功，而形成成功鏈。在一個人要失去信心的時候，可以由自己或他人對自己作一鼓勵。山窮水盡疑無路，柳暗花明又一村，再堅持片刻，方法可能就出現了。其次要設置小目標，大目標一時難以完成，小目標則較容易，積小成為大成。

如美籍物理學家錢致榕曾談到，在求學期間，有位老師挑選了一批學生，編成一個特別班，錢致榕也被編入這個班級。第一天上課時，老師對他們說：「你們這些同學將來一定會有大好前途。」聽了老師的話，大家都很興奮，從此努力學習，最後多數人都有所成，成為科學家、教授、醫生、律師等，錢致榕在數年後回到母校，問這位老師當初是根據什麼標準挑選這班學生的，老師說：「沒有標準，是隨便挑出的。」

拿破崙有句名言：「我的字典裡沒有『不可能』這三個字。」這三個字使看似不可能的事物變得可能。他想像自己是大軍統帥，而最後則真的成為指揮千軍萬馬的統帥。

這些說明積極的暗示，有助於自己創造奇蹟，同時自信也可以增強百折不撓的毅力，消除膽怯、自卑的心理障礙所形成的不敢冒險並滿足於得過且過的心態。

七、養成科學態度

要經常主動、積極地分析各種事物，從中獲取經驗和教訓，絕不能想當然耳，不能只考慮到問題的一面，而忽略其他方面，要考慮到事物發展下去可能產生的各種結果，每一步要採取的措施，碰到情況要如何處理。

1921 年，印度科學家拉曼在英國皇家學會上做了聲學與光學的研究報告後，取道地中海搭船回國。有一天在甲板上，一對印度母子的對話引起了拉曼的注意。小孩問：「媽媽，這大海叫什麼名字？」母親回答：「地中海！」小孩再問：「為什麼叫地中海？」母親答：「因為它剛好在歐亞大陸與非洲大陸的中間。」小孩又問：「為什麼它是藍的？」母親回答不出，求助的眼光轉向旁邊的拉曼，於是拉曼自告奮勇的對小孩說：「海水呈現藍色，是因為它反射天空的顏色。」

拉曼的回答是當時科學界唯一的解釋。它出自英國物理學家瑞利，這位以發現惰性氣體而聞名的科學家，曾用太陽光被大氣分子散射的理論解釋過天空的顏色，並由此推斷，海水的藍色是反射了天空的顏色所形成的。但在拉曼離開那對母子後，心中對自己的解釋總是存疑。那個充滿好奇心的小孩，那雙求知的眼神，那些不斷湧現的「為什麼？」使拉曼深感愧疚。作為一位訓練有素的科學家，他發現自己在不知不覺中已喪失了小男孩從「已知」中去追求「未知」的好奇心和懷疑精神，這是科學發現中最大的禁忌，它足以使人耳目失明，停步不前。

　　拉曼回到加爾各答後，立即著手研究海水為什麼是藍的，他很快地發現瑞利的解釋實驗證據不足，令人難以信服。他重新從光線散射與水分子相互作用入手，運用愛因斯坦等人的漲落理論，獲得光線穿過淨水、冰塊和其他材料時散射現象的充分證據，證明出水分子對光線的散射與海水呈現藍色的原理，與大氣分子散射太陽光而使天空呈現藍色的原理完全相同。進而又在固體、液體和氣體中，分別發現一種普遍存在的光散射效應，而被統稱為「拉曼效應」，為二十世紀初科學界最終接受光的粒子性學說提供了有力的證據。

　　1930 年，拉曼獲得諾貝爾物理學獎，而這一切來自一個小男孩的問題。科學的態度就是不盲從、不偏信，要對已有的觀點，甚至是權威抱持懷疑態度。

右腦與創造力
的開發

壹、右腦

貳、夢境

參、靈感

　　兩個小女孩在公園玩拋球的遊戲，一個丟球，另一個接球的就要研判估算球飛行的速度、角度及風速，方能移動雙腳準確地接住球，但即使這個小女孩在未來能取得物理博士學位，她很可能也無法得到足夠資訊預測出球的飛行公式，那麼小女孩是怎麼做到的？

　　施娜貝只學琴七年，就成著名的鋼琴家，但是她小時候很厭煩坐在鋼琴前長時間的練習，所以她的練琴時間比其他鋼琴家少得太多了，而在別人詢問其成功祕訣時，她說：「我是用腦練琴的。」因為她慣於閉上眼睛，想像自己已開始演奏，她的手指靈巧地揮動著，似乎整個身體都融入其中，為什麼她因此能獲得成功呢？

　　李小龍汲取中國傳統武術的精華，發明了「截拳道」，「截拳道」最核心的理念就是「直接」，為了說明「直接」的概念，李小龍讓弟子配合他做了一個試驗，他讓一個學生把自己的手錶給他，然後，他突然用力地把手錶拋向空中，當手錶落下時，弟子毫不遲疑地把手錶接住。針對這個現象，李小龍解釋說：「你為什麼不拉一個架勢，而直接把手錶接住呢？因為，你要用最快速、最有效的方法去防止手錶落在地上摔壞，所以，你才直接用手去接！」

　　最有效地「直接」解決問題方法，就是運用直覺思維，而這一切與人的右腦有關。

壹　右腦

一、右腦與左腦

　　人的大腦是世界上最複雜，也是效率最高的訊息處理中心，它包含 100 多億個神經元，在神經元的周圍還有 1,000 多億個膠質細胞，所以它的訊息儲存量非常驚人，每秒鐘可以記錄 1,000 個訊息單位，能夠記住大小諸事。但是在人的一生中，往往只用到這種能力的 10%，甚至不到 5%。那麼要如何開發這種潛能呢？如果人的大腦潛能可以使用到四分之一的話，將學會五十種語言，把百科全書從第一頁背到最後一頁，並完成幾十所大學的博士學位。

　　在十八世紀以前，一般認為人腦是整體活動的，任何一部分功能的喪失，都可由其他部位的功能來代償，即腦的部位或左右腦半球的功能均無差異。但到十九世紀初，神經解剖學家嘉爾提出大腦功能定位的觀點，即以為人腦的功能並非各部位等同，而是分工的。然後人類再逐漸發現左右腦功能的差異。

　　首先是法國醫生達克思，他發現在中風且慣用右手的患者右側身體癱瘓時，其言語功能也會受到某種程度的損傷，而神經解剖學則已知左腦半球的神經通路經腦幹交叉通向身體右側肌肉，達克思據以推論：人腦的語言中樞必位於左腦半球，所以右半身癱瘓者，語言功能亦受損。

　　不久，另一位法國醫生布洛卡對兩名因中風而右側癱瘓，並且帶有嚴重失語症的患者屍體進行解剖，發現他們的左腦額葉一局部

區域都有嚴重病態，但右腦卻完好無損。而根據人體的運動和感覺機能與腦神經系統的聯繫都以對稱為主，即推斷左腦額葉的病變部位，就是主管說話功能的語言運動中樞，同時也否定了左右腦同等功能的看法。

左腦掌管語言功能，而語言是一種高級意識的表現，所以是占主導地位的優勢腦；右腦則是受左腦支配的劣勢腦，至於人所以能有協調動作，就是左腦占優勢地位支配的結果。

到了 1960 年代，美國的心理生物學家羅傑・史貝夫對於裂腦患者（為了將癲癇發作控制在腦的一側而作過腦聯合部──主要是胼胝體，切開手術的患者）在嚴格的實驗條件下會暴露出「隔離綜合症」，即左右腦均不能得知對方控制下做的事物，並產生一些矛盾現象。並且右腦雖然不能像左腦一樣用語言表達認知和感受，但也並非僅是依附左腦而毫無獨立功能。因為在失去與腦神經的聯繫下，它仍然能理解單詞的意義，並且能用非語言的方式將其理解表達出來。

所以左右腦半球各有不同的機能分工或特殊的專門職責，如右腦在非語言的視覺空間能力上即優於左腦，它能依據一些基本資訊而將不完全或已變形的事物識別出來。如在人群中能立刻辨出一位多年未見且已變化很大的熟人，但卻不能立即叫出他的名字，這就是因為右腦根據基本線索揭示掩藏在複雜背景和不完全條件下的訊息，但左腦卻尚未完成識別過程。由於右腦這種識別能力快速，並且未顧及全部細節，故可能具有模糊性，難以確保它的準確度，但

正因為右腦這種快速、及時的反應能給予重要提示，而不需等待左腦準確的語言反應而失去及時識別的機會。所以在現實環境中遇到需要快速而不是需要絕對準確或解決的問題時，左腦方式就會誤事，而右腦方式則是最佳選擇。

經過對左右腦功能的不斷研究、增加瞭解後，左右腦的功能大略如下：

左半腦		右半腦	
·語言	·邏輯推理	·知覺	·綜合
·閱讀	·記憶	·理解	·圖形化
·書寫	·規範性	·類比性的認知	·空間知覺
·分析	·時間	·類比	·視覺記憶
·聯想	·理論	·直覺	·情緒感覺
·抽象	·判斷	·調查	·處理瞬間問題
·數學運算		·銘記	

一般而言，左腦是理性腦，主要負責語言思維、分析思維而具有語言、書寫、邏輯、分析等能力，這些是從事學術研究所必需的，它的功能以連續、系列、有序為特徵，能分析瞭解各部分，然後有序的組合成一個整體。右腦是感性腦，承擔形象思維、直覺思維和掌握空間與主體、音樂、節奏、舞蹈、身體協調、直覺、情感和擴散思維等，它的功能以整體、瀰漫和滲透為特徵，可以直覺地看到整體，然後才是看到各部分。所以左腦又稱為知識的腦，右腦則稱為創造的腦，主要進行創造力的開發。而只有在左右腦的功能達到平衡並形成整體時，智力和創造力才能達到高度發展，因此右

腦功能的充分發揮也需要左腦提供知識，也就是創造發明仍然要依靠知識為基礎。

二、開發右腦

右腦既然和人的創造發明能力有關，因此重視右腦開發的研究也逐漸增多。

日本學者七田真認為左腦的記憶很容易立刻忘掉，因為不忘掉，新的記憶就無法輸入，所以左腦如同一片容量很小的磁碟片；但右腦對看過、讀過的就絕對忘不了，並且在需要時，立即可重現圖像，所以右腦的記憶就是彩色照片，能夠以圖像來表現，因此要提升右腦的記憶力，他提出二種訓練方法。

1. 倒帶法

是把描繪著圖案、圖形、記號、文字等的卡片，像閃光燈般的在眼前迅速跳過，然後去猜那些圖案；也可以讓撲克牌在眼前快速落下，然後去猜牌色和牌點。剛開始時只能記住幾張，但逐漸會增加。這項訓練的原則，是在一分鐘內不斷丟牌，時間一到就把眼睛閉上，這時右腦會留下殘象，並將其寫入記憶內。

人的左腦是負責把輸入的訊息語言化，但將大量的訊息以高速進入大腦時，左腦就來不及作語言化處理，這時大腦就會自動地切換到右腦改以圖像處理，能夠瞬間抓住圖像的右腦就活躍起來，其處理圖像的能力又快又多，對資訊處理的能量能超過左腦百萬倍。

2. 速讀訓練

　　以高速研讀書本，然後將內容說出來的訓練，時間是一分鐘，閱讀對象從最簡單的圖書文章開始，然後逐漸到較難讀的書本。在訓練過程中，記憶量會慢慢增加，而眼睛看過後，就會自然地燒印到視網膜上，然後再重現出來，會使右腦自然開啟。這時文字不是用讀的，而是用看的，然後在腦中再翻頁讀出來，並且記憶力是無限的，不受時間限制。

　　此外，在訓練右腦這種能力時，要養成記憶關鍵的習慣，因為這是通往右腦記憶的輸入手續。（劉天祥譯，七田真著，《超右腦革命》，中國生產力中心，頁 5-9。）

　　此外，人的右腦聯繫身體的左半側，故可加強左側身體的活動，以促進右腦功能的增強，有助於靈感的出現和豐富想像力。如：

1. 刺激左手指：蘇聯的教育家蘇赫姆林斯基認為「兒童的智慧在手指頭上」，所以許多父母讓兒童從小練習用左手彈琴、打字、珠算等，這樣雙手的協調運動，會使大腦皮層中相應的神經細胞的活力激發出來。

2. 環球刺激法：盡量活動手指，促進右腦功能。如每捏一次手部按摩健身環需要 10~15 公斤握力，五指捏握時，又能促進對手掌各穴位的刺激、按摩，使腦部供血暢通，特別是左手捏握，對右腦起激發作用。又如隨身攜帶手部按摩球等。

3. 在左手食指和中指上套一根橡皮筋，使成為「8」字形，然後用拇指把橡皮筋移套到無名指上，仍使之保持「8」字形，依此類推，再將橡皮筋套到小指上，如此反覆多次，亦可刺激右腦。

4. 在日常生活中多使用身體的左側。如在使用小刀和剪刀的時候多用左手、拍照時用左眼，打電話時用左耳，坐捷運或公車時用左手拉吊環或扶把手，讓左腳支撐站立，習慣將錢放在左口袋用左手取錢。

　　此外，如出遊或到某一地點時，要明確方位，瞭解地形地貌或建築特色，培養空間認識能力。在認識人和各種事物時，觀察其特徵，將特徵和整體輪廓相結合，形成獨特的模式加以識別和記憶。餘如可多從事非語言活動，如跳舞、繪畫、手工藝、音樂、郊遊、球類運動等。

三、開發右腦的想像力

　　創意來自於想像力，而每個人或多或少都有過創意，那麼這些創意是在什麼樣的具體情境下出現的？嘗試找出最適合自己創意出現的情境，並注意這種情境的出現。

　　此外想像力也是可以訓練的，並對自我的成長具有很大的助益。譬如一個人期望自己成為那一種人，結果就真的能成為這樣的人，這種現象稱為「皮格馬利翁效應」。首先想像一個完善的理想人物，然後想像自己時時刻刻地在模仿這個榜樣，以在潛意識中留下深刻印象，影響自己的日常生活和思考方式。

1. 想像一個完美人物的形象出現在眼前，他的面孔、髮型、微笑的樣子、身高、體態、舉止、講話的速度、音質、手勢等，愈詳細、愈真實愈好。

2. 想像這位理想人格的品格和能力，諸如道德高尚、舉止優雅、才能超群，以及所有你希望得到的品格和能力，並要透過具體的形象來想像理想人物的這類抽象品質。

3. 想像自己正在學習和模仿這位理想人物，並獲得成功。模仿他的健康體魄、優雅舉止、經驗才能等等，然後你也立即具有了這些特質。

所以可經常閱讀科學家和發明家的傳記、科學史、發明史、偵探推理小說等來培養自己想像、推理的能力及習慣。

因為神經系統無法區分生動的想像出來的經驗和實際的經驗，心理的圖像便能給予我們一個實踐的機會，把新的優點和方法付諸實踐，獲得思考的技巧。教育心理學家文杰博士就提出一種提高想像力的「影像流動法」，以作為刺激右腦的好方法，其進行方式如下：

1. 找一個舒適的位子坐下來，大大的吐幾口氣，用輕鬆的吐氣幫助自己放鬆，閉上雙眼，把腦中流過的影像大聲說出來。

2. 大聲形容流過心中的影像，最好是說給另一人聽，或用錄音機錄下來，因低聲的敘述無法造成應有的效果。

3. 用多重感官體驗豐富自己的形容，最好是五官並用。如出現沙灘的影像時，描述沙灘的質感、香味、口感、聲音和外形，有些描述可能讓人有些奇怪，但卻可讓想像盡情馳騁。

4. 用「現在式」去描述影像，更具有靈活想像力的效果，所以在形容一連串流過的影像時，要形容得彷彿一切正在發生。

　　影像流動的練習無需意識的指示，而是自行找到前進的動力，表現各種主題，可以是隨意的想像，可以自己提出一個問題，甚至是深入地探討某一主題。

　　在美國曾有位業餘的高爾夫選手，通常能打出九十幾桿，後來有七年的時間完全停止打高爾夫球，但令人驚訝的是，當他再回到球場的時候，打出了七十四桿的成績。而真正令人驚異的是完全中斷打高爾夫球的七年間，他的身體狀況在惡化中，因為他生活在越南的美軍戰俘營裡。

　　在那七年中，他一直與世隔絕，無法見到任何人，沒有人跟他說話，更無法做正常的體能活動。剛開始幾個月什麼都沒做，只是活在恐懼、絕望中，後來，他覺得要保持頭腦清醒並活下去，就必須採取一些特別積極的作為，最後，他選擇了心愛的高爾夫球，開始在牢房裡玩起高爾夫球來。在他自己的心裡，每天都要打完十八洞。他以非常精細的手法打高爾夫球，他「看見」自己穿上高爾夫球衣走上第一個高爾夫球座，心裡想像著他打球場地的每一種天氣狀況，他「看到」球座盒子的精確大小、青草、樹木、山坡，甚至還有鳥，他清楚地「看到」自己的手精確地握著球桿，他很小心地

使自己的左手臂保持平直,他告訴自己眼睛要好好看著球。他告訴自己,在打倒桿時要慢慢且輕輕地打,同時記住眼睛盯在球上。他教自己在打擊時要圓滑地向下揮桿,並且順利地擊出;然後,他想像著球在空中飛過,掉在發球區與果嶺之間修整過的草地中央,滾動著,直到它停在他選定的精確位置。他在自己心中打球,所花的時間就跟他在高爾夫球場上打球一樣長,而且對剛擊出的球仔細觀察……他逼真地模擬打球的全部過程,使他在七年被囚禁的時間裡,心靈並沒有離開過高爾夫球或球場。

夢境

人在睡眠狀態時,心靈狀態特別靈敏,如有些人不需要鬧鐘,在早晨就會準時醒過來;而一個母親在熟睡中可以對周圍的噪音充耳不聞,但只要嬰兒輕輕的哭聲,母親即刻醒來。由此可知,當人在睡眠時,頭腦仍然是活躍、有知覺的。特別是當人進入睡眠後,顯意識漸漸停止作用,但潛意識卻浮現起來,這就是夢,因為人的左腦對大量資訊的搜集與整理工作雖已暫停,但右腦仍然活躍著。

而夢中的情景往往能解決在白天苦思而無法解決的問題。雖然在夢中的景像是無序、怪異、凌亂、模糊的,卻能給予人類深具價值的啟示。

英國籍曾獲諾貝爾獎的科學家克里克認為作夢可以消除掉大腦中無用的信息,使思維變得更加敏感。英國推理小說家史蒂文生,在夢中夢到一個故事,醒來後將其寫成小說,即名著《化身博

士》。俄國作曲家柴可夫斯基三天三夜未睡，為一堆素材困擾著，最後躺到床上，很快地進入夢中，在夢中，他把各種素材整理得很妥當。醒後，他立即把在夢中所譜的曲子寫在一張紙上，後來只做一點小小的變動。

俄國的化學家門捷列夫發現元素週期表，也是在夢中得到靈感的典型例子。門捷列夫從二十三歲開始致力於探索不同性質間元素的規律，他把已知元素寫在卡片上，然後嘗試用各種方法對這些卡片進行排列，以發現其中的規律，在這個問題上他探索了 20 年。有一天，他在擺弄卡片的時候疲倦的趴在桌上睡著了，在夢中他看到那些卡片活了起來，自動組成規則的排列，當他睡醒後，迅速地按照夢裡的排列順序將已知元素有規則的排列起來，而且預知了 11 種尚未發現的元素。

至於利用夢境來解決現實問題，在近代科學史最著名的例子，就是苯分子結構的發現。十九世紀時，德國的化學家弗里德利希·柯庫勒(Friedrich Kekule)花費多年時間研究有機化合物苯的分子結構，但始終一籌莫展，毫無進度。1865 年的某一天晚上，柯庫勒坐在壁爐邊打起瞌睡，在夢中突然看到成群的原子在眼前飛舞跳躍，有些較小的原子則在遠處閃躲著；接著這些原子排列成一隊，像蛇一樣地蠕動、纏繞著，忽然，蛇頭咬住蛇尾，形成一個圓環在他眼前旋轉。柯庫勒醒來後，相信自己已經破解苯分子的構造問題，夢中的景象告訴他，苯分子的結構必須形成閉鎖的連環才能凝聚，而不是開放的鏈形，這是有機化學史上著名的個案。

另外楔形文字的翻譯者希爾普·雷西特，曾任教美國賓西法尼亞大學，他在自傳中寫著：「到了半夜，我覺得全身疲乏極了！於是上床睡覺，不久就睡熟了。朦朧之中，我作了一個很奇異的夢。夢中一個高高瘦瘦的，大約四十多歲的人，穿著簡單的袈裟，很像是古代尼泊爾的僧侶，將我帶至寺院東南側的一座寶物庫，然後我們一起進入一間天窗開得很低的小房間，房間裡，有一個很大的木箱子，和一些散放在地上的瑪瑙及琉璃的碎片。突然，這位僧侶對我說：你在 22 頁和 26 頁分別發表的兩篇文章裡，所提到的關於刻有文字的戒指，實際上它並不是戒指，它有著這一段歷史：『某次克里加路斯王（約公元前 1300 年）送了一些瑪瑙、琉璃製的東西及上面刻有文字的瑪瑙奉獻筒給貝魯的寺院。不久，寺院突然接到一道命令：限時為尼尼布神像打造一對瑪瑙耳環。當時，寺院中根本沒有現成的材料，所以，僧侶們覺得非常困難。為了完成使命，在不得已的情況下，他們只好將奉獻筒切割成三段。』因此，每一段上面，各有原來文章的一部分。開始的兩段，被做成了神像的耳環，而一直困擾你的那兩個碎片，實際上就是奉獻筒上的某一部分。如果你仔細地把兩個碎片拼在一起，就能夠證實我的話了。僧侶說完之後，就不見了。這個時候，我也從夢中驚醒過來，為了避免遺忘，我把夢到的細節，一五一十地說給妻子聽。第二天，我以夢中僧侶所說的那一段作為線索，再去檢驗碎片，結果很驚奇地發現，夢中所見到的細節，都得到了證實。」

在以上的例子中，有一共同的特徵，夢境以最佳的方式解決了人們日夜苦思的現實問題。在睡眠中，人的左腦進入休息狀態，但

抽象思考的右腦仍然活躍著。所以想要擴展想像力，就要培養記錄、思索夢境的習慣，有時候夢就會提供直接觸發創造力的契機。

利用夢境創造性解決問題，可遵循下列方法：

1. 明確創造的動機，增強創造的慾望。

2. 準備豐富的材料，並有所接觸。

3. 入睡前給自己暗示：「至少會記住一個夢」。

4. 在思考過程中入睡，能強化問題意識，將潛意識引導向正在思考的問題上，而達到利用潛意識的目的。

5. 在身旁放著紙筆或錄音機，以便一醒來時，就能很快地記下任何還記得的夢中細節，或者是錄下來。

6. 把鬧鐘定得比平日早 10~15 分鐘，因為最後一個夢，通常是在常態甦醒前發生的，所以定得早一點，或許有可能在夢境中醒來。

7. 對夢的內容進行分析、聯想，它對自己的情感、目前遭遇是否有任何可參考的地方。

  靈感

一個人長期思考某一個問題，因始終得不到解決的方法，而暫時把問題擱置在旁邊去做別的事情或者暫時休息一下，這時卻往往受到某一事物的啟發，一下子閃現解決問題的方法，就稱為靈感。

因為一個人在轉做別的事情或停下休息時，雖然意識面停止了思考活動，但潛意識還活躍地進行大量的嘗試，把各種信息與思考對象聯繫起來，而外界的偶然刺激會給潛意識帶來啟示，然後進入意識層面的思考，與意識建立聯結。

愛因斯坦曾向好友回憶在 1905 年 6 月寫作狹義相對論時的情景。在那天之前，他已經進行了幾年的思考和研究，然而那個決定一切的觀念卻是突然在腦中閃現的。那天晚上，他躺在床上，對於折磨著他的問題，內心充滿著毫無希望解答的失望情緒，他的眼前似乎沒有一線光明。但是，突然黑暗裡透出了光亮，答案出現了，他馬上起身執筆工作。五個星期之後，他的論文完稿了。他說：「在這幾個星期裡，我在自己身上觀察到各種精神失常現象。」愛因斯坦靠著突如其來的靈感，寫出狹義相對論的論文。

法國數學家笛卡兒長期研究如何把幾何和代數這兩門數學統一起來，但經過不斷努力還是找不到辦法。有一天，笛卡兒躺在床上發現一隻蒼蠅在天花板上爬，於是耐心地觀察起來。忽然，他想到蒼蠅、牆角以及牆面和天花板不就是點、線、面嗎？點、線、面的距離可以用數字來表示，想到這裡，他興奮地跳起來，在紙上畫出三條線代表牆面與天花板的連接線，然後畫了一個點表示蒼蠅，分別用了 X、Y、Z 表示蒼蠅與兩面牆和天花板之間的距離。這樣就在數與形之間建立了穩定的聯繫，任何一個點都對應著三個固定的數據。因此，笛卡兒創立了解析幾何學。

蒼蠅在天花板上爬行，這個外部事件激發了笛卡兒的靈感，與自己苦思的問題聯繫在一起，找到了解決問題的方法。

　　有關靈感啟發的最有名例子，是阿基米德的故事。有一次，工匠為國王做了一頂王冠，但國王懷疑工匠偷工減料，在王冠裡滲雜了其他金屬，但又不知如何進行檢測，於是把任務交給阿基米德。阿基米德苦思數日，卻想不出任何方法，有一天，他洗澡的時候，剛進入澡盆，水就開始往上升，當他坐下去的時候，水就溢到盆外，這時候阿基米德恍然大悟，興奮的跳出澡盆，沒穿衣服就跑出去，一路上高喊著：「我知道了！我知道了！」因為他已找到檢測王冠含金量的方法。他在國王面前，把一個水罐注滿水，又向國王要了一塊跟給工匠做王冠同樣重的純金，然後分別將王冠與金塊放入水罐，結果發現放入王冠時溢出的要比放入金塊時的多，阿基米德由此斷定，國王的王冠裡滲了其他金屬。

一、靈感的特性

1. 突發性

　　靈感都發生在偶然、意外之時，來無影、去無蹤。它可能來自自己、別人、周邊事物的觸發。

2. 瞬間性

　　靈感往往稍縱即逝，如果不能及時抓住，就會消失得無影無蹤。

3. 情感性

　　靈感來的時候，表示問題的解決有了方法，往往情緒高漲，非常興奮，在藝術領域的創作活動中更為明顯。

4. 模糊性

靈感只是來自其他因素的一個觸發，只是暗示一個方向、途徑或零碎的線索。還必須經過聯繫、思考、研究才能進行正式的運用。

5. 獨創性

靈感不是來自於理性邏輯思考的結果，而是在外界事物的刺激下，對原有訊息所作的迅速改造，或出現過去從未想過的新觀念、新點子。它不是來自模仿，往往也無法重複。至於突然想起的某件事，則屬回憶，而非靈感。

二、激發和運用靈感

雖然靈感的產生有許多不確定的因素，但仍然可以找到正確的方法進行思考以產生更多的靈感，並且在靈感來臨時及時地抓住。

1. 明確的思考對象：沒有要解決的問題，就不會產生解決問題的靈感，所以在目標確定後，潛意識在資料庫裡就開始自動搜集有關的訊息，並與思考對象建立聯繫，以找到方法。

2. 充實相關知識：如果對問題的領域欠缺豐富的知識或經驗，很難產生與該領域有關的靈感，縱使刺激發生，也難與問題產生有效地聯繫。

3. 要勤於學習、思考：靈感的瞬間爆發是以長期的艱苦探索、思考醞釀為基礎，而後出現跳躍式的頓悟。就像發現元素週期表的門捷列夫在回答記者提問時所說：「並不像你想的那麼簡單，這個問題我大約考慮了 20 年才得到解決。」

4. 要有強烈解決問題的願望。

5. 放鬆身心：冥想、音樂、散步、旅遊等以放鬆大腦，大腦放鬆後，可以降低耗氧量，使意識與潛意識間的訊息可以暢通地交流，使潛意識最大限度的發揮思維能力，以激發靈感。

6. 抓住靈感：身邊準備紙、筆、錄音機，只要靈感出現，立刻記下來。

7. 將靈感轉化為發明、創造。

05
Chapter

集體創造力
的開發

壹、頭腦風暴法

貳、六頂思考帽

　　創新必須先能想到較多優良的創意、方案或點子，但個人的知識、經驗、注意力是有所侷限的，這時就必須仰賴團體的智力激勵，以集思廣益。

 壹　頭腦風暴法

　　此法是在 1939 年時，由在紐約擔任 BBDO 廣告公司經理的亞歷斯‧奧斯本(Alex. F. Osborn)所創立，起初用於廣告的創意上，後在 1953 年總結成書，成為最早付諸實用的創新技法。後來奧斯本離開廣告界後，在紐約州成立了「創造教育基金會」，致力推廣創造教育的事業。

　　頭腦風暴法，主要進行方式是以一種特殊會議的形式使與會者暢所欲言，以獲取集思廣益的成效，是一種走群眾路線以展開創造發明活動的方法。適用於解決一個難題或想出一個新穎的獨創性點子。如在學生時代可學習想出一個故事的新結尾，或如何維持教室內良好的學習條件。參與者要能掌握創造性思考的基本技巧。

　　其進行步驟如下：

一、組織形式

1. 將人數訂在 6~8 人，因為人數太多，將無法讓與會者有充分發表意見的機會。至於組成分子應包括專家和非專家兩類人員，其中專家不限於同一專業，要考量到知識結構的合理性；非專家則要思想活躍，善於提出問題，以確保最後的團體成績能優於個人成就。而如想獲得更多意見時，可召開數個會議。

2. 會議應設一人擔任主席，並有一至三個記錄。

二、會議類型

可分為開發型與設想論證型兩種，前者係為尋找一個問題的多種解答途徑，希望能獲得大量的設想，所以要選擇想像及語言表達能力較強的人參加。後者則是為了將各種設想歸納整理換成實用性方案的會議，故要選擇善於歸納、分析判斷者參加。

三、會議時間

在半小時到一小時之間，因為時間過長易於疲倦、鬆懈。時間緊迫，人的大腦反而會以驚人的速度運轉。

四、會議地點

應該選擇安靜而不受外界干擾的場所，並切斷電話、手機，謝絕訪客，以防止分心。在集中注意力下，往往會出現令人意外的收穫。

五、會前準備工作

1. 選定主持人，其人選要性情樂觀、思想活躍，有能力控制會場又不致專斷獨裁，能誘導與會者發言，並避免發言落入單一主線太久。其除對議題需要有全面瞭解外，同時也能掌握頭腦風暴法的基本原則與操縱要訣。

2. 會議前要設定明確主題，瞭解主題的現狀和發現趨勢，將主題預先通知參加人員，預作準備，並提前醞釀解決問題的設想。此項主題亦可由主持者與問題提出者共同擬訂。

3. 要求與會者具備創造學的基本知識，並對與會者進行思維柔化訓練，如作些智力遊戲、簡單的擴散、類比訓練等，讓思維輕鬆活躍，防止固執己見，以觸類旁通地打破常規思維，激起參與興趣。

六、會議的進行

1. 主持人

(1) 會議開始時，由主持人或問題提出者向與會者介紹本次會議所討論的問題，使與會者有一全面地瞭解，以掌握方向。

(2) 預先組織、設計整個活動的流程，創造讓與會者都能充分發言的氣氛，必要時，可指定、鼓勵不說話者發言，並隨時提醒大家要專注議題。

(3) 原則上，主持人自己不提創意，但可提出誘導性的意見，鼓勵與會者從已提出的想法中引出新點子。

(4) 在許多與會者爭相發言時，應該讓思考積極的人先發言，以更有效地發揮聯想能力。

(5) 大家發言過於龐雜時，應進行簡要整理。

(6) 不僅要激勵成員的想法，更要記住會議的目的，是要想出解決問題的具體方案。

2. 記錄

　　由一至三人專責記錄的工作，必須記下所有提出的方案、點子，當許多與會者提出幾種點子，而記錄有困難時，可請主席作必要的歸納，並對提出的設想標好序號。通常記錄者不參與討論。

3. 會後整理

　　主持人在會後應對各種設想進行整理、提煉和完善，如有必要，可和部分與會者進行聯絡以補充原來的意見，因為人在冷靜後，往往常產生新的思路。最後對各種優質設想進行評估與選定。

七、會議紀律

　　為了開啟與會者的思考、想像，達成會議目的，會議的進行必須遵守以下四個原則：

1. 暢所欲言

(1) 提倡隨意思考、自由暢談、自由想像，想像則愈新奇愈好，以相互激勵和啟發，因為看起來荒唐的想法，可能是最有價值的。

(2) 要善於從不同的角度或反常角度去思考問題。

2. 嚴禁批評

(1) 對別人提出的任何想法，都不應加以批評，縱使是幼稚、錯誤、荒誕的，同時也不應自我批評，這在心理上可激發每一個與會者敢於積極的思考與發言。

(2) 要禁止「這行不通」、「這不符合規定」等類似用語的出現，讓每個人都能在充分放鬆的心情下，集中注意力的開拓思考空間，而不致受到打擊和壓抑的情緒。

(3) 要避免對任何人的意見作出肯定的讚美之詞，如「你的想法太好了」、「很好」、「不錯」等，以防止其他人產生被冷落的感覺，致影響其情緒，阻礙思考力的發揮。

(4) 要避免自我貶抑或自謙的用語，如「我有一個不成熟的想法，大家可作為參考」、「我的想法不一定對，但大家可以指正」，這與會議所要求的活躍、暢所欲言的氣氛相牴觸，會影響到意見的表達。

(5) 評估作業應保留到活動結束時或另外進行。

3. 追求數量

設法激勵成員盡可能地提出想法，因為不立即引來批評，人們就更容易傾說所思、所見。而要得到一個理想的方案，只能在眾多的方案中進行選擇，所以設想愈多，進行比較，選擇的可能性就愈多，最佳方案產生的機會相對增加。

4. 集思廣益

單憑個人的知識、經驗去苦苦思索是很難想到突出的創意的，但在小組會議中，每個成員都有自己的知識經驗，又能各自從不同角度思考，自然有利於相互激勵、引發聯想、產生共振和連鎖反應。如嘗試引申、潤飾他人的想法，則一個不盡實用的點子，在稍事變通修改或融合其他意見後，卻可能創造出令人激賞又可行的解決之道。

八、歸納分類

　　對於會議結論提出的設想，可從兩方面進行評估：一為是否可行，二是實行後是否有實際效果。對於可行又有效的點子，可以立即採用；對於無法實行或實行後沒有效果的點子，則不予考慮，但要對提出者作一說明。

 六頂思考帽

　　在頭腦風暴法中，小組成員的人格，也是成敗的關鍵因素之一，據英國牛津大學心理學家馬瑞迪斯‧貝爾賓(R. Meredith Belbin)的研究調查顯示在組織一支勝利隊伍時，氣質、才情不一的團隊要勝於習氣相似者所組成的團隊。因此如果能組合正確的人選，彼此的互補性將使創造過程的推動更為輕易。

　　因此英國劍橋大學思考研究基金會主席愛德華‧德‧波諾(Edward de. Bono)提出了簡易的六頂思考帽的思考方式。他指出思考最主要的困難在於「混淆不清」，同一時刻想做的事情太多，所以要設法使思考者一次只做一件事，而戴上一頂帽子，就代表使用一種方式，在專注中，頭腦就會配合我們所扮演的角色，而假戲也會真做。其次，自我是思考的阻力。由自我的角色、利益、立場等為出發點，維護自我打擊對方，只是為反對而反對，如果是另一人提出的話，就可能變成完全同意。故六頂思考帽的思考方式，就是要每一個人在連續換上不同帽子思考的時候，也同時改變自己的立場、利益、角色等，進而對事物本身進行完整的考量。這就如同一

座漂亮宏偉的建築物，有四個人分站在建築物的四面，每個人看建築物的視角都不同，都爭論自己看到的那一面是正確的一面，但如果四個人都繞建築物一圈，就能分別看到建築物的前後左右，而對建築物本身有完整的認知。

所以波諾的方法是把思考帽這個大角色分解為六個不同的小角色，由六頂不同顏色的帽子來代表，每一個小組的會議則由六人參加，每人都被指定一頂帽子戴上，接著就扮演這頂思考帽所定義的角色，全力演出，而在換下一頂思考帽時，就必須更換自己的角色與思路。

六頂不同顏色的帽子

六頂帽子分別是白色、紅色、黑色、黃色、綠色、藍色，各代表不同的性格。

1. 白色思考帽

白色屬於中性色彩，讓人能夠中立、客觀地提出事實與數據。

通常人們在使用事實或數據時，並非只是單純訊息的提出，而常會涉及自己的主觀論點，因此它們的出現都是有目的的，但是當這些事實與數據成為論點的一部分時，即會導致不客觀性，因而白色帽子提問的方式是：「給我事實即可，不需要論點。」「事件的真實何在？」如為了避免因資訊的氾濫而被淹沒，可以要求成員的思考集中在某些方面，如「我們有些什麼訊息？」「我們需要什麼訊息？」「我們要如何取得所要的訊

息？」然後只提出所要的資料，並且要先確定自己是否也戴著白色帽子──是真的在設法獲得實情，而不是為了證實自己腦中已有的想法。

所以當自己戴上白色帽子思考問題時，要努力使自己更客觀與中立，只要求資訊或提出資訊，不再是為了贏得爭論而進入言談中，這就像是中立、客觀的科學觀測家或探險家，只是細心地觀察動植物，而沒有任何私人成見；又如繪製地圖者的工作，就是繪製地圖。

2. 紅色思考帽

紅色代表火與熱，以及本能、情緒化的思考，而戴著紅色思考帽時，主要是跟著感覺走。

任何優良的決策都是訴諸情感的，因為情感是我們思考的一部分，能使思考符合我們的需求與當時的狀況。但強烈的背景情感，如恐懼、憤怒、怨恨、懷疑、嫉妒、喜愛等，會限制、蒙蔽我們的眼睛，很難作出公正的判斷，甚至會作出毫無根據的結論，如自認為被某人欺騙，就會對他產生敵意，否定他的看法。所以紅色思考帽的目的，就是要讓背景現形，觀察其帶來的影響，並在感覺發生之初，即將之表達。各種各樣的感覺都可以表達，如熱情的、懷疑的、不愉快等，而可以說出：「我不喜歡這個」、「我不喜歡這個主意」、「我覺得他是適當人選」、「我覺得這樣做太冒險」、「這意見很有趣」等。

情緒的發生需要一段時間，要平息更不容易，但紅色思考帽可以讓一位思考者在片刻之內進出情緒的各種模式，因為當

戴上或脫下紅色思考帽時，就是情緒的轉換，而不讓自己和別人受到情緒的影響。因為戴紅色思考帽表達對別人的不滿後，只要摘下紅色思考帽就可讓情緒平復，對方也知道這是戴上紅思考帽的反應，從而避免了相互爭執和攻擊。所以戴上紅色思考帽所表達的觀點比較不涉及個人，因為它是一個正式的表達管道，可以直接說出個人的感覺：「我不喜歡這次會議進行的方式」、「我覺得我們被迫接受一個大家都不喜歡的想法」。

此時表達出來的情感可為思考或討論提供一個背景，而許多決策和計畫都是用來對抗這個背景。所以能共聚一堂用同一種情緒，想像不同的情感背景下事情會有何不同，自然是有益的。通常不喜歡某個人，就必須有個好理由；如喜歡一個計畫，就必須有邏輯作依據。而紅色思考帽可以令人擺脫這種束縛，勇於表達自己的感情，尋找適當的字眼來應付問題，因為 10 分鐘之後，你的感覺就會有所變化，所以有時候在會議快結束的時候，再戴上紅色思考帽，看看自己的感覺是否已發生變化。

3. 黑色思考帽

黑色思考帽是負面、嚴苛的象徵色彩，喜歡批評、否定別人的看法。

黑色思考帽注重的是邏輯的負面，思考者不必顧慮公平的問題，也不必看到事情的兩面，而可盡情發表負面的意見，強調謹慎、風險、危險、障礙及潛在問題及任何一項建議的負面因素。唯須對事情的否定層面提出合乎邏輯並前後連貫的說

明。譬如在烈酒消耗量降低的討論中，可指出成見的錯誤，如烈酒消耗量的降低可能是因為大家開始注意自己的健康，可能是由於喝葡萄酒的人口增加，或者是限制酒駕的法規更加嚴格。如對一項市場調查的數據可指出已是四年前的數字，抽樣太少而且是只限於南部地區作出的，而非全面的抽樣。

所以黑色思考帽著重的是負面的評估，指出一切錯誤的地方；指出那些不合乎經驗法則卻為人接受的知識；指出某個提案行不通或一項設計的錯誤處；指出思考程序和方法本身的錯誤。可以用過去來判斷一個想法，並測知它與已知的一切是否相容，可將一個主意投射到未來，看看它有何錯誤發生或可能的失敗。

因此，一個想法出現後，黑色思考帽可檢驗它的可行性：「它是否行得通？」「忽視了哪些潛在的風險？」「外界可能會有哪些對我們不利的反應？」「什麼地方與法律、倫理價值不符？」「有何益處？」「值得去做？」而如果這個想法確實是可行的，就可進而找出其缺點，以求改進，「改進」是黑色思考帽的正面用途。

4. 黃色思考帽

黃色代表陽光和明亮，也是正面、樂觀、建設性的思考，使夢想事物成為真實。

在自然狀態下，一般人比較注重負面，因為負面思考可以避免犯錯、冒險或發生危險；而正面思考必須是好奇、喜悅、樂觀與「使事情成功」的慾望，需要積極採取行動。因為未來

是行動與計畫所指向的目的地，然而面對未來永遠不如面對過去一般的真實、確定。因此在開始進行一項工作時，即必須對它的價值進行思索，以積極面對的態度去看它。如對是否要投入資金改善產品品質的正面思考是：「人們當然會為高品質而花大錢。」所以提案不論是做些改進、製造機會、解決問題，無論是哪一種狀況，都是為了要帶來一些正面的改變。

其次一個人可能因滿足於安全或熟悉的事務而難以有所進步，所以戴黃色思考帽的思考者之提議，雖然可能過於樂觀或充滿不切實際的念頭，卻仍然具有價值，因其可激勵人付出心力。而只有期望成功的人才可能獲得成功，因為從未設想成功的人，根本就不會付出任何努力。所以黃色思考帽允許幻想、夢想的存在。

5. 綠色思考帽

綠色代表豐饒及茁壯，大自然的豐富創造力就是一個極好的意象代表，因此作為創意思考的象徵顏色，綠色帽的提問方式是：「為什麼不嘗試截然不同的新方法？」

綠色思考帽的重要性遠大於其他的思考帽，在運用綠色思考帽時，有時需要一些不合邏輯的創造，並以這些創意再刺激更合理的意見。有時新創意就像脆弱的種子，需要綠色思考帽的保護，以防止立刻被黑色思考帽所摧殘。

綠色思考帽本身無法使人變得更具有創造力，然而可以讓每一個思考者都留出專門的時間，集中精神地進行創造性的思考。要刺激一個人變得更有創意是困難的，但是卻可以藉著戴

上綠色思考帽，而輕易投入綠色帽子的思考方法裡。愈花時間去尋找方法，就愈有希望獲得更多的變通方式。

　　故綠色思考帽能產生進步效應，可以利用一個點子帶領人們前進，正如同河川中的一塊踏腳石可以幫助人穿越小溪。同樣地，利用誘引為踏腳石，也可以幫助人由一種思考模式進入另一種思考模式。

　　許多人在思考問題時，常認為問題既然已獲得解決，就無須再進行思考，因為已滿足於第一個出現的答案。然而，在現實生活中，答案、方法通常都有一個以上，而其中可能有些方法會更好、更可靠、成本更低。所以沒有理由假設第一個解答就是最好的，縱使已有了一個答案，仍然要去尋找其他的選擇，也只有在有了很多選擇之後，才能根據自己的需要和資訊，找出最好的方法。就像商品在考量價格策略的時候，一般只有降價、漲價和不變三種，但進一步探討，還有加量不加價、減量不減價、部分調漲、部分降價等。

6. 藍色思考帽

　　藍色隸屬天空，因為天空覆蓋一切萬物，故象徵總覽全局。

　　藍色思考帽會分析比較各種不同的意見，會對有關主題的思考、討論進行控制，並具有公正超然與冷靜。如樂隊指揮先喚起小提琴的聲音，接著是管樂器的聲音，這時指揮就是控制者──戴著藍色帽子，所以指揮在樂團中的工作，就是藍色思考帽在思考中所做的事。電腦程式會告訴電腦何時該做什麼，藍色思考帽則就人類的思考控制議程，它可以計畫思考的細節，

也可以隨時用藍色帽子給予指示。故如想安排思考步伐時，就必須戴上藍色思考帽。

藍色思考帽思考的重點在於集中，對於討論的問題進行定義和描述，並監督討論不致離題，以取得成果。如「已經離題太遠，我們是有很多不錯的點子，但和主題並不相關，需要回頭。」也因此一般會議的主席，都有藍色思考帽的功能，有時也可另指定一人擔任此角色，在主席設定的議題架構中，擔任監督思考的功能，以保證每個人都在按照指定的思考帽模式進行思考，並還可以宣布更換思考帽。此外，會議中的任何一個人也都可以發揮藍色思考帽的功能，如戴帽子後指出：「張先生的論點不太合時宜。」「現在大家再用白色思考帽思考，請不要滲入自己的情緒。」「我們已花太多時間，現在大家改換紅色思考帽。」

思考最忌諱的就是因過於複雜而混亂，故如果思考方式簡單明瞭，就會變得比較有趣、有效果。如我們想知道某件事的相關信息就戴上白色思考帽；想表達自己對事情的直覺看法，就戴上紅色思考帽；想找出事情的潛在危險，就戴上黑色思考帽；想知道事情有些什麼價值，就戴上黃色思考帽；想尋找新思路和解決問題的方案，就戴上綠色思考帽；最後戴上藍色思考帽，從宏觀上把握各種因素，對要如何處理問題，有了公正的看法、正確的判斷。

因此思考帽的思考方式基本上可看到兩個目的：1.簡化思考，一次只做一件事，不必同時兼顧情感、邏輯、希望和創意。思考者不需以邏輯支持半隱藏的情感，而可以用紅色思考帽將它帶出表面，

無需加以辯解，而黑色思考帽就可以處理它的邏輯問題。2.讓思考者可以自由地轉換思考型態，如有過於消極、負面時，可要求他卸下黑色思考帽，而改戴黃色思考帽，轉向正面、肯定的思考方式。

所以一個解決問題的小組成員，如能採納部分或全部六種思考模式，必定能產生傲人成績。因此：1.可指定各成員分別戴不同顏色的帽子，配合各自所戴思考帽的特徵發表觀點。2.指定半數成員戴黃帽子，半數帶綠帽子，俾能相互切磋。3.全組戴同色思考帽，然後依序變換不同顏色的思考帽。

但不論方式為何，都是在敦促各個人接受新的思考規則，並能有所創造發明。當然，思考帽的思考方式，除可用於會議的進行，單獨個人也可分戴不同思考帽，以不同思考形態，深入的認知、研究某一事件。

美國惠普公司曾有位富有創造精神的員工熱情地向創辦人惠萊特提出一種新想法，惠萊特立刻戴上一頂「熱情」的帽子，認真地傾聽、仔細地瞭解有關細節，努力去理解員工的想法，並在適當的地方表示驚訝、表示讚賞，同時提出一些十分溫和的問題。事後即刻將該想法送交相關部門進行認真討論、仔細研究。幾天後，他再次與該提出創新的員工針對該想法進行討論，這次惠萊特戴的是「詢問」的帽子，提出一些非常尖銳的問題，對其想法進行深入、徹底的探討，有問有答，研究得非常仔細，但並未做出決定。不久後，惠萊特戴上「決定」的帽子，再次會見這位提出創新的員工，在嚴格的邏輯推理和技術的依據下，作出最後判斷，對部屬的提議作出結論。

　　在會議中，一頂思考帽應該使用多少時間比較合適？為了促使與會者集中精神解決問題，避免無目的漫談，可允許每人一分鐘，如小組有 5 個人，則每一頂思考帽只有 5 分鐘的時間，當然如有好意見正在或要提出的時候，可酌量延長時間。但如開始時就設定每人較長的思考、發言時間，容易造成分心、遲疑或等待的心理，反而影響效果。

06
Chapter

擴散思維

　　擴散是指在解決問題的思考過程中，以一問題為中心，但不拘泥於這一點，而是運用現有的資料盡可能地向四面八方作輻射狀的思考，探尋各種可能的解釋、答案，並允許聯想、想像的存在。擴散思維可以是空間上思維的推廣，由多方位、多角度、多層式的思維，以突破點、線、面的限制；擴散思維也可以是時間上思維的推廣，從現實、過去與未來三方面來思考問題。其可以從橫向進行，也可以是縱向的。

　　擴散思維可以說是創造性思考最重要的前提，它建立在一切都有可能的前提下。

　　如有人在談到賣豆子（黃豆）這件事的時候，就充分顯示擴散思維的效果。

　　他說：如果豆子有銷路，直接賣了賺錢。如果豆子滯銷，有三個方法處理。

第一，將豆子作成豆瓣，賣豆瓣。

　　如果豆瓣賣不掉，醃了，賣豆豉；如果豆豉還賣不掉，加水發酵，改賣醬油。

第二，將豆子作成豆腐，賣豆腐。

　　如果豆腐不小心做硬了，改賣豆腐乾；如果豆腐不小心做稀了，改賣豆腐花；如果實在太稀了，改賣豆漿；如果豆腐銷路不好，放幾天後改賣臭豆腐；如果仍賣不掉，讓其長毛徹底腐爛後，改賣豆腐乳。

第三，讓豆子發芽，改賣豆芽。

如果豆芽滯銷，再讓它長大點，改賣豆苗，如果豆苗不好賣，再讓它長大點，做盆栽賣，取名為「豆蔻年華」，到各級學校門口販售或找空地辦產品發表會，並且要記住這次賣的是文化而不是食品。如果還不好賣，建議拿到適宜地點作一次行動藝術創作，主題是「豆蔻年華的枯萎」，並且要記得以旁觀者的身分寫稿投報社，如果成功的話，可用豆子的代價迅速成為行動藝術家，並完成另一種意義上的資本回收，同時也可賺些稿費。如果行動藝術沒人看，報紙稿費也拿不到，則趕快找一塊土地，把豆苗種下去，灌溉施肥，三個月過後，改成豆子再拿去賣。

經過幾次上述的步驟後，即使沒有賺到錢，但卻已有大量的豆子，想賣什麼就賣什麼。

在這個例子中可明確看到擴散思維的效果，思路越廣闊，想到解決問題的方法就越多，得到最佳途徑的可能性就越高。所以擴散思維的訓練，可以去除慣性思維、惰性思維，不至於在想到一個思路之後就不再思考，得到一種解釋就不再去探索其他的解釋。因而曾用吹風機給熱氣球充過氣、暖過奶瓶、乾過裙子、熱過被窩的人，比起只用吹風機吹乾頭髮的人，能對吹風機的用途想出更多的可能。

壹 擴散思維的類型

一、輻射擴散

輻射擴散是從一個中心點出發，向四周擴散，把中心點與各種事聯繫起來，以產生創意，即在有一個明確需要解決的問題後，圍繞這個問題向各方向作輻射狀地積極思考，尋找各種可能的解決方案。

如在個人的思考問題上，試想「紅磚」有哪些用途？

1. 就紅磚的屬性進行擴散思維

(1) 建築材料：蓋房子、鋪地、修橋、修煙囪等。

(2) 具有重量：紙鎮、門擋、書擋、武器、鍛練身體等。

(3) 固定形狀（體積）：尺、骨牌、墊高、當椅子等。

(4) 具有顏色：畫方塊格子、壓碎成粉末後可作胭脂或混合水後寫字、磨碎混進水泥做顏料。

(5) 具有硬度：錘子、磨刀、支書架、敲核桃、作切割物品時的墊底物、武術表演劈磚。

(6) 紅磚化學性質：吸水性。

(7) 突發奇想：菸灰缸、劃火柴、紅磚厚度固定疊起來測知高度、作磚畫。

2. 就紅磚在生活領域中的用途進行擴散思維

(1) 建築類：蓋房子、砌圍牆、築灶台等。

(2) 遊戲類：當棋子、當球門、做積木、擲磚遊戲等。

(3) 生活類：當磨石刀、枕頭、烤肉、菸灰缸、秤砣、堵鼠洞等。

(4) 藝術類：繪畫顏料、雕塑原料等。

(5) 科學類：做模具、測量壓力和重力、化學實驗材料等。

(6) 其他類：賣錢、做標記、裝飾、自衛等。

採取上述分類，可見能更全面地分析問題。

再如單就鞋子的功能進行輻射思考：其可以護腳、保暖、防水、增高、按摩腳底、透氣（涼鞋）、助跑（釘鞋）、吸汗、助跳、行業標誌（軍用鞋、工作鞋、學生鞋）、助行（溜冰鞋）、防滑（登山鞋）、打人、藏錢、破案（鞋印）、墊桌腳、在沙灘寫字、舞蹈（芭蕾舞鞋）等等。然後選其可能者，進行功能改善。

在具體例子上，如何做一個成功、有效的廣告，在研究設計過程中，就要逐一考量以下問題：

1. 吸引人注意：顯眼的位置、大的、閃亮的、出人意料的、驚奇、頻繁出現等。

2. 形象宣傳：高質量的、優雅的、好看的等。

3. 可信的：誠實的、權威的、官方的、獲得認可的、統計數據等。

4. 給消費者帶來好處：折扣、贈品、實惠等。

經由以上的分析，可辦週年慶或折扣促銷，附帶小禮物，在媒體或廣告看板進行宣傳，請公正人士或知名人士進行剪綵或抽獎活動等。

二、縱向擴散

縱向擴散是對事物從縱的發展方向上，按其發展的各個階段進行思考，並設想、推斷出發展的趨向。其特點是能從一般人認為不值一談的小事或無需作進一步探討的定論中，發現更深一層的被表像所掩蓋的事物本質。

如美國通用汽車公司曾收到一封客戶的投訴信：「這是我為同一件事情寫的第二封信，而我說的都是事實。」原來這位客戶有個習慣，每天餐後由全家投票要吃哪一種口味的冰淇淋，可是最近他開著新買的通用轎車去購買冰淇淋，卻發現只要是購買香草口味，從店裡出來時車子就無法發動，但如果是購買其他口味，車子就能順利啟動。

通用公司的總經理滿心懷疑地讀著這封信並想著：「難道汽車會對特殊口味的冰淇淋過敏？」於是指派一位工程師進行調查。當晚，工程師隨著車主去買香草冰淇淋，而在回到車上後，果然車子無法發動，連試數次皆無效。第二天買草莓冰淇淋，車子可以發動。第三天又去買香草冰淇淋，車子卻又無法啟動。

工程師不相信汽車會像人一樣對某項東西過敏，於是努力研究以找出解決問題的方法。他每次都做記錄，在經過深入的思考和仔細的觀察後發現可能原因是：車主買香草冰淇淋比買其他冰淇淋所花的時間較短。因為香草冰淇淋很受歡迎，商店都放在冰櫃前面，以便顧客取購。所以問題就變成了：為什麼車子從熄火到發動的時間較短就會出問題。

這時候問題變得比較清晰了，關鍵點浮現：蒸汽鎖。蒸汽鎖控制汽車引擎的散熱狀況。當車主購買其他口味冰淇淋時，因為時間較長，引擎有足夠時間散熱，重新發動沒有太大問題。但是買香草冰淇淋時，由於時間較短，引擎太熱無法讓蒸汽鎖有足夠散熱時間，以致造成無法立刻再啟動。

汽車對香草冰淇淋過敏？很多人可能視此為開玩笑，哪有可能？但這位工程師抓住問題，逐步深入思考，終於發現原因，使問題得到圓滿解決。

縱向思維就是要養成凡事多問：「為什麼？」

三、側向思維

側向思維是指突破問題的結構範圍，從其他領域的事物、事實中得到啟示而產生新設想的思維方式。

這種思維方式的特點在於：

1. 不是過多地考慮事物的確定性，而是考慮多種、多樣的可能性。

2. 關心的不是如何對舊觀點作修補，而是注意如何提出新觀點。

3. 不是只知追求正確性，而是著眼於追求豐富性。

4. 不拒絕各種機會，而是盡可能去創造和利用機會。

如日本有一家電影公司計畫在某一城市開一家新的電影院，但要如何迅速找出適宜地點呢？當然首先要考慮的是人口流動量大及

消費能力強的地方。根據常規思維，可用計算行人流量的方法解決，例如派人到各地實地觀察統計，但要耗費大量人力和時間；另一種是請市調公司進行調查，但要花一筆錢。除了上述兩種方法外，是否還有更好的辦法？該公司的負責主管採取一個非常簡單的方法，輕易地就將問題解決了。他到該城市的所有派出所進行調查，哪個地方遺失錢包最多，然後就選擇該地開設電影院，因為錢包丟失最多的地方，就是人流動量最大，消費力最旺盛的地方。結果證明，這個選擇地點的方式完全正確。

這個負責主管所採用的就是側向思維，不從正面，而是從出人意料之外的側面思考和解決問題。

又如當馬鈴薯剛引進法國時，馬鈴薯的種植並沒有得到農民的認同，縱使政府想盡各種方法宣傳種植馬鈴薯的優點：高產量、耐旱、省肥、抗病蟲害、營養豐富、便於儲藏等，效果卻依然不彰。後來有位官員向國王建議：「由國王下令在一塊空地上種植馬鈴薯，並且在白天派軍隊看守，晚上則將軍隊撤走。」這下激起農民們的興趣，大家都在猜測到底是什麼東西，竟然要派軍隊守衛？到了夜晚，有些膽子大的農民就去偷馬鈴薯種在自己的土地裡。慢慢地，偷種的農民越來越多，馬鈴薯的種植在法國很快地獲得推廣。

在馬鈴薯種植的例子中，可以看到當正面的努力無法取得進展時，可由側面思維獲得問題的突破口。因此側面思維能使視角更加廣闊，讓思路像湧泉源源不絕。

四、功能擴散

功能擴散是以某種事物的功能為基點，朝四面八方設想出能獲得該功能的各種可能性。

如在 1956 年，日本松下電器公司與日本生產電器精品的大弧製造廠合資，成立了大弧電器精品公司，製造電風扇。當時，松下幸之助委任松下電器的西田千秋為總經理，自己則任顧問。大弧電器精品公司是專做電扇的，後來則開發了民用排風扇，但即使如此，產品還是顯得單一。於是西田千秋準備開發新的產品，他徵求松下的意見，松下回說：「只做風的生意就可以了。」當時松下的想法是讓松下電器的附屬公司盡可能專業化，以求產品有所突破。可是該廠電風扇的品質已非常優異，有餘力開發新的領域，而西田得到的仍然是松下否定的回答。然西田並不因松下的回答而灰心喪志，他的思維非常機敏與靈活地緊盯住松下問：「只要是與風有關的，任何事情都可以嗎？」松下並未細想這句話的真正意思，但西田所問的事與自己說的很吻合，所以回答說：「當然可以。」

四、五年後，松下又到這所工廠視察，看到廠裡正在生產暖風機，便問西田：「這是電風扇嗎？」西田回說：「不是，但它和風有關，電風扇是冷風，這個則是暖風。你說過要我們做風的生意，這難道不是嗎？」後來西田千秋負責的大弧電器精品公司的「風」家族產品非常豐富，除電風扇、排風扇、暖風機、鼓風機外，還有果園和茶園防霜用換氣扇、培養香菇用的調溫濕換氣扇、家畜養殖用的棚舍調溫系統等等。

　　西田千秋只做風的生意，就為松下公司創造一個又一個的輝煌成績。

　　對於功能擴散的顯著表現，在王健著《創新啟示錄：超越性思維》一書中，有這樣一個例子：

　　試列舉出能清除某種東西的物品，並說明它清除的是什麼東西，例如：用橡皮擦擦除鉛筆的痕跡。

　　一般的答案可能有：

1. 用來去除某種東西的產品和設備：橡皮擦擦除書寫錯誤；鋤頭除草；搬運車運走廢土。

2. 家用電器：吸塵器吸走地面的灰塵；洗碗機清洗碗碟。

3. 清潔劑：玻璃清潔劑清除玻璃上的汙垢；菜瓜布清洗鍋碗的油汙；汽車清洗劑除去車身的髒物。

4. 服務行業：清潔工清除垃圾；園丁清除花圃雜草。

　　但如果善用擴散思維，會再出現許多令人吃驚的思路：

1. 突發事件促使生物死亡或離去：毒藥毒死了河流裡的魚；核電廠的輻射外洩使當地居民遷離。

2. 自然事件：春天驅走了冬天的嚴寒；猴子偷摘樹上的果實。

3. 人們做非法的事情：小偷竊取別人的錢包；吸毒酗酒奪走人的健康。

4. 涉及物體運動的人類活動：豬農從豬欄裡清除豬糞；教師從粉
　　筆盒內取出粉筆。

5. 涉及使某物或某人從一個地方轉移到另一個地方的職業：警察
　　將罪犯從犯罪現場帶走；救護車及醫護人員將傷者從交通事故
　　現場載走。

6. 社會生活：互諒互信趕走了猜忌；包容驅走了對立。

　　這時，我們可以發現功能擴散下的廣大思維空間。

五、因果擴散

　　因果擴散是以事物發展的原因或結果為中心點，進行擴散思
維，以得到導致某一現象的原因或某一現象可能引起的結果。

　　事物間固然存在著因果關係，然而並不是一對一般的明顯，因
為一個原因可以導致多種結果，一個結果也可能是由多種原因所促
成。就像地面有水，未必是因下雨造成的；或中醫看病，除對症下
藥外，還著重身體的調養。擬訂計畫時要考慮有利的因素，也要考
慮不利的因素。

　　所以因果擴散，能在「由因及果」的推測中，引起新的創意，
並在「由果及因」的反思中得到新的發現。如在日常生活中，為一
件事猶豫不決的時候，就可採取由因及果的思考方式，檢查有哪些
理由，支持自己做或是不做。

六、關係擴散

關係擴散是以擴散思維的方式充分地分析某一事物所處的複雜關係，通過對這種關係的分析，尋找出相應的思路或得出客觀全面的結論。其中要把握運用想像重新理解和詮釋事物及其關係，避免單一甚至僵化的解釋。如常說的「亦師亦友」或「福兮禍之所倚，禍兮福之所伏」的關係，從另一個角度重新理解和解釋事物的關係，就會有新的發現。

如三國時代，孫權送給曹操一頭大象，曹操非常高興問手下有沒有人能稱出大象的重量。大家紛紛出主意地說：「造一個超大的秤。」「把大象殺了，分出許多小塊來秤。」這時曹操的小兒子曹沖走出來說：「我有辦法。」他請曹操令眾人到河邊，叫人把大象牽到一條大船上，等船身穩定後，在船舷上齊水面的地方，刻一條線作記號，然後把大象牽回岸上，再把岸邊的石頭，一塊塊往船上裝，船身就開始一點一點的下沉，等船身沉到剛才畫的那條線和水面一樣齊的時候，再把石頭都拿下來，分批秤重後，加計總合即得出象的重量。

在這個故事裡，曹沖把大象和石頭聯繫起來，把難以秤重的大象重量分解為容易秤重的石塊重量，使問題輕易地解決。

七、立體擴散

立體擴散是從多角度、多方位、多層次地觀察研究對象與周圍環境所構成的整體立體畫面，讓思維如同高架道路、立體交叉匝道，可以疏散車流量，加快行車速度。

貳 附論：水平思考

縱向的思考問題是一般人的思考習慣，雖然能讓人從被認為不值得一顧的小事或無需作進一步討論的定論中，發現事物的深層本質，但也會使人養成慣性或定勢的思考習慣，而忽視其他的可能性，使創造力受到侷限。

如一位武術高手參加一場武術比賽，在決賽時碰到一位實力相等的對手，但卻發現自己竟然找不到對方招式中的任何破綻，而對方卻往往能突破自己的漏洞，擊中自己。這位武術高手落敗了。事後，他一招一式將對手與他對打的過程演練給師父看，希望師父能幫忙找出對方的破綻，據以練出戰勝對方的新招。

師父看完他的演練，笑而不語的在地上畫了一條線，要他在不能擦掉這條線的情況下，設法讓線變短，做為徒弟的高手在左思右想後，放棄努力，只好向師父求教。師父拿起筆，在原先的那條線的旁邊畫了一條更長的線，原先的那條線在比較之下，突然變短了。然後，師父說：「要戰勝對方的關鍵，不只是如何攻擊對方的弱點而已，就像地面上的長短線一樣，如果你不能在要求的條件下讓線變短，你就要懂得放棄從這條線上動腦筋，而尋找另外一條更長的線。所以你要讓自己另起一行，練一套厲害的招式。只有你自己變得更強，對方就像那一條線，在相比之下就變短了。如何讓自己變得更強，才是你需要苦練的關鍵。」徒弟聽了恍然大悟。

武術比賽所憑的不只是招式、力道，更是頭腦的思考模式，如果無法在對方的弱點上做功夫，那麼就讓自己另取一行，將另外一

套更強的招式練好，讓自己變得更強，然後以己之強攻人之弱，就能獲勝。

這種另闢蹊徑的思考方式就是水平思考。跳出固有的思考模式、思考範圍，看看其他的模式、方向。就像挖井的時候碰到石頭，不再繼續往下挖，而是換個地方再挖。

水平思考是由英國籍的創造學大師愛德華‧德‧波諾博士所提出的，他認為當我們按照常規的固有觀念思考的時候，有很多可能性就會被忽略，如按照傳統認知，水總是往低處流的，如果只從這一觀點出發，世界上就不會有能將水引往高處的虹吸管。而在運用水平思考時，就會移動到側面的路徑去嘗試不同的感知、不同的概念、不同的切入點，致力於提出不同的看法。

水平思考的基本觀點，可包括：

1. 列舉對事物的各種可能性和假設：傳統的邏輯思考著重在判斷和選擇，不接受就拒絕、不合理就排除。但水平思考則進一步尋找創造性和建設性的建議，如「一家書店裡，沒有任何書陳列著。」沒有書的店自然不能叫書店，但它可能是網路書店。又如一家餐廳只做女顧客的生意，雖少了人口中的另一半男顧客，但如此的分割市場，針對女性的喜愛養顏美容的心理，反可以提供特別的餐點，以迎合其所需。

2. 在思考過程中可作有意的停頓，觀察一下當時所處的環境，所面對的人、事、物的關係及事物發展的某一點的情況。看看有沒有別的可能，更好的路線、更好的方法。

3. 在遇到困難、解決問題時要確定一個思考的焦點，特別是這個焦點不為人所注意、關注的時候，更易取得成功，因為它不存在著競爭對手。如在電腦的外形上，能想到些什麼創意？

4. 在解決問題、處理事情的時候，可以找到幾個焦點，每個焦點都可以引發許多備選方案。如要把一封信送到對岸，出現的第一個方法就是找一條船，但是否還有別的方法可以達到把信送到對岸的目的？

　　這時，可以把「到達對岸」作為一個焦點，由此焦點可以想到其他的備選方案，如游到對岸、架一座橋等。

　　接著，可以繼續問：「為什麼要到對岸？」「為了送一封信。」現在可以把「送一封信」作為焦點進行思考，找出送信去對岸的別的方法，如繞過河、用箭把信射到對岸、用信鴿、用郵寄等。

　　然後可以繼續問：「為什麼要把這封信送到對岸？」「是為了傳遞消息。」那麼可以把「傳遞消息」作為一個焦點，思考其他可以傳遞消息的辦法，如電話、傳真、網路等。

　　在這個例子中找到三個層次要解決的問題，而出現可供實際選擇的方法。

5. 水平思考的模式不是陳述「是什麼？」也不是分析「為什麼？」而是促成大腦「產生什麼」。因此不相關的事物或別人的觀點，往往可以激發我們的思考，找出有價值的東西。

6. 在找到一個激發點後，不論是原理、概念、特徵，都要集中精神向激發點進行移動，並且擺脫認為理所當然的事，以盡可能地開拓思路，產生更多新穎的主意。

  參 附論：收斂思維

　　收斂思維也稱為求同思維、集中思維，其思維形態是由外向內，呈收斂狀的思維方式。是在解決問題的過程中，盡可能利用已知的知識經驗，把各種訊息引到條理化的邏輯程序中，沿著單一的方向進行推演，以找到一個合理、完滿的答案，這就像是凸透鏡的聚焦作用，它可以使不同方向的光線集中到一點，而引起燃燒。收斂思維的思考方式包含分析、綜合、歸納等，它可以集中各種理論、信息、知識、方案等，提出更周詳的假設，進行比較研究，以找出最佳方案。

　　收斂思維與擴散思維是對立的，擴散思維是圍繞一個中心問題將思維向外界擴散，以尋求最多的信息和答案；而收斂思維是透過對多種信息的綜合分析，集中指向一個中心問題。擴散思維呈現出思路的靈活敏捷；收斂思維則體現出思路的深入，因而擴散思維又是收斂思維的前提，如果思維的擴散性不夠，即不能搜集足夠的信息進行收斂思維，將因信息太少而不足以證明結論的準確性；反之，如果思維始終維持擴散狀，沒有相應的收斂思維予以約束與綜合，則擴散將無法達到解決問題的目的。所以收斂思維與擴散思維具有互補性。

一、收斂思維的特點

1. 嚴謹性和論證性

以邏輯進行推理論證，重視因果關係，不贊成用聯想和想像，更不允許出現跳躍式思考。

2. 單一性

在同一時間、條件下，在各種方案中只有一個是最好的。

3. 聚集性

在解決問題時要抓住問題的焦點，只有清楚問題的焦點，才能有目的的去解決問題。

4. 深刻性

為了使問題一次解決，要追根究柢地探討在事物表象後所隱藏的實質問題。

5. 求實性

在搜集大量的訊息，經由分析、綜合等過程獲得方案後，必須進行實踐檢驗，如有不符合處，便重新對問題進行研究分析。

二、收斂思維能力的建立

1. 提高對周遭信息的感受力和洞察力，發現信息間的關聯性。

2. 提高對問題的分析推理能力，即邏輯思維能力的培養。

對於收斂思維的功效，有一則日本人發現中國大慶油田所在位置的案例：

中國在二十世紀六〇年代開始探勘大慶油田，當時大家都不知道油田在那裡，但日本人卻對大慶油田瞭若指掌。

日本人首先從《中國畫報》所刊登的鐵人王進喜的大幅相片上推斷出大慶油田在東北三省的偏北處，因為相片上的王進喜身穿大棉襖，背景是遍地積雪。接著，日本人又從另一幅工人們扛著鐵軌的照片，推斷油田離鐵路線不遠。又從《人民日報》的一篇報導中看到一段話，即王進喜到了馬家窯，說了一聲：「好大的油海啊！我們要把中國缺油的帽子扔到太平洋去！」據此，日本人判斷，大慶油田的中心就在馬家窯。

大慶油田什麼時候開始生產的？日本人推斷是 1964 年，因為王進喜在這一年參加了第三屆全國人民代表大會，如果不出油，王進喜是不會當選為人大代表的。

日本人還準確推算出大慶油田油井的直徑大小和大慶油田的產量。依據的是《人民日報》一幅鐵塔的照片和《人民日報》刊登的國務院政府工作報告，把當時公布的全國石油產量減去原來的石油產量，而推算大慶的石油年產量為 3,000 萬噸，這與大慶油田的實際產量相差無幾。

有了這些準確的情報，日本人迅速設計適合大慶油田開採用的石油設備。因而當中國向世界各國徵求開採大慶油田的設備時，日本人順利得標。

類比思維

在科學、技術、藝術等各領域，運用類比的成果甚為豐富，因為世界萬物間都存在著類比的可能性，任何不同事物間，都可能存在著某些共同之處，所以類比法為認識世界、學習知識、解決問題、發明創造，都提供了可行的途徑。

類比是指對兩個事物的某些相似性進行考察比較，而類比推理則是根據兩個事物之間的某些相似或相同處，而推出其中一個事物具有某種屬性，則另一個事物也具有這種屬性。如甲事物中有 A、B、C、D 四種屬性，乙事物中有 A、B、C 三種屬性，則可推論出乙事物也可能有 D 屬性。如在 1678 年時荷蘭物理學家惠根斯特將聲和光進行類比，由聲音是因為物質振動而產生的一種波的學說，類推光也是一種波，因此提出光的波動說。此外類比推理又可把一個事物的某種屬性應用在與之類似的另一事物上，而帶來新的功能，即其中一個事物的屬性能帶來某種功能，則若賦予另一個事物同樣的屬性，就能得到類似的功能。如醫生所用叩診法的出現，是因一位胸腔科醫生在為病人診斷時，沒有診斷出病情及時治療而死亡，醫生在對屍體胸腔解剖後，發現死者胸腔已積滿膿液，於是醫生開始思索用什麼方法可以診察到病人胸腔內部的情況。後來看到開酒館的父親不必打開橡木桶的蓋子，而是用手指叩擊桶壁，經側聽叩擊聲音的差異即可判斷木桶內酒的多寡，於是在把胸腔和橡木桶進行類比，發明叩診法。

因為類比推論的客觀依據是事物間的同一性和相關性，其同一性和相關性的高低，影響到推論的可靠性，而如果共同屬性是主要的、本質的，相關是必然的，則推論的可靠性就較大。同時因為類比是以比較為基礎，所以可將陌生的事物與熟知的事物作對比，將

未知的事物與已知的事物作對比，即可啟發思路，帶來一個新的視角，給出新的問題和理解，而展開創造的契機。所以當看到關係疏遠的物體有相似處時，即顯出其功效。

　　類比思維除從對比事物找到相似點外，亦可尋找其不同點，因此要掌握同中求異和異中求同的思維方法。

 ## 壹　類比思維的類型

一、擬人類比

　　將欲創造的事物或問題擬人化、人格化，讓自己成為思考對象的一部分。如在研究某種裝置時，就將自己設想為那種裝置，然後思考該裝置的各種作用。如在設計機械時，將機械看作是人體的某一部分，進行擬人類比，常會有出奇的成果，如挖土機就是類比人類手臂的動作進行設計，它的主臂如同人的上下臂，可上、下、左、右彎曲，挖斗擬人的手掌，可以插入土中，將土挖起，然後移至卸土地點，將手張開，放下泥土。

二、直接類比

　　從自然界或已有的發明成果中，尋找與創造思考對象相類似的東西進行類比，而在觸類旁通下，創造新的事物。如工程師布魯內爾因為觀察蛀木蟲往堅硬的橡木樹裡鑽的時候，等於是為自己建造一條管子作為前進的通道，經由直接類比提出了潛盾施工法。將空心鋼柱打入河底，以此作為潛盾，邊挖掘邊延伸，在潛盾的保護下施工，又快速、又安全。

據說雨傘是魯班發明的，魯班在路邊蓋了很多亭子，方便過往路人休息，雨天時可避雨，晴天時可遮陽。有一天，他在雨天看到一位急於趕路的人，只休息一下，就又冒雨前進。魯班心想，如果有一種能隨身攜帶的亭子就好了。後來他看到一群孩子在河邊玩耍，每人頭上戴著一片荷葉，他突然想到荷葉既能遮陽，又能擋雨，不就是一個移動的亭子嗎？回家後，他先用竹子做了一個支架，然後在頂上蒙上一塊羊皮，模仿荷葉的結構製做了一把傘。後來為了方便攜帶，又發明了能開能合的傘。

又如美國有位叫傑福斯的牧童，他的工作是監視羊群不要越過牧場周圍的鐵絲柵欄跑到相鄰的菜園去吃菜。有一天，傑福斯在不小心睡著的時候，被主人的叫罵聲驚醒了，原來菜園已被越過柵欄的羊群攪得一片狼藉，傑福斯嚇得不敢說話。事後傑福斯一直在想，有什麼方法讓羊不敢越過鐵絲柵欄。有天，他發現在柵欄附近只要有種玫瑰花的地方，羊群從不靠近或穿越，因為羊群怕玫瑰花的刺。傑福斯類比地想到如果在鐵絲上加一些刺，就可以擋住羊群了。於是，先把鐵絲剪成五厘米左右的小段，然後綁在鐵絲上當刺，開始時羊群也試圖越過鐵絲柵欄去菜園，但當被刺痛時，都驚恐地退回，幾次之後，羊群再也不敢越過鐵絲柵欄。後來傑福斯將其發明申請了專利，此後帶刺的鐵絲網便風行世界。

直接類比需要具備良好的觀察能力，大自然雖然處處向我們展示它的神奇，但需要人去發現其中對人有用的屬性，然後將之用在更廣泛的領域中以產生更大的價值。

三、間接類比

間接類比是把不同類的事物放在一起進行類比的創新方法。在現實生活中，當找不到同類事物進行對比的時候，就可以運用間接類比，它可以擴大類比範圍，使更多事物進入思考領域中。

如空氣中的負離子有助身體健康，可以消除疲勞，對治療哮喘、支氣管炎、高血壓、心血管疾病等都具有輔助效果。但自然界中的負離子，在高山、森林、海灘、湖畔等處較多，只有在休閒度假時才能享受到，後來科學家運用間接類比法創造出用水沖擊的方法製造負離子，吸取沖擊原理，又成功創造了電子沖擊法，而成為市場上銷售的負離子製造機。

又如斐塞斯博士有一天坐在門前曬太陽時，看見有一隻貓在太陽光下舒適地睡著，而每隔一段時間，貓就會隨著陽光的移轉而不停地變換睡覺的地方，這對我們來說，可能已司空見慣，但斐塞斯博士卻好奇地想著：「貓為什麼喜歡待在太陽光下？」貓喜歡待在陽光下，說明陽光和熱對牠一定是有益的，那對人是不是也同樣有益。在斐塞斯腦海中一閃而過的想法，成為「日光療法」的觸發點，他也因此獲得諾貝爾獎醫學獎。

間接類比能使我們將不同領域內的事物進行比較，從一類事物抽取能夠對兩類事物都能發揮作用的原理，應用在另一類事物上，因而我們可隨機選取兩個沒有關聯的事物，嘗試將其中一個事物的某一特徵，應用在另一事物上，看看會出現什麼結果，以此做為自我訓練。

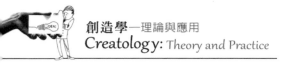

四、象徵類比

象徵類比是用具體事物或符號來表示創造發明事物中的某些問題、抽象概念或思想感情，經由類比，使問題立體化、形象化，以利於問題的解決。

這種類比法在建築中用得較多，如紀念碑、紀念館、忠烈祠的雄偉、莊嚴；咖啡廳、音樂廳的典雅、浪漫氣氛；而許多藝術作品也是這樣創造出來的。又如流水帳、桌腳、作業瓶頸、精神崩潰都包含著豐富的隱喻。甚至給小孩起名，男孩喜用「偉」、「勇」、「富」等字，女孩喜用「惠」、「好」、「芳」等，這些亦象徵性地表達出父母對兒女的期待。

五、幻想類比

幻想、夢想是不切實際的，但幻想類比則是要在創造性思考中，讓想像力超越現實，用理想、完美的事物類比待解決的問題。它的思考路徑有二：

1. 用神話故事或科幻小說中的事物與現實中的事物進行類比，對現實中的事物進行改造，賦予其前所未有的特性與功能。如古代帝王，為了統治百姓，聲稱自己是真龍天子，並把神話中的龍繡在衣服、旗幟上。

2. 順著眼前的事物進行幻想，以創造出新的事物。

通常藝術家在創作過程中利用幻想類比比較容易，但科技工作者較易受「已知」的束縛，因而必須像藝術家一樣，給予自己最大的想像自由。

如愛因斯坦年輕時思考著：「如果以光速追隨一條光線運動，會出現什麼狀況？」這條光線就會像一個在空間中震盪而停滯不前的電磁場，而這一個幻想類比，就打開了相對論之門。

又如伽利略看到一個孩子在玩放大鏡，運用幻想類比，他思考是不是可以製造一個能看到遙遠太空的鏡子。1609 年 10 月，伽利略製造了能放大 30 倍的望遠鏡，對夜空進行觀測，人類第一次發現月球表面高低不平、覆蓋著山脈並且有火山口的裂痕。此後，又發現木星的四個衛星、太陽黑子的運動，並得出太陽運轉的結論。

六、因果類比

因果類比是指兩個事物的各個屬性之間，可能存在著同一種因果關係，所以可從一事物的因果關係推論出另一事物的因果關係。

如天文學家威廉・赫歇爾在 1781 年發現了天王星，但是進一步觀測卻發現天王星的實際運行軌道與預測的軌道存在偏差。1846 年天文學家發現了海王星，但是海王星的存在只能部分地解釋天王星的實際軌道與預測軌道的差異。十九世紀末的天文學家猜測，在海王星的軌道範圍之外，應該有一個比海王星還遠的行星，它的引力使天王星的運行偏離，於是他們開始尋找這顆行星的所在。到 1930 年時，這顆行星終於被勞威爾天文台的唐包夫發現，並命名為冥王星。

天文學家所以預測到還有一顆行星在影響著天王星的運轉，是因人類已能準確地預測行星的軌道，而行星的運轉既然偏離了軌道，必定是受到另外一個天體的牽引影響，然後把這種因果關係套用在天王星的身上，即預測了在其周圍有另一顆行星的存在。

又如在橡膠內加入發泡劑，製造出海綿塑膠，亦是經過因果類比。在合成脂內加入發泡劑，使合成樹脂中布滿無數小孔，製成重量輕又有良好隔熱、隔音效果的泡沫塑料。一位日本人運用因果類比，聯想到在水泥中加入發泡劑，使水泥變成亦能隔熱、隔音並且重量輕的氣泡混凝土。

七、形狀類比

觀察大自然的形態，以形狀類比發明具體可用的事件，或由某一原型的外型結構而類推出與此結構、形象相仿的創造物。

如看到魚擺尾的動作，發明了船的搖櫓。又如吉利在年輕時，有一天用當時的長柄刮鬍刀（帶柄的長形刀子，使用前需要磨利）刮臉，不小心竟把臉刮破了，因此發願要發明一種既不用磨又不會刮破臉的新刮鬍刀，其刀片可以更換以保持銳利，但要做成何種形狀？有一天，他看到有位農夫用耙子把土壤整得又細又平，又觀察到農夫的動作和手中揮舞自如的耙子，於是產生形狀類比，設計出新的刮鬍刀，就像耙子的形態。又如可口可樂玻璃瓶的外形，則類比了女性體態的曲線美。

八、結構類比

經由已知事物的結構類比找到類似結構的事物。如香蕉皮是由幾百個薄層構成，層與層間可以滑動，經過結構類比，如能找到類似結構的物質，就可找到性能優異的潤滑劑，結果發現二硫化鉬有極薄的層結構，為香蕉層結構厚度的二百萬分之一，易滑性相當於香蕉皮的 200 萬倍，熔點高達攝氏 1,800 度，在攝氏 400 度的高溫下使用絕不成問題，因此一種新的潤滑劑就出現了。

九、功能類比

將一種事物所具有的功能，經由類比、移植到其他事物上使用，創造具有近似功能的新裝置。

如將吹風機在改型設計後變成被褥烘乾機。又如江河湖泊會受到汙染，但為何海洋卻不會受有機物汙染？這是因為海洋中生長著能消化有機物質的淨化細菌，能將有機物變成水和二氧化碳，使海洋具有自行淨化的能力。經由功能類比，可在淨化池中放入有淨化細菌的汙泥，變成無汙染的水池。

長頸鹿的脖子很長，從大腦到心臟有 3 公尺的距離，所以牠的血壓很高，否則無法將心臟的血「壓」上 3 公尺高的腦部，以保證大腦不會缺血。但是當長頸鹿低頭喝水時，卻變成心高頭低，心臟的血會強烈衝擊腦部，然而長頸鹿卻安然無恙。原因是因為長頸鹿身上裹著一層厚皮，當牠低頭喝水時，厚皮會自動收縮，箍住血管，從而限制了血液的流速，緩和了腦血管的壓力。

　　科學家模擬長頸鹿的皮膚原理，製成「抗荷服」，用於保護飛行員。當飛機加速時，「抗荷服」可以自動壓縮空氣、壓迫血管，限制飛行員的血液流速，防止其腦部失血。

十、行為類比

　　在某種動物或人類的行為中，經由行為類比，引申為解決現有問題的方法或創新的契機。如電話信號在長距離傳送時會減弱，而解決的方法是設置中繼站以加強減弱的信號傳輸，其靈感來自馬車驛站的傳遞過程。又如體型過重的人不容易找到合適的衣服，於是開設大尺碼服飾專賣店，經由行為類比，也可為體型短小的人開設小尺碼服飾專賣店。

十一、仿生類比

　　把生物的結構和功能應用在機械設計、工程原理等方面，而產生新功能、新技術的創造發明活動。

　　如向鳥類學習築巢，向青蛙學習游泳。專家們研究袋鼠的育兒行為，研製出模仿袋鼠育兒袋的裝置，拯救了很多早產兒。將海豚的體形與皮膚結構應用到潛水艇的設計原理中，可以避免潛水艇在水底行駛的時候產生亂流。

　　如蒼蠅是不受人類喜歡的昆蟲，但蒼蠅的楫翅是天然導航儀，人類模仿它製成「振動陀螺儀」，這種儀器安裝在火箭或超音速飛機上，可以實現自動駕駛。蒼蠅的眼睛是一種複眼，由 3,000 多隻小眼組成，人類模仿複眼製成由上千塊小透鏡組成的「蠅眼透

鏡」，其作為一種新型的光學元件而有很大的使用價值，如用**蠅眼透鏡**做鏡頭可製成蠅眼照相機，一次就能照出千百張相同的照片，這種照相機已使用在印刷製版、大量複製電腦的微小電路等方面，大大提高了工作效率。

十二、綜合類比

事物的屬性間存在著複雜關係，綜合它們相似的特徵進行類比推理，即為綜合類比。如設計一款新型汽車時，可先設計一輛模型汽車，在實驗室進行各種模擬測試，綜合汽車行駛時的各種複雜性能進行類比，然後將模擬試驗所得的各種資料、數據移到新車的設計中。

類比思維的運用雖然非常普遍，但其缺失是：1.注重相同性，忽略了相異性，然而相異性也常能提供創造的契機。2.具有想像成分，容易因不完全相似而導出錯誤結論。因此，為增加類比的可靠性，要盡可能增加類比的項目，並著重事物的本質屬性。

 貳 附論：等價變換法

這是日本創造學家市川龜九彌所提出的理論，他認為類比在本質上是一種模仿，但科學創造中的類比要經歷一個科學抽象的過程，即抽取等價物的過程。所以等價變換法就是通過對不同事物的一方或雙方，經過適當的思考，找出原來沒有關係的兩個事物的共同點，把兩者的等價關係體系化。

其可分為五個步驟：

1. 分析主題，確定思考問題的角度，即確定發明的目標。

2. 從幾個事物中進行「抽象」，即抽取等價因素——相似性或共性。這種共性並非表面的共性（如雪和棉花都是白的），而是隱藏在事物現象後的一種原理上的相似，如傘和汽球都有收放自如的伸縮性，此時思考由具體變成抽象。

3. 思考從「抽象」再回到「具體」。在抽象的層次上，面對所有具伸縮性這一原理的事物群，然後從中挑出一個事物 A。

4. 對 A 進行分解、揚棄，與其他新要素結合，形成新事物。

5. 對新事物進行檢驗，對不妥處經由反饋、調整、修改，以得到最終的滿意結果。

　　如日本人田熊常吉發明熊式鍋爐就是運用了等價變換法。他先畫出一張鍋爐的結構模型，再畫出一張血液循環模型，然後將二者重疊在一起，假設為新鍋爐的構造。結果他發現二者有如下的等價性（相似性和共性）：

　　1.心臟→鍋筒；2.瓣膜→集水器；3.微血管→水冷壁管；4.動脈→降水管；5.靜脈→水管群。

　　結果他提出了新設計的鍋爐是：在 45 度傾斜式水管群的上部設置鍋筒，下部安置水冷壁管，於是當水管群因為加熱而產生大量蒸汽時，蒸汽便上升進入鍋筒，使鍋筒壓力上升。然後，再設計一個筒狀的集水器，利用氣壓差將水吸入，通過降水管再進入水冷壁管，這一革新，使鍋爐的熱效提升百分之十。

這項發明，只是將血液循環的動脈和靜脈的分工以及心臟內防止血液逆流的瓣膜功能，進行等價交換，聯想到水流和蒸汽循環的運用。

參 附論：提喻法

提喻法是將各種看似無關的因素產生聯繫，而進行方式是採取小組會議，其要點為：

1. 由不同知識背景的人組成小組，相互啟發。如對心理學有興趣的物理學家、電機工程師、對電子有興趣的人類學家、兼有工業工程基礎的畫家、有化學基礎的雕塑家、數學家、廣告家、演員、建築學家、人類學家等，人數為 5~7 人。所以小組的成員是跨學科、跨領域，廣泛交叉滲透。

2. 實施提喻法有二個出發點：

   (1) 異質同化：變陌生為熟悉，將陌生的事物與早先已知的事物進行比較，而把陌生的事物變成熟悉的事物。如電腦領域中的「病毒」、「千禧蟲」、「駭客」都屬於異質同化，都是利用一般熟悉的語言，描述電腦領域中專業的現象。

   (2) 同質異化：變熟悉為陌生，對已知事物，運用新知識或新的角度進行觀察、分析和處理，使熟悉的變成不熟悉。如收音機的拉桿伸縮天線，可運用在伸縮照相機的三角架、教鞭等物。

3. 提喻法中所用的方法即是類比，如擬人類比、直接類比、象徵類比、幻想類比等，這些機制是再生產的精神要素，是用以激發、保持和繼續創造的方法，同時可在類比中運用隱喻、想像、聯想、潛意識等心理手段。

4. 對想像力產生的各種類比進行選擇判斷。藉著審美的愉悅感覺，對事物作出對的判斷。

　　上述四個環節，互為聯繫，缺一不可，而其中第三項類比機制是提喻法的重心。

5. 提喻法的分析過程：美國創造學家戈登(W. J. Gordon)將提喻法分為 9 個過程：

(1) 問題的給定：向負責解決問題的人說明問題。

(2) 變陌生為熟悉：竭力去分析、揭露以前沒有顯現的要素。

(3) 問題的理解：分析問題，抓住要點。

(4) 操作機制：發揮各種類比的作用，增加對問題形式和規則的理解。

(5) 變熟悉為陌生：類比機制已經完成，而待解決的問題變得陌生。

(6) 心理狀態：對問題的理解進入「捲入」、「超脫」、「延遲」、「思索」、「平淡」等最有利於創造活動的狀態。

(7) 將心理狀態與問題進行結合：即將最適合的類比與已理解的問題進行比較。

(8) 觀點：在每一次從機制的運用中所得到的類比與已理解的問題作比較，就會有一個新的發現，並產生一項技術見解。

(9) 答案或研究任務：新觀點經過實驗獲得實踐，或者成為進一步研究的課題。

08
Chapter

聯想思維

壹、聯想思維的種類

貳、附論：檢核表法

　　世界上的事物都是聯繫的，彼此間無論在形體、功能、原理、結構等各方面，都有其共同處，所以只要掌握它們之間的聯繫，就能引起聯想，其間可以是兩個當前的事物，也可以是當前的一事物與過去的一事物。這種聯繫可以創造出許多新事物、新發明，而在生活中處處都可展開這種聯想。

　　聯想本身原無定式，因為它是一種創造性的活動，但聯想具有兩個特點：一要有敏銳的眼光，能發現聯想的原型；二是有思考的習慣。所以只要能做到多看、多問、多聽、多想，便可經由聯想而創造發明，差別只在於不同的人，其聯想的廣度、深度、速度及層次的不同。

　　如二十世紀五〇年代，蘇聯有一位叫普法利的學生放棄了自己原本所學的地質學，決定改學油畫藝術。在參觀一場油畫展時，深深被一幅風景畫所吸引，其畫面是一片光禿禿的山巒，紫氣冉冉，透出荒涼、神祕、詭譎的氣氛。普法利覺得這幅畫裡似乎隱藏了什麼，他聯想到畫中的氣氛可能與某種礦物質有關，但又想不出個所以然來。於是他決定去拜訪畫家，但畫家不久前已逝世，幾經周折，他找到畫家的遺孀，借到畫家留下的創作日記，根據日記中的描述，他到了畫家寫生作畫的地點。那是西伯利亞一處人跡罕至的地方，在寸草不生的山邊，他發現一個奇特的湖，湖水發出銀色的光芒，走近一看，那根本不是湖，而是一個天然的水銀礦，靜止的湖水全是水銀。原來畫中荒涼神祕的氣氛是由水銀造成的，因為水銀的毒性造成草木不生。

普法利竟然從一幅畫中發現水銀礦，就是因為他靈活運用了自己的專業地質學知識，看到畫中與眾不同之處而作了聯想。這個例子告訴我們想要有出色的聯想，既要具備敏銳眼光，也需要豐富的知識。

又如在 1751 年的夏天，富蘭克林住家附近的一座教堂被閃電擊中而毀於大火。富蘭克林看到當時天空中的雷電現象，就聯想到荷蘭萊頓大學科學家們所製成的一種可取集電荷的「萊頓瓶」，瓶子內外兩層箔片相連時，就會產生強烈的火花和爆炸聲，這與雷電現象完全相同。富蘭克林由此推測：天空中的雷電現象就是摩擦生電的結果。為了證明自己的推測，他把風箏放到雷雨雲中，以便搜集那裡的電荷，牽風箏的繩子則成為導線，把天空中的電荷引入萊頓瓶。

結果證明，天空中的雷電確實與摩擦所生的電相同，在兩個相距很遠的事物中，富蘭克林找到它們的共同原理，而根據這一原理發明了避雷針——在高層建築物的頂端，用不導電的材料固定一根金屬棒，並在金屬棒上連成一根導線直通地面下。如此在雷電交加的時候，天空中的電荷可直接導入地下，而建築物就可免除雷電的襲擊而起火。

這兩個例子告訴我們，經常能將距離遙遠的觀念拉到一起的人，肯定能比其他人產生更多的創造性觀念。

  聯想思維的種類

一、類似聯想

根據要發明創造的目標，思索與其相似之對象的現象、原理、功能、結構、材料等特性，然後透過聯想以獲得啟示進行創新。即把陌生的對象與熟悉的對象聯繫起來，把未知的東西與已知的東西聯繫起來，再經由異中求同，同中求異，以產生新事物或發現原本沒有發現的關聯性。

如飛機的誕生，在相當程度上受到蜻蜓的啟示；魯班是工匠的祖師，發明許多工具，其中刨子是由薄斧頭砍的木柴比較平滑而聯想製成的；鋸子是由絲茅草葉子長著鋒利的齒發想而來；石磨是由老婦人搖動石杵的動作聯想而製成的。又如麵粉在發酵後能烘焙成蜂窩狀的麵包，那橡膠加發泡劑會變成什麼？因此就發明了橡膠海綿，而塑料加發泡劑產生泡沫塑料，水泥加發泡劑產生泡沫水泥，冰棒加發泡劑成泡沫冰棒。再如利用乙炔切割鋼板的功能，經過研究，創造了乙炔切割水泥的工藝。

精神病學家伯利有一次在海邊觀賞潮汐，海水洶湧的襲向岸邊，沒多久又悄然退去，他知道這是月亮引力的作用，由此，他聯想到每到月圓之夜，新入院的精神病患者就會增加，院裡的病人也變得情緒激動，這會不會是月亮的引力對病人的病情有所影響？伯利在進行調查研究後，發現月亮確實對人的生理和精神有一定的影響。人的身體也像大海一樣有潮汐，每當月圓的時候心臟病患者發病率會增加，肺病患者的咳血現象變多，胃腸出血的病人病情也會加重，病人的死亡率會較平時上漲。

伯利發現了大海潮汐與人體疾病變化的類似之處——都在月圓之夜出現明顯變化，從而斷定精神病人的病情也受月亮引力影響。

又如精密的爆破技術能將舊大樓炸成粉末，而不影響到周圍的建築物。同樣人體內也有待摧毀的結石，經由類似聯想發明了體外震波碎石術，造福結石患者。

二、接近聯想

接近聯想是由事物之時間和空間特性的接近所引起的聯想，其涉及對事物的感知和記憶。即思索與發明和目標相接近的聯想。

在生活信息中，時空相近的事物原本就是儲存在一起的，所以這種聯繫通道經常打開，因而可以輕易地、自發地遵循這種途徑去思考，其本身雖無創造性，卻是產生其他途徑的基礎。

如提到公共汽車，就會想到司機、售票員、投幣機、乘客、站牌、十字路口、紅綠燈；提到三國演義，就會聯想到劉備、曹操、孫權、諸葛亮、周瑜等歷史人物。

如有租漫畫書的店，就可以有出租相機、自行車、機車、汽車、禮服、溜冰鞋等；有速食麵就有速食米飯、速食燴飯、冷凍熟水餃、冷凍牛肉麵等；如經由閃電聯想起雷鳴、下雨、滴答聲等。

三、因果聯想

因果聯想是基於事物間的因果關係，由一種事物聯想到另一種事物。即從原因到結果，從結果到原因。在生活中有數不清的原因，自然可以聯想到數不清的果。

如有情人節，所以需要各種各樣表達情意的情人節禮物；有母親節，就需要有表達孝心的母親節禮物；有兒童節，就需要製作兒童喜歡的糖果、玩具、卡通影片。

自行車是在 1817 年發明的，那時的自行車沒有輪胎，只有兩個木輪，騎起來不但速度慢也不舒服。1887 年，蘇格蘭醫生鄧祿普給孩子買了一輛自行車，但是看到孩子在石頭道路上顛簸得很難受，決心對自行車進行改造。有一天，他用橡膠水管在花園澆花時，手握著水管，感覺到水在流動，他故意把橡膠握緊、放鬆，再握緊、再放鬆，好像感覺到水管的彈性。因此產生一個大膽的設想，如果把這種橡膠管安裝到自行車的輪子上，車輪就有了彈性，騎起來一定舒服多了。於是鄧祿普進行試做，經過多次試驗，製出了用澆花的橡膠管做成的注水輪胎。然而這種裝著水的輪胎使用上很不方便，它不僅增加自行車的重量，而且注水也很麻煩。於是鄧祿普在原有的發明基礎上，又繼續研究代替水的方法，最終發明了充氣輪胎。這個例子就是在澆花的橡膠管和自行車輪之間找到因果關係，經過研究、試驗後發明自行車輪胎。

又如在 1886 年的夏天，伊克曼醫生被荷蘭政府派到印尼爪哇島上工作。而當地正流行著嚴重的腳氣病，甚至連飼養的雞也無法倖免。伊克曼懷疑腳氣病可能是由某種細菌引起的，於是開始想盡辦法尋找導致腳氣病的細菌。但一年之後，仍未找到原因。有一天，他聽說某養雞場的一名飼養員，以米糠代替精白大米飼料餵雞，結果雞的腳氣病全部痊癒的消息，於是他認為，在米糠中一定存在著某種能夠預防和治療腳氣病的物質。最後終於發現爪哇島上

的人，習慣吃去了糠的精白大米，致使人體缺少米糠水中含有的維生素 B_2。因此讓患腳氣病的人飲用米糠水，果然藥到病除，許多腳病氣患者都恢復健康。由於發現維生素 B_2，伊克曼在 1929 年獲得諾貝爾生物學獎。

四、對比聯想

將一事物與它的對立面相聯繫以進行思考，即思考與事物或刺激完全相反的另一件事物。如黑與白、大與小、水與火、輕與重、胖與瘦、黑暗與光明、溫暖與寒冷、長與短、方與圓。

如一般人在飲食上喜歡吃白米、白麵粉，而不喜歡吃雜糧，但因養生觀念的興起，由白到黑，人們開始喜歡吃黑色食品──黑米、黑豆、黑芝麻、黑啤酒，而在台灣有些地區正適宜種植或改種這些黑色植物，故開發黑色產品可提高農產價值。

又如過去西瓜都是橢圓形的，搬運、擺設皆不方便，而如果西瓜的形狀變成方形的，則可增加便利性。後來日本人就種出了方形西瓜，即在開始結瓜時，把西瓜裝入透明的方形箱內，等到西瓜成熟時，就成為四方型的西瓜。

世界上有許多重大工程也是由對比聯想產生的。如戴維松原本是位律師，但對世界上許多著名的工程卻很有興趣。他年輕的時候曾在美國駐法國大使館工作，回國後開設律師事務所。有一天午後與朋友聊天時，由連接地中海與紅海間的蘇伊士運河，聯想到能否在英法兩國間的英吉利海峽中造一條隧道，並即著手收集海峽資料。1957 年向英法兩國政府提出對比聯想所得的方案，在得到兩

國政府支持後，成立戴維松公司，經過三十年的反覆設計、試驗及資金、物質的籌措，1987 年工程正式動工。經過七年多的努力，在 1994 年正式舉行通車典禮。戴維松興起修建英國海底隧道的念頭，就是由地中海和紅海間挖開陸地而用運河連接的事實所產生的，使英法兩國間的陸地不再需要大海連結，而是經由在海下挖掘的隧道相通。

物理學家開爾文瞭解到巴斯德證明細菌可以在高溫下被殺死，且食品經過煮沸便可以長期保存的事實後，運用對比聯想，思考既然細菌在高溫下會死亡，那麼在低溫下是否也會停止活動？在這種思維的啟發下，發明了冷藏工藝，為人類的健康做出重要貢獻。

又如在十八世紀，拉瓦把鑽石鍛燒成二氧化碳的實驗，證明了鑽石的成分是碳。1799 年，摩爾沃成功地把鑽石轉化為石墨，而鑽石既然能夠轉變為石墨，用對比聯想思考，那反過來，石墨能否轉變為鑽石呢？後來便有了石墨製成的人造鑽石。

據說，楚昭王率領大軍與吳國交戰，而在兵敗回國時，特意撿回一隻自己的失履。部下問他：「大王為什麼連一雙鞋子都捨不得丟掉？」楚昭王感嘆的說：「楚國雖窮，但並不缺少一雙鞋子，可是這隻鞋子與我一起出征，如果不能一起回去，我會為此而悲傷的。」這件事很快地傳遍楚國軍營。此後，楚國軍隊在戰爭中即使退卻，將士之間也不會互相拋棄。楚昭王借物喻人，讓將士們順著他的思路聯想下去，通過對比，自然得出：「生死相依，同舟共濟」的結論。

五、仿生聯想

通過生物生理機能的結構特徵而產生的相似聯想。從古至今，人類為了生存和發展，已運用這種方法向生物界學習了許多技巧，所以在人類生活的每一領域幾乎都有仿生聯想的痕跡。如模仿鶴嘴製成鶴嘴鋤，仿刺蝟製成刺蝟耙。又如吊橋發明家在蜘蛛與橋梁間作了一個聯想，原本造橋向來是必須先修橋墩的，但當水深湍急無法修橋墩時怎麼辦？因而從蜘蛛吊線拉網聯想到吊橋。

一字長蛇陣是一種軍事戰術，擊首而尾應，擊尾而首應，擊中而首尾相應，這顯然是模仿蛇自我保衛的動作而來。又如不論田鼠如何小心地爬出洞口，遠處的響尾蛇都能準確無誤地將其一口吃下肚。這並非響尾蛇的眼力特別尖銳，事實上響尾蛇的視力不好，其所以能夠準確判斷出田鼠的位置，不是因為牠的眼睛，而是牠眼睛下方頰窩的兩隻「熱眼」，熱眼不是實眼，而是一個靈敏的紅外線接收器。遠處的動物只要有一定的溫度，隨之而生的紅外線就會在蛇的熱眼中得到反應。熱眼把信息傳給大腦，響尾蛇便根據熱眼傳來的訊息精準地捕食獵物。

軍事科學家們被響尾蛇的熱眼啟發，為飛彈安裝人工製造的熱眼——紅外線自動追蹤導航系統。飛彈發射升空後，會尋找飛機噴出的熱氣流紅外線，並順著紅外線射來的方向前進。飛機轉彎時，熱氣流也轉彎，飛彈就會自動朝著熱氣流轉彎的方向前進，直到擊中目標爆炸為止，這就是響尾蛇飛彈的由來。

又如在第一次大戰期間，德軍在比利時的伊普雷戰役中使用毒氣，造成英法聯軍嚴重的傷亡，大批野生動物也相繼中毒而死。但

令人吃驚的是野豬們卻安然無恙，對此引起英法聯軍的重視。經由化學家們的觀察研究發現野豬喜歡用嘴拱地，當牠們遇到強烈刺激的味道時，常常用拱地來逃避刺激，在拱地時鬆軟的土壤顆粒過濾和吸附了毒氣，而使野豬免於災難。科學家們根據此一原理，設計一種新型頭盔，它將人的臉部和外界空氣隔開，只留下一個呼吸空氣的通道，並在通道口放置具有過濾和吸附功能的木炭。這樣的頭盔既能過濾毒氣，又可保持新鮮空氣的暢通，這就是世界上第一批的防毒面具。

許多外套、背包等都不再使用傳統的扣子，而使用魔鬼氈，這種固定扣是在 1951 年時，由瑞士的發明家喬治所創造的，上市後立刻造成暢銷。發明的契機來自一次狩獵歸來後，留意到外套上沾滿牛蒡的氈針，好不容易一一拔除後，經過仔細檢查，發現是因為針氈長滿細微的鉤形芒刺，所以具有黏沾性，但在強行拔除後，並不會傷及布料。這使喬治產生靈感，創造出魔鬼氈，這種固定扣是由兩種不同的尼龍長條所組成，其中一條尼龍上滿布倒鉤，一旦黏附在另一條表面粗糙的尼龍條上，就會牢靠的緊貼在一起，並且可以一再撕、黏，而不會磨損。

故仿生聯想可以動物為對象，也可以植物為對象。

六、強制聯想

強制聯想不只是單純的聯想，其中尚包括類比、想像、組合等思考方式，但其中最重要的還是聯想。它可以將任何關係不大甚或毫無關係的事物，強拉在一起，這在表面上看似乎很荒唐，但卻打

開事物聯繫之網，提供發現相似性和相反性的可能和機會，有助於打破原有的固定聯繫，並建立新的聯繫。

如花和床之間是沒有任何聯繫的，因為花是脆弱的、短暫的、具香味的，而床是堅硬的、長久的、無味的，但將其強制聯想在一起，會發現花是作為承受雨露的容器，而床是容人的容器的共通點。

生產新型椅子時，以椅子作為強制聯想的焦點，另一項目可選「電燈泡」，然後用擴散思維分析電燈泡，並將其結果與椅子間進行強制聯想。如電燈泡→電動椅；玻璃燈泡→玻璃椅；球形燈泡→球形椅；遙控燈→遙控電動椅；透明燈泡→透明材質的座椅；發光的燈泡→椅背上附有檯燈以利閱讀。

所以在開發新產品時，可從多方面任意選擇一些和產品無關的事物，然後與產品強制地聯結在一起，也就是把選出的要素特性和由這些特性產生的聯想進行聯接即可。如要為某商品寫廣告詞，只依靠該商品的形象和聯想，很難出現思想的跳躍和新穎的設計。但可思考人們最感興趣的是什麼，把聯想到的全部列舉出來，然後一一的與產品進行聯結，就能寫出引人注目的廣告詞。

七、類比聯想

類比聯想是用要創新的客體與某一有共同點的事物進行對照類比，通過聯想然後獲得啟發進行創新。

　　類比聯想要借助原有的知識，但又不能過於受到原有知識的束縛。主要透過聯想思維，把二個不同事物聯繫起來。如陌生的對象與熟悉的對象、未知的事物與已知的東西，將其作一聯繫，異中求同，同中求異以誕生新事物。

　　世界上所有的事物都存在著運用類比方法的可能性，其主要分為三個步驟：

1. 正確選擇類比對象，其選擇應以創新目的為依據。選擇熟悉的對象為類比對象，善用聯想將表面並不相關的事物產生聯繫。

2. 將二者之間進行分析、比較，以找出共同屬性。

3. 在上列兩點的基礎上，進行類比聯想，推理以得出結論。

　　在十七世紀前，人類對自己身體的生理作用仍然困惑不解，但英國醫生威廉‧哈維(William Harvey)卻將心臟血管比喻為水力液壓系統。當時在荷蘭有許多土地由填海造陸而來，故排水、灌溉是兩項重點工作，而因為血液也成液體狀態，因此哈維興起聯想，將心臟比擬為荷蘭排水系統的泵浦，這項類比使他成功地建立人體血液循環系統的模型。

　　又如近代丹麥物理學家丹爾斯‧波爾(Niels Bohr)，他企圖將太陽系與原子結構作一類比：電子群圍繞著原子核心周而復始的運轉，就好比九大行星圍繞太陽公轉，而為後來原子學研究的精進奠定基礎。

　　美國有一位製造農業機械的商人叫馬克米克，為了使公司的業績有突破性的發展，著手研究各種穀物收割機。有一天，他到理髮店理髮，漫不經心地看著前面鏡子裡理髮師的動作，就在此時，一個想法突然閃現腦海：「把理髮推子的原理應用到收割機上，不就解決問題了？」他立刻把構想付諸實現，製造出第一台穀物收割機，並予以商品化。

　　1861 年的某一天，法國醫生雷內克為一位少婦診病，少婦稱心臟不適，請雷內克為其作檢查。如果採用當時慣用的叩診法，由於病人過胖，無法正確診斷。因當時無聽診器，所以考慮用直接聽診的方式，但因對方是一位少婦，又覺有所不妥，正在為難時，突然想起有一天在公園，有群孩子在一顆圓木的一頭用針亂畫，而其中一個小孩把耳朵貼近圓木的另外一頭，表示聽到亂畫聲，出於好奇，雷內克也把耳朵貼近圓木，果然也聽到清晰的聲音。聯想到圓木傳聲，雷內克取來一張紙捲成一個圓筒，一端放在婦人的心臟部位，另一端貼在耳朵上，果然清晰地聽到病人的心跳頻率，此後雷內克根據上述原理，將紙筒改成圓木，圓木的一端削平，適於貼緊患者胸部，另外一端做成小而圓的突起正好插入人的耳朵，這就是原始的聽診器。

　　要訓練聯想思維能力，就必須拓寬自己的知識面，以處處留心可聯想之物。

 附論：檢核表法

　　這是由美國創造學家奧斯本所提出的一種輻射式的聯想方法，也有人稱為創造技法之母。在考慮問題時，先畫出一覽表，一一檢查，以免遺漏，這就是檢核表法。如在出國旅行前，使用這種方法做成要攜帶物品的清單，裝箱時再進行核對。而建立在檢核表法基礎上的創新技法，可啟發人們進行廣泛的概括性聯想，透過這些聯想產生新的推理方向和過程。

　　檢核表法包括九大類，大致共 75 個提問。

一、能否他用

　　現有的物品有無其他用途？保持原狀是否能擴大用途？稍加改變是否有別的用途？現在的發明或成果是否能引入其他的創造性設想中？

　　如風箏是一項玩具，但尚可用來測量風向、傳遞軍事情報、成為聯絡標誌、作雷電試驗等；垃圾可壓縮成建築材料或重新處理成垃圾袋；木屑可壓縮製成防火建材。

　　在十九世紀初期，美國西屋公司的工程師法蘭克‧康拉德做了一台無線接受器，接收維吉尼亞州亞歷山大海軍觀測台計時的信號，以調整手錶的時間。後來他又自製一台發報機，播報棒球比賽和音樂供火腿族(radio ham)聽。他有一個擁有唱片行的朋友問他：「無線電收音機能有其他的用途嗎？」因而以免費的唱片與他交換免費的廣告。一位當地百貨公司的經理聽到廣告後，便在報紙上刊

登該公司出售無線電收音機的廣告。西屋公司的副總裁戴維斯看到這則廣告，預見一大片新市場。1920 年 11 月西屋公司取得聯邦政府核發的第一號無線電台執照。1920 年的美國有五千台收音機，1924 年增至二百五十萬台。「還能有什麼用途？」的想法產生了美國龐大的廣播事業。

又如看到一個電熨斗，想像它還能有什麼新用途，結果想到可用來烙餅，於是對外形進行改進，最後發明出一種新的烙餅器。

二、能否借用

現有的事物能否借用別的經驗？能否模仿別的東西？現有的發明能否引入其他創造性設想中？

如羅賓在美國擁有幾家糖果店，但經營狀況都不理想，而在眾多糖果店的激烈競爭下，銷售量不斷下滑，所以他整天都煩惱著如何讓小孩們都來購買他的「香甜」牌糖果。有一天，羅賓看到一群孩子在玩遊戲，他的目光立刻被吸引住了。那群孩子把幾顆糖果平均放到幾個口袋裡，再由一位選出的孩子把一顆「幸運糖」（一顆大一點的糖）放進其中某一個口袋而不讓別人看到。然後各人隨意選一個口袋，有幸拿到「幸運糖」的人，就可做國王，其他人就是臣民，臣民每人要進貢一顆糖。

羅賓在觀看、思索著這有趣的遊戲規則時，突然腦海中閃現一個靈感，幾經思考後，形成一個行銷糖果的計畫。當時一顆糖果售價為 1 美分，羅賓就在部分糖果袋裡包 1 美分銅幣作為「幸運品」，並在媒體上打出廣告：「打開，它就是你的！」結果這種方法

果然奏效,因為如果買到包有銅幣的糖果,就等於免費吃一顆糖。孩子們紛紛跑來買糖,羅賓也把糖果的名字由「香甜」改為「幸運」,除大量生產外,還不惜成本招募經銷商,大作廣告,將「幸運糖」描繪成一種可以獲得幸運機會的新鮮事物,甚至創造出一個可愛的小動物形象作為「幸運糖」的標誌。因為他的行銷手法奇特新穎,「幸運糖」很快地銷遍全國。

又如過去夏普電視機引入光控裝置,松下電視機增加遙控裝置,強化了產品功能與競爭力,與今日的液晶電視新增 3D 效果和聲控原則相同。

三、能否改變

如何能改良得更好?能改良什麼?現有的事物能否在意義、顏色、聲音、味道、形狀、式樣、花式等做些改變?改變的效果如何?能改變計畫中的哪些部分?程序抑或銷售?

舉例而言,冰淇淋甜筒是改良的結果。恩斯特‧漢威在 1905 年世界博覽會中試賣像紙一樣薄的波斯雞蛋餅,他看到有不少人走到附近的冰淇淋店,結果裝冰淇淋的盤子用完了,於是他拿一些蛋餅過去,後來他把蛋餅改良成圓錐體,冷卻之後,就可以裝冰淇淋。藉著改良雞蛋餅,發明了新食品。

3M 公司的便利貼上市後,因為業務員仰賴廣告和目錄介紹新產品,以致沒有引起太多注意,銷售甚差。後來公司總經理喬‧瑞梅注意到有些人喜歡拿便利貼來玩,立刻指示修改行銷策略,盡量提供免費樣品供人使用,後來因此便利貼成了公司的暢銷產品。

尋求改變的擴散思考，是開發新產品、新款式的重要技巧。如服飾業天天在服裝的式樣、布料、顏色、製作方法上進行翻新。食品廠在改變瓜子的味道、顏色上努力，就有醬油瓜子、五香瓜子、甘草瓜子、辣味瓜子等不同口味；在改變原料上做嘗試，就有西瓜子、南瓜子、向日葵等新產品出現。

四、能否擴大

現有的事物能否擴大應用範圍？增加使用功能？如果加強、加高、加長、加厚、加大一些行不行？

在 1920 年代，喬治・古勒是美國一家雜貨與蛋糕公司分店的經理。有一天，他想「如果把商店的經營面積盡量擴大會如何？」因此提出一份計畫書，包括自助服務、全線的產品和食物，以及龐大無比的賣場，但公司老闆卻認為這種想法過於瘋狂。於是古勒離開公司，自己開店，1930 年，他在牙買加開了第一家美國超市，取名為古勒王國，並由此建立了美洲的超市工業。

如果一杯咖啡要賣 5,000 日元，肯定令人覺得吃驚，且這間咖啡店的顧客竟然絡繹不絕，則是更加不可思議。在日本東京，由森元二郎經營的咖啡店，就創造了一杯咖啡賣 5,000 日元的紀錄。這種價格的咖啡一推出，便立刻在消費市場傳開，許多人認為是咖啡店想敲詐消費者，但同樣令人難以相信的是售價如此昂貴的咖啡，老闆卻賺不到錢，因為每杯咖啡的成本太高了。首先，使用的杯子是在法國製造的，每個價格 4,000 日元，並且當顧客喝完後予以精美包裝，讓顧客帶走；其次，每杯咖啡均由名師採用高檔咖啡調製；最後，店內裝潢豪華，服務殷勤。

出於對這杯昂貴咖啡的好奇心，許多喜愛咖啡的人蜂擁而至。顧客難以忘懷店內奢華的氣氛，不但自己會回籠，並且還會向朋友推薦，帶來更多消費者。但我們或許會懷疑：有人經常去喝 5,000 日元一杯的咖啡？但這正是奧妙所在，因為 5,000 日元一杯的咖啡只是用來吸引顧客上門的幌子，實際上店內還有許多普通價格的咖啡和飲料，而這些才是真正利潤的來源。

再如巴西聖保羅省有一座小城，專門生產大得驚人的巨型商品，如圓珠筆長 0.7 公尺、香菸長 0.3 公尺、撲克牌有 8 開紙大、公用電話 8 公尺高……以致大家都把這座小城稱為巨物城。巨物城人口只有幾萬人，但每年來此進貨的商人超過十幾萬人次，小城因為生產巨物而繁榮。這種以物體形態的巨大來吸引人的情況，隨處可見，如廟宇裡的巨大佛像，旅遊景點的巨大標誌，而更多的巨物則為廣告界採用，例如一只兩公尺長的大皮鞋掛在鞋店門口。

五、能否縮小

現有的事物能否變小、變矮、變短、變輕、變省（力／時／錢）、濃縮、分割、簡略？改變後會有什麼後果？

豐田汽車的創辦人豐田喜一郎對美國的超市很感興趣，他注意到超市需要大量的食物，但因容易腐敗和空間上的考量，不能儲存在現場。一旦庫存減低的時候，工作人員便立刻通知供應商，貨品將即時送達。豐田將這個概念運用到生產線上，不但減少資金的積壓，也省去倉庫的設立，大幅降低成本。豐田這種「零庫存」的經營理念使其能快速成長。

美國摩根財團的創辦人摩根，原本並不富有，夫婦二人靠賣雞蛋維生，但身材高壯的摩根賣雞蛋的成績卻遠不如瘦小的妻子。後來摩根終於明白其中的原因，原來當他用手托著雞蛋叫賣時，由於手掌太大，人們眼睛的視差造成蛋太小的感覺，他立即改變賣雞蛋的方式，把雞蛋放在一個小而淺的托盤裡，銷售情況果然好轉。

又如日本有位商人開了一家藥局，取名「創意藥局」。一開張，就推出奇招，將當時售價為 200 日元的常用藥膏以 80 日元銷售，由於價格比別的藥店低了許多，因此生意非常好，有些顧客寧願多走一點路來此購買。藥膏的暢銷使這位商人的虧損越來越大，但反之藥局也很快就有了知名度。三個月後，藥局開始獲利了，而且利潤越來越大，因為來買藥的顧客並不只買藥膏，許多人通常還會順便買一些其他藥品，而出售這些藥品是有利可圖的。靠著低價藥膏招攬客人，順帶銷售其他藥品獲利，所賺遠超過所虧，不但有盈餘，還能獲得客戶口碑。

此外，折疊自行車、掃描棒、微處理機、迷你電風扇、袖珍錄音機等也都是縮小原則的應用。

六、能否代替

現有事物能否用其他材料、零件、原理、方法、結構、工藝、動力、設備來代替？

下棋用的棋子，可以用木材、塑膠、石頭，也可以用玉、瓷、象牙、銅、金等材料。

家具大部分是用木材做的，但日本有廠商推出紙家具，紙家具由硬紙板構成，堅固新奇，甚至以硬紙筒體支架代替角鐵，輕便、價廉，很受歡迎。

十六世紀法國著名的近代外科醫學奠基人巴雷，年輕時也是一位理髮師。由於天資聰穎、勤奮好學，不但理髮技術高明，本科醫療技術也很優異，後來成為法國軍隊的一名隨軍外科醫生。在一次德法兩軍戰爭中，大批中彈的士兵需要治療。那時槍彈口徑較大，傷口很容易感染。當時巴雷採取的消毒方式是用滾開的油洗滌傷口，但不久後儲存的油用完了，一時又找不到油，經過思考後，他決定冒一次險，採用一種新的消毒方式，他用雞蛋的蛋黃、玫瑰花的油，再加上松節油，混合成一種藥膏敷在傷患的傷口上，這種方法是否有效尚無法得知，以致他一夜沒有睡好。第二天一大早便急忙去病房查看傷口有無發炎，結果發現傷口既沒有發炎，也沒有腫脹，並且疼痛也明顯減輕。於是一種具有革新意義的消毒方法便從此誕生。此後，更多的消毒技術和藥品不斷出現，外科手術的消毒方法日趨完善。

七、能否調整

現有事物能否重新安排或調整順序？調整模式、布置、因果、關係、速度、時間、規格等會產生什麼結果？

美國在過去有許多製糖公司將方糖運送至南美洲時，都會因方糖在海運途中受潮造成巨大損失，製糖公司花了很多錢請專家研究，卻一直未能解決問題。但一位在船上工作的工人卻用最簡單的方法解決了問題：在方糖包裝盒的一個角戳一個通氣孔，這樣糖就

不會在海運過程中受潮。這個方法使各製糖公司減少上千萬美元的損失，並且幾乎不花成本。這位工人為該方法申請到專利權，並賣給各製糖公司而成富翁。

上面這個創意又啟發了一位日本人，這位日本人在想：鑽孔的方法除了用在方糖包裝盒，應該還能用在別的地方。對許多東西進行研究後，他終於發現，在打火機的火芯蓋上鑽一個小孔，能大量延長打火機用油的使用時間，靠著這項專利，這位日本人也發了財。

如原本照相機是先拍照，後倒捲。這種方式有個缺點，即一卷膠卷拍攝完後退回暗盒前，可能會因為大意的直接打開相機後蓋去取暗盒而膠卷曝光，這時辛苦拍好的照片就全毀了。但若能採取先後順序倒置的辦法，或許就能避免這種情形的發生。所以現在是先將未照膠卷的暗盒放入照相機，自動倒捲至盒內固定位置，再隨著快門的啟發，用過的膠卷將逐一的進入膠卷暗盒。

又如更換布料上幾種簡單圖形、圖案的排列順序、位置，美感便能有所不同。

八、能否顛倒

現有事物是否能從反方向來思考？性質、功能、上下、左右、前後、裡外、冷熱、大小、好壞、動靜、強弱、多寡、快慢、有無、增減等顛倒思考，便很可能創新發明成功。

如日本有一位顧客在商場買了一台洗衣機，回家一試竟然沒有任何動靜，氣憤地打電話到商場抗議。商場經理接到電話，急忙趕到客戶的家，一進門便對客戶說：「恭喜您中獎了！我們商場特別

準備了一台有瑕疵的洗衣機，作為顧客中獎的標的物。祝賀您成為幸運的中獎者！現在你可以獲得一台全新的洗衣機，外加 30 萬日元獎金。」這個顧客對此結果非常高興，四處廣為宣傳。商場經理的逆向思考將不利化為有利，提升了商場形象。

又如發明家倒置大炮的發射方向，發明了大炮打樁機，可以把直徑 165 毫米的鋼樁打入地下 2.5 公尺。至於把電風扇的吹風原理倒反一下，就促成了抽風機。

室內照明燈通常都安裝在天花板，但特定場合，這種來自屋頂的照明光線過於刺眼，若改將燈安裝在地板上，另在天花板裝上鏡子般的反射材料，然後讓燈光自下而上，再由上反射而下，如此不僅照明效果良好，並且光線也較柔和。

九、能否組合

現有事物能否組合在一起？是否能依原理、方案、材料、零件、形狀、功能、目的進行組合？

如鉛筆與橡皮擦組合成橡皮擦頭的鉛筆，削鉛筆刀與小盒子組合成削鉛筆盒；傻瓜相機將閃光燈、電眼調節器和照相機結合在一起；綜合商場或量販店集中陳設各種類型的商品等等。

可口可樂的發明也是利用組合技法創造出來的。1886 年的某一天，阿‧肯德勒的藥房裡來了一位名叫本‧巴頓的老人，聲稱願意出售一種飲料的製法，阿‧肯德勒花了 500 美元買下配方。這個配方將可口樹葉和可樂樹籽的提取物混合，加入 99.7%的水和砂糖，就是現今行銷世界的可口可樂。

09
Chapter

組合思維

組合創造是一種最常見，也是效率最高的創造方法，甚至在1950 年以後的重大發明創造成果中，組合型成果的數量遠超過突破性發明的成果。

世界上任何東西都是已知要素的組合，即是把以前獨立的發明組合起來。同樣，人員也需要經過組合，才能互補產生合作力量；產品經過組合，便能功能互補；事件經過組合，便能提高效率；零件經過組合，便能創造出新的產品。

因為組合法是在一整體目標下利用現有技術成果，並不需要建立高深的理論基礎和開發非常專門的技術，所以創造可以在中、低水平的知識水準下從事技術水準較高的創新。如 1979 年諾貝爾醫學獎得主霍斯‧菲爾德，是一位沒有讀過大學的普通技術人員，但他將已有的 X 光射線照相裝置與電腦結合在一起，發明了電腦斷層掃描儀，在診斷腦內疾病和體內癌細胞變化方面具有特殊貢獻。

組合法的實施也可不涉及任何技術層面，而使組合後的事物增加新的功能、意義、效果。如餅乾與鈣組合後，變成健康的鈣質餅乾；剪刀與開瓶器組合後，變成多用途剪刀；手錶與碼錶組合後，變成多功能計時手錶；汽車與 GPRS 定位系統組合後，可鎖定汽車位置。又如在香港的食品市場，中國、泰國、澳洲生產的稻米都有不錯的評價，中國的米較香、泰國米較嫩、澳洲米較軟，三者各有特色和優勢，但銷路都是普通。有一天，一位米商突發奇想，若將三種米混合起來，會是什麼味道？試煮之後，味道好極了，於是自行加工出售這種三合一的米，結果市場看好。

甚至人類每天吃的飲食，也是利用組合法將各種蔬菜、肉類、豆類、瓜類及鹽、糖、醋、醬、薑等原料組合而成。

 壹 組合的表現

一、意義組合

功能不變，但組合後出現新的意義。如胎毛筆、龍鳳圖章。

二、功能組合

把不同功能、不同用途的器物組合在一起。如電視機與 DVD 錄放影機的組合。對多功能用品的追求在於節省存放空間，使用方便、省事、節約或提高檔次等。如一台收錄音機可以錄音、放音、收音，收音有短波、調幅、調頻等波段；放音有單卡、雙卡、可連續播放；錄音有隱藏式麥克風、外接麥克風、雙卡對錄等。

三、構造組合

把兩個器物組合在一起，產生新的結構，帶來新的使用功能。如收錄音機是收音機和錄音機的組合；自動相機是閃光燈、電眼調節器、相機的組合；自動按摩椅是按摩器和椅子的組合。

四、材料組合

除可改善器物原功能，還可帶來新的經濟效益。如電力輸送用的電纜，以銅為材料，導電性佳；但若全用銅，造價高並會下垂；

以鐵為材料，造價低，導電不佳，但不下垂。採用材料組合法，芯用鐵而外層包銅，則不但兼具銅鐵材料的優點，還可降低成本。

五、原理組合

把原理相同的兩個器物組合在一起，產生新產品。如香港的雙層巴士，家庭用的多頭插座等。

六、成分組合

將原來成分不同的兩種器物組合成一新產品，如汽水與蘋果組合在一起成蘋果汽水。

 組合思維的類型

一、主題附加法

主題附加法是在原來的技術思想中補充新的內容，在原有產品上增加新的功能。主要是補充、改善原有的技術思想和原有器物的功能，而以原物為主體，再添加另一附屬事物以實現組合創造的技法。它可以針對主體事物存在的不足之處進行思想上、物質上或技術上的補充，通過添加所得的整體在功能與性能上超越主體原有的功能與性能。

如在汽車上加裝雨刷、保險桿、里程表、後視鏡、空調、音響、安全氣囊、安全帶、衛星導航系統。在自行車上加裝里程表、後視鏡、風扇、防雨罩、折疊貨架、車燈、車鈴等。婦女的絲襪上可加蝴蝶圖案，襯衫上可印上詩人的名句。

在採用主題附加時，必須先選定一個主體，再以缺點列舉法找出其在功能、結構、效能方面的不足，或以希望點列舉法，提出種種希望，然後選出附加物進行組合。其組合的方式有：1.一種附加物可加在幾個主體上。2.一個主體可加幾個附加物。3.可實行多種附加，即在附加物上再加一附加物。

二、異類組合

異類組合是將兩種或兩種以上不同領域的技術思想、不同功能的物質產品進行組合以產生新思想、新概念、新技術或新產品。

異類組合具有三個特點：1.被組合的對象來自不同方面，無主、次之分。2.組合對象從意義、原則、構造、成分及功能等任何一方面或多方面相互進行滲透。3.為異類求同，又可分為物與物的組合和物與事的組合。

如牛奶與咖啡組合成為咖啡牛奶，大豆粉和牛奶組合成為豆奶，電熱器和茶壺組合成為電茶壺，褲子和裙子組合成為裙褲。

音樂為一抽象事物，但音樂與馬克杯組合成音樂杯、音樂與搖籃組合成音樂搖籃、音樂與儲蓄筒組合成音樂儲蓄筒、音樂與蠟燭組合成音樂蠟燭。

1984 年日本一家生意清淡、專營文具用品的小公司，有一位叫玉村浩美的職員發現顧客到店裡購買文具時，總是一次買三、四種，而在中小學學生的書包裡，也總是散亂地放著原子筆、鉛筆、小刀、橡皮擦、尺等用品。於是玉村浩美想到：「為什麼不把各種文具組合在一起出售？」她把自己的創意告訴老闆，於是公司精心

設計了一款文具盒，裝入五、六種常用的文具，結果大受歡迎，不但中小學生來購買，許多公司或成年人也來採購。儘管這種套裝組合的文具盒價格比原先單件購買價格的總和高出一倍，依然暢銷。

飛機發明後，便有人想是否能將飛機與軍艦組合在一起，以發揮更大的軍事用途，故軍事專家們設計了兩個方法：1.在飛機機翼下裝浮桶，使飛機自己在海上起飛降落，後來促成水上飛機的誕生。2.讓飛機直接從軍艦上起降，於量產生了航空母艦。

三、同類組合

同類組合是兩種或兩種以上相同事物（器物）的組合，在組合過程中，參與組合的對象，和組合前相比，其初始原理和基本結構通常無根本性的變化，但在保持事物原有的功能和意義下，通過量的增加以彌補其功能不足之處或求取新的功能。

如多頭插座、對筆、雙頭刷子、三截火箭、母子自行車等。如釘書機在裝訂文件時，若要釘兩個地方，就必須釘二次，且位置往往並不整齊一致，但如將兩個相同規格的訂書機組合在一起，問題即可解決；又如將幾個掛衣架組合，即成為多層掛衣架，可同時掛上多件衣服及多條褲子，減省衣櫃空間。

美國的《讀者文摘》曾是全世界最暢銷的雜誌，它的誕生來自創辦人德惠特・華萊士的一個「同類組合」的創意。華萊士二十八歲，在軍中負傷療養時，讀了許多雜誌，並抄下自己喜歡、有用的文章。有一天，他想這些文章對自己有用，對別人可能也能有用，為何不將其編成一本書出版。後來，他把手邊收集的文章編成樣

書，尋找出版商支持，雖然屢遭拒絕，但華萊士並不氣餒，兩年後自費出版第一期《讀者文摘》。

所以同類組合的創意來自於觀察與思索在我們周圍的事物：1.某單獨事物成雙後，功能是否能更好？2.原來單獨的事物成雙後，是否能產生新的意義？3.兩個或以上的相同事物組合在一起，是否有新功能、新意義？這些觀察是隨時都可以進行的。

四、重組組合

任何事物都是由若干要素組成的整體，各要素間有序的結合是確保事物整體功能或性能實現的必要條件，但如果在不同層次上分解事物的組合要素，按照我們的目的或新構思將其再重新組合，即為重組組合。其特點是：1.組合過程中，通常不增加新的要素；2.重組是要改變各組成要素間的相互關係，一方面可以創造出新的事物，另一方面可幫助我們全面地瞭解和掌握每一件事情。

積木是由正方形、長方形、板條、三角形、圓柱體等小木塊來組合成為各種積木建築，譬如組合傢俱，可根據房間大小，個人喜好進行反覆裝配。

有位電影藝術家曾作過一項實驗，他拍攝三個鏡頭：①一個人在笑；②槍口對準了他；③他一臉恐懼。當按上列順序放映時，觀眾看到的是一個懦夫的形象。如果將三個鏡頭，按②、③、①的順序重組放映，觀眾得到的是有人在開玩笑、惡作劇的印象。但如按照③、②、①的順序重組反應時，觀眾將看到一個面對槍口仍然哈

哈大笑的勇士。三個鏡頭，改變順序，重新組合，產生完全不同的感受。

日常做飯炒菜的時候，總是熱源在下，需要燒炒的食品在上，後來電烤箱的內部設計也是如此，下面是電熱管，上面放要燒烤的食品，但在燒烤魚、肉時，加熱後的油脂下滴，油氣和油滴在電熱管上，不僅產生煙霧，而且縮短使用壽命，各廠商想要解決此問題，但不是成本太高，就是成效不彰。後來日本夏普公司的工程師把電熱管和食品的位置重新組合，熱源在上，而食品放在下面，問題即告解決。

對於重組組合在我國古代有一個著名的個案。在宋真宗時（約十一世紀初），皇宮曾發生大火，部分建築燒毀。宋真宗命大臣丁渭負責重建工作，限期完成。丁渭深知工程浩大，第一，要從城外取來大量泥土做地基；第二，要從外地運來大批的建築材料；第三，完工後，要把剩餘的廢料汙土運出城外。所以工作量驚人，時間緊迫。

丁渭在想，如果能統一籌劃，在實施第一步工程的同時，為第二步工作做好準備；在進行第二步工作時，又為下一步工作打下基礎。這樣，就可使各項工作互相補充、互依互存，既能提高施工速度又能兼顧品質。於是，丁渭擬訂了施工計畫。

首先，讓工人們「借道鋪基」，在城裡通往城外的大路上挖掘取土以鋪設皇宮的地基。泥土沿著大路運來，不到幾天就把地基鋪好了，而大路則成為又深又寬的深溝。

接下來，「開河引水」，即把取土造成的大溝和城外的汴水挖通，使原來的大路變成一條河，並與汴水相通。所以外地的大批建築材料，可沿此河直抵皇宮，使材料取用非常方便。皇宮重建的工程，日夜不停的進行著。

最後，在皇宮建好後，丁渭下令「斷水填溝」。就是把汴水與大溝切斷，在水排乾後，把一切的廢料全部倒入大溝，很快地，大溝又變成一條新的大道。

五、綜合組合

綜合組合是將原本混亂的、零散的材料組合在一起，分析研究，從而得出創造性的成果。

如 1935 年時，一位叫雅格布的德國新聞記者出版了一本書，書中詳盡地描述德國軍隊的組織機構、參謀部的人員分布、160 多名部隊指揮官的姓名和簡歷、各軍區的情況，甚至還談到最新成立的裝甲師裡的步兵小隊。這些重要的軍事祕密是如何洩漏的，希特勒盛怒下令追查，在接受訊問時，雅格布說：「這本小冊子裡所說的每一件事都是德國報紙上公開刊登過的訊息。」並且把證據全都拿了出來。原來，雅格布長期搜集德國報刊上發表的所有涉及軍事情況的報導做成卡片，進行詳細的分析，就連喪葬訃聞或結婚啟事也毫不放過，日積月累，零星材料愈來愈多，再經過分析、比較、推斷，組合成一幅德國軍隊組織狀況的清晰圖像，而與真實情況竟相差無幾。

六、分割組合

　　此法是將一個或若干事物或研究對象分割為小的部分，然後重新進行組合，以獲得創造成果的方法。

　　任何人在工作、學習和生活中，都可能進行過以分割和組合為主要特徵的思考活動，如一位導演將分場拍攝的畫面組合成一部電影；作家在寫作小說的時候，對情節的構思，也可以分割和組合的方式來進行。甚至在發明領域中，此法也產生過大量、有價值的創造性成果，因為對一個複雜的事物，只是聽、看是不夠的，而要弄清楚事物、問題的本身，就要拆開來看。所以分割是認識世界最基本也是最常用的方法。譬如要瞭解一輛汽車的構造，這時便可將汽車進行分割，結果發現汽車是由發動機、方向操縱系統、傳導系統、車身、駕駛座、制動器等部分所構成。

　　但分割本身並不易產生創造成果，要產生創造成果需要將這些分別出來的部分，特別是兩個或更多的研究對象分割出來的部分重新組合，因此創造就是指舊的物品經過分割後的重新組合。如打火機，將其分解開來，可以看到它是由打火石、酒精燈、瓶裝汽油等進行分割之後，再重新組合所發明的；電熱毯則是將棉被和電爐進行分割和組合而發明的；氣墊和輪船進行分割組合就成了氣墊船。

　　將一個對象分別進行思考的優點是小範圍的問題較大範圍的問題更易解決。如要改進汽車，直接拿出切實可行的方法較困難，但將汽車分割思考就比較容易，如前所言，汽車可分為發動機、方向操縱系統、傳導系統、制動器、車體、輪盤等部分所組成。而發動

機可再細分為缸體、曲柄連桿機構、配氣機構、冷卻系統、供油系統、潤滑系統、電氣系統等，針對這些部分進行創新改良就較容易。

1. 事物或問題分割的方法

(1) 按原材料進行分割：如汽車發動機所用原料可分為金屬與非金屬兩大類，金屬材料方面又有鐵、銅、鋁，非金屬材料主要是橡膠和塑料等。而就原材料的創新思考是要開發更優質的材料，提高產品性能、降低重量、減少成本。另一方面則可進行材料代用品的開發，如機車出現陶瓷汽缸，賓士車推出可更換塑膠車體的 Smart 小車。

(2) 按製作工藝進行分割：如發動機的分為鑄、鍛、焊、沖、切、熱處理、裝配、油漆等，故可思考提高零件的工藝結構和新的製造工藝。

(3) 按成本組成進行分割：可將產品零件分為高成本和低成本兩部分，對高成本的零件進行創新思考，是否有代替品或改善生產流程或委外代製，並注意成本與功能的不相稱。

(4) 按功能進行分割：如一把水壺，可分為壺柄、壺蓋、壺身、加水口、出水口、蒸汽口等，而在蒸汽口加一設備就成笛音壺，當水煮沸時即能發生笛聲。

2. 分割後的組合

在採用分割組合法進行創造活動時，發明的價值是在組合的過程中獲得的，而採取科學方法的組合比經驗性的組合，可以獲得更多的發明。

　　如將兩個研究對象各分割成兩個要素，則將其各取一要件組合在一起，就出現或獲得四種可能的結果；如將其一研究對象分割成兩個要素，另一研究對象分割成三個要素，然後各取一件進行組合，就可獲得六種可能的結果。然後對每一可能結果進行討論和分析，作出比較和選擇，並首先對有可能實現、有可能取得突破，獲得成功的組合情況進行討論，以取得發明成果。

　　在掌握了組合方法之後，也可以不再對某種具體的對象進行分割，而是直接選取兩組具有不同性質的要素進行組合。

　　以上所選擇的要件組合在一起時，是不過問其順序關係的，但有時將順序作一顛倒可獲得不同結果，這時就可用改變排列順序的方法以產生新的創造，如 A 與 B 變成 B 與 A。

　　但組合的結果並非都有創造性價值，其中有些是社會已存在的事實，所以要將已存在於社會上的各種事實從組合結果中去除，或去除沒有創造性的組合結果，剩下的就是可具有創造性的結果。如服裝設計師因為江郎才盡，設計不出新穎的款式而苦惱時，就可運用分割組合法，將設計分割為樣式、衣領、袖子、衣袋、花色、衣料等要素。然後衣領又可分割為大方領、小方領、圓領、高領、V字領、一字領等，於是經過組合後產生最大量的組合結果，再透過篩選，就可得出最精彩、最滿意的上裝式樣。

參 附論一：信息交合法

　　1983 年的夏天，在一次創造學的研討會上，日本創造學專家村上幸雄拿著一把迴紋針問與會者說：「迴紋針有多少種用途？」與會者們聽後開始紛紛提出迴紋針的各種用途，十種、二十種……這時有人問松上幸雄說：「松上先生，您能說出多少種呢？」松上笑著伸出三個指頭，與會者說：「30 種？」松上搖搖頭。「300種？」松上聽後，臉上露出笑意，以幻燈片介紹了迴紋針的 300 種用途。當松上演講結束後，一位創造學家許國泰先生舉手說：「迴紋針的用途，我能說出三千種，明天告訴大家答案。」

　　第二天，許國泰走上講台說：「昨天大家所講的迴紋針的用途，可用勾、掛、別、連四個字概括。要突破這種格局，創造性地說出迴紋針的千萬種用途，可採用信息標和信息反應場。」

　　他首先把迴紋中的信息分解為材質、重量、體積、長度、截面、顏色、彈性、硬度、直邊、弧等十個要素，並用直線連接成信息標中的 X 軸。再把與迴紋針有關的人類實踐活動進行分解並連成直線，作為信息標中的 Y 軸。

　　圖上 X 軸的弧與 Y 軸的數學相交，迴紋針可彎曲成 1、2、3、4、5、6、7、8、9 的數字及數學符號。而弧與 Y 軸的文學相交，可彎曲成各英文字母。X 軸的材料與 Y 軸的磁相交，可作指南針；與電相交，可導電；與熱相交，可作為傳熱材料。

　　在每一個相交點想出一個事物，然後就其可能實現的，進一步分析研究。

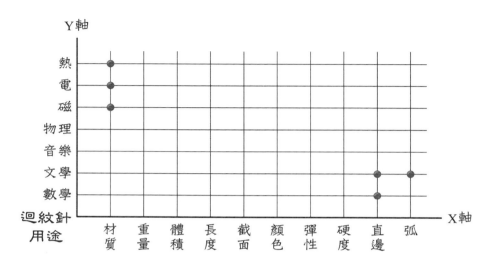

上述的方法，也稱為二元坐標法。其進行步驟是要先選出聯想元素，然後畫平行線，使 X 軸與 Y 軸上的所有元素相交。第三步是進行聯想和判斷，最後挑出有意義的聯想進行分析：1.從原理、結構、工藝、材料、用途、價格、耗能、壽命、效益等方面與現有相類似產品作一比較，是否有優越感。2.實現後，對人類、社會具有的價值、意義。3.需具備何種知識、技術，需掌握何種關鍵，是否已具備？如何擁有或克服？4.當地的生產條件與市場。

另外一種信息標與信息反應場的形式如下：

譬如以香腸為例，其中可進行二點、三點、四點等相交，而製作出不同口味或不同形狀的香腸。如豬肉＋人參、豬肉＋鳳梨、豬肉＋韭菜、豬肉＋鳳梨＋高麗菜、豬肉＋人參＋方形的香腸等等。

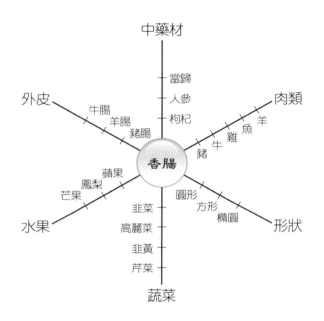

 附論二：系統思維

　　系統是由相互聯繫、相互依賴、相互作用的各個部分要素，按一定規則組成的整體，具有一定的功能。

　　系統思維，是對問題的觀察不是只看整體，因為整體會造成一種思維框架，因此由事物的整體或全局出發，對系統內整體與部分、部分與部分、整體與外部環境間的相互聯繫，與作用制約的關係及其規律性進行分析、判斷、聯想、推論，以找出能達成目的的最佳方案。

　　系統思維對事物的觀察重點：

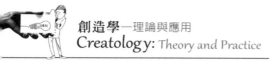

一、整體性

各構成要素不是分割的獨立個體，而是互相聯結的一個整體。如要改善一家公司的組織運作，不能只孤立地處理各部門的問題，而必須統攝全局，先改善公司的組織結構，以帶動部門的改進。

孫臏是戰國時代著名的軍事家。當時齊國的大臣田忌喜歡和人打賭賽馬，但每次皆輸，於是求教孫臏有何妙計。孫臏說：「您只管下注，我保證您一定贏。」

在賽馬時，孫臏叫田忌用自己的上等馬和別人的中等馬比賽，用中等馬和別人的下等馬比賽，最後再用下等馬和別人的上等馬比賽。結果三場比賽，田忌勝了兩場。孫臏所以能保證田忌得勝，即在於將賽馬活動當作一個系統來處理，善於將系統做最佳組合。表面上以下等馬和別人的上等馬比賽，非輸不可，但另外兩場卻可穩操勝算。

二、綜合性

此法是對各要素、材料按其內在聯繫進行綜合處理，以達創新目的。

在二十世紀的七〇年代，新力開發出 Betamax 格式錄影機，隨即引起市場興趣，但卻未引起消費者購買慾望，最後新力公司逐漸退出市場。

但松下公司卻認為市場可為，新力公司的失敗可能在於未能掌控某一環節，經研究後發現，有許多消費者確實對錄影機有濃厚興

趣，對其價格也能接受，但是錄影機所需使用的錄影帶價格為 15 美元，消費者認為其價格太貴，再好的影片也不會一看再看，況且 Beta 格式錄影帶只能錄製一小時。此外，多數錄影帶也無收藏價值，既然無意願購買錄影帶，連帶錄影機的銷售也受影響。

松下公司瞭解這些情況後，提出了一個新的企劃，首先它掌握 VHS 格式錄影帶錄製時間為二小時（相當於影片長度），它與美國主流電影公司達成協議，將許多經典影片製成松下所支持的 VHS 格式的錄影帶，並為未來競爭對手設下市場壁壘，然後在美國尋找合作對象，廣開錄影帶出租店。當準備工作完成，各綜合要素具備後，松下公司開始向市場推出 VHS 格式的錄影機，而消資者在購買後，只要每次再支付一美元，就可租片回去全家觀看，因而很快地打開錄影機市場。

因此，系統思維可培養對材料的辨認能力和對有效材料的綜合能力，在觀察事物的時候具有整體的視角，找出各要素的關鍵進行組合。

三、細分目標

許多工作、目標物的複雜性與困難度，讓人產生畏懼心理。但若有效地將問題分解成許多小單位，再有順序地逐一解決每一個小單位，就能提升信心和效率，聚沙成塔的完成整體工作。

列舉思維

　　列舉思維是以列舉的方式將問題予以展開，並藉著強制性的分析尋找創造創新的途徑和目標。

 缺點列舉法

　　任何產品都不可能十全十美，但人卻總是渴望著事物能盡善盡美，這種現實與願望間的矛盾，是人類從事創造的動力，也是缺點列舉法創造活動的基礎。因而缺點列舉法是針對一事物或產品，就其在功能、工藝、外觀、結構、材料及原理各方面所有能找到、想到的缺點一一列舉出來，如不實用、不輕巧、不安全、不省力、不方便、不美觀、不節能、不耐用、不省料、不省時、不便宜、功能不夠多等缺點、問題或不足之處，然後針對其中一個或若干個缺點，在工藝、設計或技術上進行改進。這時的改進或改革因都具有比較明確的目標，而能有較高的成功率。

　　缺點列舉法之所以必要，也是因為人容易習以為常，認為事物本來就是如此，以致不肯或不願去尋找其缺點，但在維持現狀下，就失去了創造的機會和慾望。所以缺點列舉法在舊產品的改進以及不夠成熟的新設計或新發明上，可克服感知不敏銳的障礙，克服人的惰性，使人不滿於現狀，不斷去找出缺點加以改進。

一、缺點列舉法的進行步驟

1. 確定改進、革新的對象。

2. 盡可能列舉這一對象的缺點或不足，這時也可採用智力激勵法，經由小組會議腦力激盪的方式，以獲得更充分的資訊。因為每個人對產品使用的感受不同，觀察缺點的角度也不同，能使企業更全面的看待、分析產品。此外也可廣泛徵集用戶的意見，或購買競爭品牌的同類產品，與自家產品進行對比分析。

3. 對各缺點進行歸類整理。

4. 分析每一缺點的具體原因。

5. 根據原因選擇解決問題的最好創意或方法。但要從產品功能、性能、質量等影響比較大的方面出發，俾使新設想、新建議、新方案有更大的實用價值，如有些商品已毫無使用的意義，即無須再作改進。

6. 根據原因，選擇解決問題的最好創意和方法。有時則可針對缺點逆向思維，即有時候可反過來思考如何利用這些缺點以變成優點。如德國有一位造紙廠的工人，在製造紙時，因弄錯配方，結果造出的紙張書寫時會滲水，被顧客退貨，致遭解僱。正在灰心喪氣時，有一位朋友勸他將問題換個思路看，是否能從錯誤中找到有用的東西。有一天，他不小心打翻墨水瓶，順手用這種廢紙去擦拭，結果發現墨水很快就被吸乾了，於是得到啟發——滲水性強即表示吸水性強，他便把廢紙切成小塊，取名「吸水紙」上市銷售，結果非常暢銷。而因為錯誤配方只有他一人知道，他也順利取得專利。

7. 綜合各項缺點，解決最主要的缺點。

二、缺點列舉法的舉例

在實際工作與生活中，缺點列舉法的運用是十分普遍的，如為解決包裝圓型蛋糕的紙盒時繩子打滑的缺點，就發明了紙盒底板上剪出若干缺口的蛋糕盒；為了解決人的眼睛無法看清遠物的缺點，就發明了望遠鏡；為了避免看電視要起身按鍵換台的麻煩，就發明了遙控器。

1. 如想改進彎柄長枝黑雨傘，可先列舉出它的缺點：
   (1) 傘太長，不下雨時拿在手上不方便。
   (2) 下雨時，搭乘大眾交通工具會將自己或他人衣物弄濕。
   (3) 下雨時，進入屋內，地面積水。
   (4) 傘面都是黑色的，不易分辨，易誤拿。
   (5) 抗風能力差，遇強風時易向上開口成喇叭形，並導致傘骨折斷。
   (6) 撐傘時，傘骨的尖端可能誤傷他人。
   (7) 打開或收攏時不方便，特別是手拿重物或多件物品時。
   (8) 傘面是黑布不透光，拿太低時影響視線。

   針對以上缺點的改善，而有了摺疊傘，收藏和攜帶較方便；雨傘加套子，以保持乾燥；傘布有不同色彩和圖案，易於辨識和增加美觀；發明傘骨用塑膠材質而在雨傘被風吹翻後不被折斷；傘頭及傘骨尖端加裝木製圓球，以防止刺傷；傘面用透明塑膠布，視線良好並增加情調；發明自動傘，方便單手使用。

2. 若干年前，日本人鬼冢喜八郎聽到朋友說：「今後體育要發展，運動鞋是不可少的。」得到啟發，決定跨入生產運動鞋的行業，而要打開市場，就一定要做出前所未有的新型運動鞋。但是，他一無設計人員，二無資金，不可能像其他大企業一樣投入大量的人力、物力去研製新款運動鞋。然而他想：「任何產品都不會是完美無缺的，如果他能抓住一、二個缺點處進行改革，不就能開發出新產品嗎？」

　　於是他買了幾種籃球鞋進行研究，並訪問一些籃球運動員，聽他們談籃球鞋存在哪些缺點。結果幾乎所有的球員都說：「現在的球鞋容易打滑，止步不穩，影響投籃的準確性。」此後他又和球員一起打球，親身體驗到這一缺點，於是他開始圍繞著鞋底容易打滑的缺點進行改革。有一天，他在吃魷魚的時候，忽然注意到魷魚的觸足上長著一個個吸盤，他想如果把籃球鞋的鞋底做成吸盤狀，不就可以防止打滑了嗎？於是他把籃球鞋由原來的平底改成為凹底。試驗結果證明，這種凹底籃球鞋比平底籃球鞋在止步時要穩的多。這種新式籃球鞋很快地贏得市場。

　　在 1997 年，鬼冢喜八郎合併另兩家公司，將公司改名為亞瑟士(Asics)，生產運動鞋。

3. 加藤信三是日本獅王牙刷公司的職員，當早晨正在刷牙時，發覺牙齦又被刷出血了，這樣的情況已經發生好多次了。身為牙刷公司的員工，加藤在想應該有不少人像他一樣被牙刷刷得牙

齦出血，問題顯然出現在牙刷上，但要如何解決問題呢？接下來的日子裡，他考慮使用軟毛牙刷，但牙刷毛太柔軟，不能很好地清除牙縫中的垃圾。又想到刷牙前先把牙刷泡在溫水裡，讓它變得柔軟些，或者多用些牙膏，慢慢小心的刷牙。但這些方法都不夠方便。

有一天，他忽然想到這一問題會不會與牙刷刷毛的形狀有關？在用放大鏡觀看後，發現牙刷毛的頂端是四角形的，正是由於這種稜角而將牙齦刺破了。加藤針對此一缺點再次動腦筋：「如果把牙刷毛的頂端磨成圓形，那麼牙齦應該就不會再刷出血了。」於是向公司提出想法，經過試驗證明確實可行。後來獅王公司的牙刷毛頂端全部改成圓形，受到消費者的歡迎，銷售量大幅上升。

加藤為改良牙刷毛缺失所作的努力，不但為民眾解決生活的小問題，也為自己的發展創造了機會，由一個普通的職員，最終升為公司的董事。

但在運用缺點列舉法時，要注意的是有些產品已無使用的意義，就不必再費時費力地去謀取改進方法。

 貳　希望點列舉法

希望點列舉法是通過對列舉的事物或產品希望具有的特徵或功能，以尋找創新目標，並使其獲得實現的創造方法。它反映了人類對新事物、新產品的嚮往與需求，也表達人類當前或未來的需要。

　　缺點列舉法是圍繞著現有事物加以改進，通常並不觸及原事物的本質或總體，是一種被動的創造發明方法，一般只適用於舊產品或不成熟產品之改進。但希望點列舉法則是從創造者的主觀意願出發，進行大膽新穎的構思，不受原有事物的束縛，從舊框架中解放出來，喚起人豐富的想像力，而積極、主動地進行創造發明。

一、尋找有用的希望點

　　需要是創造之母，是社會進步和發展的動力來源。因而在創造選題時，要觀察、考慮人類有何需要上的問題，以使創新活動的結果產生良好的效果。

　　檀潤華、丁輝在《創新技法與實踐》一書中指出：

　　　按需要對象的不同，可分為物質需要和精神需要。

　　　按需要的用途差別可分為消費需要和生產需要。消費需要主要體現在人類對各種消費品及相關服務方面的追求；生產需要則是指人類為了進行生產對各種產品及相關服務的需要。

　　　按需要產生的時差不同，可分為現實需要和潛在需要。現實需要是指當前顯著存在的需要，而潛在需要是相對於現實需要而言的一種未來的需要，它可能是一種客觀存在的但人類尚未意識到的需要，也可能是一種人業已意識到，但因種種原因暫不能得到的需要。但在一定的條件和時機下，潛在需要會成為現實需要。

　　（檀潤華、丁輝編著，《創新技法與實踐》，機械工業出版社，頁 113-114。）

　　對於希望點的列舉，可以經由自我的觀察與思考或對他人的意見徵求、訪談、抽樣調查，也可來自群策群力的小組會議。並且列舉希望點要打破定勢，不要忽略一切似乎荒唐的項目。

　　多數偉大的構思在發起時，沒有人會相信其可行性，如在麻醉藥發明前，人類堅信無痛手術是不可能的；飛機發明前，科學家認為飛行是不可能的，比空氣重的東西絕對飛不起來。而萊特兄弟的父親也斷言人類不可能翱翔天際，他說：「如果上帝肯讓我們飛上藍天，早就賜予我們一雙翅膀！」但在天際飛行，一直是人類自古以來的希望，故萊特兄弟潛心研究飛行器，並在 1899 年製作了一面翼展達 1.5 公尺的風箏，風箏上繫有四根操縱飛翔的牽繩。第二年，他們在北卡羅來那州的一座小山上，又成功地牽引起一架較大的滑翔機。在取得相當經驗後，決定在滑翔機上安裝汽油活塞發動機，並在 1903 年 10 月 17 日，完成世界上第一架飛機試飛成功，第一次試飛計飛行 12 秒，高度 3 公尺，飛行距離 37 公尺。當天共飛行四次，第四次飛行 59 秒，距離則達 200 公尺。1905 年 5 月，萊特兄弟的另一架飛機，在飛行中可以傾斜、轉彎、飛 8 字型和盤旋，並能以每小時約 35 英里的速度飛行半小時，在空中飛行的夢想終於成為事實。

二、希望點列舉法的舉例

　　人類最基本的需求是生活消費品，如對衣、食、住、行的滿足，而發展農產品、食品、紡織品、房屋和交通工具，再生產更新、更優良、更先進的農業、食品、紡織、建築等設備。可知對消費品的需求，會刺激生產知識與技術的進步。

1. 日本人安藤百福發明了速食麵：在 1945 年時，日本經濟困頓、物質匱乏，通貨膨脹嚴重，有一天傍晚，安藤百福在大阪梅田車站，看到人們為了買一碗熱湯麵在寒風中排起長長的隊伍，這個情景使他意識到：日本民眾如此喜歡吃麵條，那麼麵條必定擁有龐大無比的市場商機。所以如果能有一種像麵包一樣想吃馬上就可以吃的麵條，必定前景看好。

   　　對於究竟要開發什麼樣的麵條，安藤百福列出五個要點：(1)味道鮮美。(2)容易保存。(3)食用方便。(4)價格便宜。(5)安全衛生。這種麵條不但要美味，並且經開水沖泡後即可食用。首先他從商店裡購買一台中古軋麵條機以及麵粉，經過兩年的實驗，發現製作速食麵的關鍵在於熱油處理。首先在麵粉中加入鹽、油、調味料等，用軋麵機軋成麵條，以高溫快速蒸製後，放入雞湯中浸泡或噴灑雞湯帶上香味，然後放入模型中油炸，使之成型，這就是速食麵製作的基本工藝。1958 年，安藤百福的速食麵上市。

2. 美國學者艾可夫曾列舉出自己心目中理想的電話，其希望點為：(1)具有不用手拿即可使用電話的功能。(2)具有在任何場合使用電話的功能。(3)具有鑑別撥錯號碼的功能。(4)具有在接電話前，即知是誰打來的功能，以過濾不想接聽的電話。(5)具有占線待機並自動接通功能。(6)具有預設電話留言功能。(7)具有多人同時通話功能。(8)具有聲音或圖像傳遞功能。這位學者所期望的電話功能，今日已多數實現。

　　許多創造就因為這樣的期望而產生，如許多中老年人喜歡按摩，但人工按摩費時費力，所以發明了可定時的自動按摩椅；保溫杯的出現是希望茶杯也能像保溫瓶一樣具有保持茶水溫度的功能；電視的發明是希望能將影像如同收音機的聲音一樣傳播。同樣在日常生活中，希望外出購物不用攜帶現金，就發明了信用卡；希望不用火燒開水，並且能隨時喝到熱水，就發明了電熱水瓶。

　　又如針對鋼筆而言，採用希望點列舉法：希望書寫時不斷水，發明了插卡式的墨水匣；希望在黑暗中也能寫字，因此在筆蓋上設計一個小燈；希望在辦公室揮汗辦公時，知道溫度是否已達到開冷氣機的程度，故筆身附上溫度針；希望外出登山時，鋼筆不但能書寫登山日記，還能指示方向，所以筆帽頂端安置一指南針。

 ## 參　特性列舉法

　　特性列舉法是對事物特性或屬性進行詳細的分析，因為問題範圍愈小愈容易產生創造性新設想，然後針對每項特性，探討是否可進行改革和創新。如要改善自行車的設計，從整體考量是困難的，因為涉及較廣的專業知識，但如將自行車分解為把手、車身、齒輪、腳踏板、鏈條、軸承、輻條、輪圈、輪胎，分別進行思考，就比較容易作改進。

如何分析事物的特性？可遵循以下的方式，從三方面進行。一、名詞特性：整體、部分、材料、製造方法。二、形容詞特性：性質、狀態、顏色、形狀、感覺。三、動詞特性：功能、作用。然後試用其他屬性予以替代，或找到問題、缺點或希望點予以改進。

如以燒水的水壺進行特性分析：

一、名詞特性

整體：水壺。

部分：壺嘴、壺柄、壺蓋、壺底、蒸汽孔。

材料：鋁、不鏽鋼、白鐵、玻璃、琺瑯等。

製造方法：沖壓、焊接、燒鑄。

二、形容詞特性

顏色：白色、黃色、花色、紅色。

重量：輕、重。

形狀：高低、大小、橢圓、圓形等。

三、動詞特性

功能：裝水、燒水、倒水、保溫等。

然後由上述各特性出發，經由提問，誘發出可用於創新的設想，並進一步完善和實施最佳設想。如過去水壺蓋上的蒸汽孔冒出的水汽，不但使壺柄過燙不便提取，並且蒸汽也容易傷手，則可思

考它的位置是否可作調整。現今的笛音壺蒸汽孔改在壺口，問題便解決了。又如壺柄是否可改用絕緣材料以免燙手，顏色圖案可有哪些變化，底部用什麼形狀或結構設計更容易吸熱傳熱等。

從特性分析出發，不少物品都可進行某種改進，如玻璃杯，放置時容易打滑，還會有聲響，但在杯底黏上止滑塑墊，問題即獲解決。所以在分析每一屬性後，提出問題、找出缺陷，再試驗從材料、零件、結構、功能等方面加以改變，如進行替換、增刪、改造、組合等，使產品更符合人的需要和目的。

至於特性列舉法的成功，要把握兩個原則：

1. 盡可能將對象的屬性和細節都能列舉出來，不要遺漏，以免降低特性列舉法的實際效果。

2. 所選擇的對象宜小不宜大，因為對象太大則細節必多，逐一列舉或改進的困難性較大。

 附論：移植技法

移植技法是將某一領域中已見成效的原理、技術、思想、工藝、研究方法之部分或全部的引用到別的領域；或者將同一領域、行業中已成熟的技術、工藝、結構、方法等引用到新的項目或產品的開發中。移植技法，常常可使在某一領域內看來普通的原理和技術，卻對其他領域的研究工作產生重大影響。

移植技法是科學研究中最有效、最簡便的方法，因為多數成就皆可運用於所在的領域之外，因而可使人避免重複思考、重複研究。如麵包發酵後變得鬆軟多孔，一家橡膠廠的老闆，將麵包發泡技術移植到橡膠製造業，提出「發泡橡膠」的設想，而摻入發泡劑的橡膠性能可變得如同鬆軟多孔的麵包。另一家企業又從此得到啟發，做出質堅而輕的「發泡水泥」，這種多孔混凝土內含有空氣，是理想的隔熱、隔音建材。

又如汽油進入內燃機汽缸，因為油路問題，很難均勻分布在汽缸內，致造成燃燒不完全，難以保證內燃機有效地運作。而如何讓汽油與空氣完全均勻混合，是解決此一問題的關鍵，然工程師們在多方研究、實驗下，卻始終無法解決。有一天，工程師杜里埃看到妻子在噴香水，香氣如霧般散開，即刻香遍房間，於是對香水器產生興趣並得到啟發，他想：「如果能讓汽油也噴如霧狀，均勻分布於發動機的汽缸內，問題不是就解決了？」經過不斷實驗、研究，最終成功發明了發動機的汽化器。

香水經過霧狀處理可以均勻分布於房間內，那汽油經過霧狀處理應該也可以均勻分布於汽缸，「霧狀」就是其移植的重點。

移植技法大略有以下四種：

一、移植原理

一項技術發明的原理，經過多種結構設計，或採用不同的材料和加工方法進行物化，就能達到不同的功能和目的。同樣地，也能藉助其他事物的原理、技術以解決現有問題。如德國化學家本生欲

以辨別火焰顏色發明新的分析法，但數種火焰混合在一起時，什麼都看不清。他有位朋友剛好是物理學家，於是告訴他在物理學中有一種觀察火焰光譜的方法，因此不妨從觀察光譜的角度入手，而移植這種方法後，就發明了光譜分析法。又如在巴斯德發表了有關有機物腐敗和發酵的研究成果後，有一位英國醫生認為這個原理可以移植到外科手術上，因為有機物腐敗和發酵是由於外來的細菌感染，而外科手術後病人傷口的化膿和潰爛也是外來細菌感染的結果，於是進行石碳酸消毒的實驗，最終在 1865 年發明無菌手術，使接受外科手術後的病人死亡率從 80%以上降到 15%。

二、移植結構

事物的結構都是因為使用功能和原理功能的要求所形成的，而同一種結構功能又可以體現在不同技術、不同行業的事物上。因此，某一事物的結構功能同另外一件待創造事物所需要的結構功能相近或相似時，該結構就有可能滿足待創造事物的某些使用功能或原理功能，而進行移植。如從積木結構出發，開發出組合家具。

日本有位叫長井的先生很喜歡動腦思考，有一天，他拿著大鋸子要去修理地板時，突然跑出一位小女孩，因為來不及閃躲，小女孩的手臂受到割傷。事後長井在想：「拿著裸露鋸齒的鋸子行走太不安全了，是否可以做出一把不會傷人的鋸子？」有一天，他削好鉛筆，在把刀刃折疊起來的一瞬間，突然想到，就像可摺疊的刀子一樣，不用時也可把鋸子刃摺疊起來。他回家後立刻製作一個折疊式鋸柄，使用起來和普通鋸子差不多，並申請了專利。

三、移植材料

　　產品的使用功能和價值，取決於技術原理、結構和所用的材料，而將不同的材料移植於特定商品，可以達到創新的目的。如紙手帕、濕紙巾、香水原子筆等。又如塑料本身的製作材料也可經由移植來創新，亞硫酸鋅具有白天吸收光線、夜間發光的特性，故將其加入塑料的生產，變成夜光塑料，可用來製造電器開關和夜光工藝品。

四、移植方法

　　每一項新的理論、新的技術、新的產品都代表方法上的更新和突破，反過來也可以說是方法的進步與創造，此所謂的方法可包括：發現問題的方法、觀察事物的方法、思維分析的方法、統計的方法、加工製作的方法、實驗的方法等，而移植方法，則能使在某領域、某產品製作中所碰到的難題在移植別的領域、行業或產品研發、製造的方法後得到解決。如天文地質學是將天文學的理論、方法移植到地質學；仿生工程學是生物學對工程學的移植結果；把物理學的理論知識和研究方法移植於化學領域，出現物理化學這門科學。

　　如想讓盛開的鮮花永不凋謝，並做成商品出售，要如何進行保鮮處理？這時想到，塑膠可以電鍍，而此方法是否可用在花的保鮮處理上？於是將鮮花或花蕾先脫脂、脫水，然後像塑膠製品一樣進行電鍍，結果，朵朵鮮花都成為熠熠生輝的胸花，松柏枝葉則變化為閃閃發光的飾品。

　　移植法是一種簡便、有效的方法，但必須要能掌握移植的原型及養成聯想、類比的習慣，因此必須充實自己的知識，經常閱讀專業以外的文章，多留意、研究日常小事，甚至是無關的小事，也可以啟迪新的發現或靈感。

11
Chapter

逆向思維

壹、逆向思維的特點
貳、逆向思維的類型
參、附論：簡單思維

　　逆向思維又叫反向思維，是有意識地從事物的反向或對立面去思考問題，即從常規思維的反方向去思考問題、解決問題的方法。

　　事物都存在著正反兩個對立面，而一般人思考習慣通常是正向思維，即憑藉以往的經驗、知識、理論來分析和思考問題，並且在有了一、二次特定的思考模式後，下一次採取同樣模式的可能性就會增強，久之形成一種慣性思維模式，控制著我們對事物的觀察、分析及解決方案的提出。但是更換一下視角，或思維在一方面受阻時，從反方向進行思考，往往能獲得創新、突破，或使問題變得簡單化。

　　如有位美術老師叫學生臨摹畢卡索的一幅人物肖像，學生雖然很認真，卻無法讓老師滿意，後來老師偶然將畫倒過來讓學生臨摹，結果學生原本對人像的形狀和表情所自以為是的定勢認知不再發生作用，反而出現意想不到的結果。

 壹　逆向思維的特點

一、普遍性

　　在各種領域、活動中都可以適用，因就對立的統一形式而言，相應地就存在著逆向思考的角度。如在 1999 年，上海的寶山港因掉頭區和部分航道太窄的限制，大型貨櫃輪船無法進入，以致貨櫃量日益萎縮，各種研究會議都認為要解決這一問題困難度甚高，但有一位領航員利用逆向思維提出了大型貨櫃輪船不用掉頭而是倒進

港口的點子，這一提案不但可以免去原擴建港口的費用，而且能縮短輪船公司的運期。

二、批判性

逆向與正向是相對的，是對傳統習慣、常識經驗、權威言論的挑戰。因此面對新的問題或長期無法解決的問題，不要習慣於沿著別人或自己長久形成的、固有的思路去思考問題，而要從對立的、完全相反的角度去思考。

如法國有一對離婚的夫婦為了兩個孩子的撫養權互不相讓，最後法官莊嚴的宣布判決：「鑑於父母離婚的最大受害者是孩子，為了保護兒童的合法權益，判決如下：『父母歸兩個孩子所有，原住宅居住權也歸孩子所有；離異的父母定期返回孩子身邊居住，履行撫養職責，直至孩子長大成人。』」同樣事件的判決，但完全不同的思路，既保障受害者（孩子）的根本利益，又沒有違背父母的終極意願，同時也維護了法律的正義基礎。更特別的是，顯示了一位具有批判性格的法官可以多大程度地發揮想像力及創造力。

三、新穎性

循規蹈矩的思維模式或按傳統方式解決問題雖然簡單，但思路易僵化、刻板，無法擺脫習慣束縛，得到的結果只是慣見。逆向思維則能給人耳目一新的觀感。舉一個常被引用的事例：有一次保加利亞和捷克兩隊在進行歐洲男子籃球賽的準決賽時，戰況異常激烈。距離終場 8 秒時，保加利亞隊領先 2 分，並且是該隊底線發

球，看來已穩操勝算，但該隊教練卻面露憂色，這是因為在換算積分後，保加利亞隊必須贏捷克 5 分以上才能出線，但時不我與。這時保加利亞隊教練突然要求暫停，在場邊集合球員面授機宜。球賽重新開始，保加利亞隊在底線發球傳給自己隊員後，球隊開始朝中線移動，捷克隊迅速回守，但此時觀眾驚訝地看到保加利亞隊的一位球員拿到球後，突然回頭，將球跳投進入己方的籃框內，裁判哨聲同時響起，球進算，2 分算捷克隊的，雙方平手，加賽 5 分鐘，保加利亞最後以 5 分的優勢贏得比賽，並獲得決賽權。保加利亞隊教練的奇招，完全超出大家的想像，甚至也超出比賽規則的正常思路。這就是以新觀點、新角度處理問題所產生故新思維。

 貳 逆向思維的類型

一、位置反向的逆向思維

此法是經由改變事物中組成部分所處的位置來解決問題。

在日本，大正十一年（1522 年），豐臣秀吉準備修築大阪城，為了把大阪城變成一座固若金湯的城池，需要很多巨大的石頭，這些遠在西部海島上的石塊，每個有 50 張蓆子的大小，在裝船東運的時候，只要裝到船上就會把船壓沉到水下，試了幾次總是無法可想，這時有人提議說：「用船載石是不能了，那麼就用石載船吧！」眾人按照他的提議把石頭綁在船底，使石塊完全淹沒在水中，但船卻有一部分露在水面之上，用這種方法果然順利地把建城所需的大量石塊運到大阪。

為什麼把巨大的石頭綁在船底，船還能正常航行呢？這是因為水作用於物體的浮力，等於該物體所排開的水之重量。所以巨石放在船上時，船所排開的水不足以讓其浮力與重量達到平衡，船必沉入水中。但將石頭置於船下時，首先把大體積的石塊全部淹沒，產生相當的浮力，這樣就能使總浮力和總重量保持平衡。

孫臏是戰國時著名的兵家，有一次去魏國時，魏惠王對他說：「聽說你很有才能，如果你能讓我從座位上走下來，我就任用你為將軍。」魏惠王心裡想：「我就是不起來，看你怎麼辦？」孫臏忖著：「魏王如果坐在位子上不動，又不能強行把他拉下，怎麼辦？」孫臏心生一計的對魏王說：「我確實無法使大王從位子上走下來，但是我卻有辦法使大王坐回座位上。」魏惠王心想，這還不是一樣，我只要不坐下，你能如何？便高興地從座位上走下來。孫臏看了立刻說：「我雖然無法使大王坐回到你位子上，但大王現在卻已經從座位上下來了。」魏惠王心知上當，也只有佩服孫臏的機智。孫臏在此所用的就是逆向思維。而這種逆向思維也可以是對已知的兩類不同事物，設想將他們相互對換或錯位。

二、無用向有用的逆向思維

此法是經由反面思考將無用的事物變成有用，以找到無用事物的新價值。

如一家製呢工廠，在某次生產過程中，因為投料成分比例錯誤，使得該批呢布出現了許多白花點，商家拒收。工廠技術人員經過幾次觀察研究和試驗後，找出問題所在，將錯就錯有規則地按錯

誤比例投料，再將生產出來的呢布白點加大，並且呈現規律排列，然後把這批呢布取名為「雪花呢」，推出市場後，獲得良好的迴響。

另外，在逆向思維後，許多廢棄物也可變成「黃金」。1974年，紐約市政府在整修自由女神像後，換下來的舊銅塊變成垃圾，於是讓工廠投標收購，但因為很多廢棄物處理廠商考慮到環保問題，如處理不當會遭遇投訴徒生困擾，所以幾個月過去了，卻始終無人投標。這時有位正在巴黎旅行的人在媒體上看到這則消息，也看到了其中的商機，立刻飛到紐約去標購了那批在別人眼中是無用的垃圾。然後，利用那些來自自由女神像的舊銅塊製作了許多小自由女神銅像，作為紀念品出售。因為小銅像的原料來自自由女神像，具有紀念意義，因此標價高於一般的紀念品，最後帶來大利潤。

比如另一個由無用變有用更具體的例證，在西元 1859 年，美國有位叫切斯特羅的藥劑師在參觀賓州一處新發現的油田時，發現工人很討厭「杆蠟」，杆蠟是油井抽油杆上的蠟垢，是毫無用途的廢物，但卻必須經常清除這種廢物，才能使抽油杆有效地工作。但切斯特羅卻在想，杆蠟既是和石油一起生成的礦物質，或許亦存在著某種用途。他進一步問工人杆蠟是真的一點用處也沒有嗎？工人們回答：「杆蠟對於鑽井或許一無是處，但對於治療燙傷或割傷卻有些幫助。」切斯特羅心裡一動，就搜集了一些杆蠟帶回去。研究出提煉、淨化的方法後，終於獲得一種油脂，並將其淨化成半透明的膏狀物，但這種膏狀物又有什麼用途呢？

　　有一天，他的手腕碰傷，在打開一盒藥膏準備敷傷時，卻發現藥膏變質了，上面有著綠色的霉點。在向賣藥的藥局主管詢問原因時，主管表示：藥膏是用動物油和植物油調製的，所以時間一久就壞了。切斯特羅聽後靈機一動，不斷稱謝後，捂著手腕立刻跑回家，找了一些藥物，用他製作的油膏作調劑，樣品完成後，把藥膏塗在自己的手腕上，結果傷口很快就好了。為了完善這項發明，他不只一次將自己割傷、刮傷、燙傷，以實驗這種藥膏對不同傷口的作用，結果效果都不錯。1870 年，切斯特羅完成研究工作，並建立第一座生產這種油膏的工廠，將其取名為「凡士林」。今天，凡士林油膏行銷世界，並有了上千種使用方法。

三、屬性的逆向思維

　　事物所具有的屬性是多方面的，因此一件事情可從不同角度進行理解，而另一方面，同一件事情從不同角度觀察，其性質也可以是多方面的，並且相互轉化。

　　如一群遊客在非洲草原上遊覽的時候，草原上突然起火，火勢藉著風勢一發不可收拾，並且朝著遊客撲捲而來，遊客們嚇得驚慌失措。此時有一位同行的老獵人，喊著叫大家拔掉面前的草以清出一片空地。而當大火逼近時，老獵人叫大家站到空地的一邊，自己則站在靠大火的一邊，在火舌越來越近的時候，果斷地站在自己腳邊放起火，結果在老獵人身邊立刻升起一道火牆並朝三個方向蔓延出去。此時奇蹟發生了，老獵人點燃的這道火牆並沒有順著風勢燒過來，而是迎著那邊的火燒過去，當兩堆火碰到一塊時，火勢突然減弱並漸漸熄滅。

脫險後，遊客紛紛不解地問老獵人怎麼一回事？老獵人笑著說：「草原失火的時候，風勢雖然朝我們站的地方吹過來，但近火的地方，氣流卻是朝火勢那裡吹過去，所以我抓準時機放起一把火，藉著氣流的倒撲回去，把附近的草木燒光變成空地，於是大火再也燒不過來，我們也就得救了。」

利用事物的對立屬性思考問題，還可以在進退、出入、有無…等方面獲得突破。如過去使用電腦，不小心誤刪文件的事時常發生，而大家也總是認為要恢復被刪除的文件是不可能的，但彼得‧諾頓向這一屬性進行挑戰，創造出恢復刪除文件的軟體，把看似妄想的事變成現實。

四、反向的逆向思維

此法是透過改變事物的方向以解決問題，如司馬光的破缸救人，當小孩子不慎跌進了盛滿水的水缸時，要救小孩的方法是拉出小孩，讓人離開水，但孩子們沒有那麼大的力氣，個子又不夠，只能乾著急。而司馬光從反向思考，不必讓人離開水，而是讓水離開人，一樣能達到救人目的。

當撿起掉在地上的東西時發現上面沾了灰塵，通常會吹一吹，這是一般人的習慣性動作，用嘴吹氣，是最古老、最簡單的除塵方式。西元 1901 年，英國有人發明了吹塵器，並在倫敦火車站舉行吹塵器表演，用吹塵器清理火車車廂裡的灰塵，結果灰塵飛揚，令人難受。而灰塵落定後，椅子等物上又有些微的灰塵。當時在現場觀看的人群中，有一位叫赫伯特‧布斯的技師，在事後反向思考：

「改吹塵為吸塵會如何？」回家後，他用最原始的方法進行實驗，用一條薄手帕蒙住嘴和鼻，然後趴在地上，用嘴用力吸氣，結果灰塵都被吸附在手帕上。實驗證明，吸塵比吹塵強多了，於是根據真空負壓原理，發明了電動吸塵器，它有一個汽油發動機，有一塊留住汙物的濾布，使乾淨的空氣重新回到房間。但它是一台計畫在工廠裡使用的大型而笨重的裝置。

又如在推銷方面，在一場培訓活動中，有一位叫約翰的學員對推銷專家維克多說：「你能成功地向我推銷一些東西嗎？」維克多笑著回答：「你希望我向你推銷什麼？」約翰有點吃驚，因為維克多不是開始向他介紹產品，而是在提問。約翰想了一下回答：「就向我推銷這張桌子吧！」但維克多又提出一個問題：「你為什麼想要買它？」約翰再一次感到吃驚的說：「這張桌子看起來很新，外型也很美觀，而且色澤也很鮮豔。」維克多自己不多做說明，但卻讓約翰自己說出購買的原因及看中這張桌子的原因，並接著問約翰願意花多少錢買下這張桌子？約翰表示：「最近，沒有買過桌子，但這張桌子這麼漂亮，體積又這麼大，我想我會花 20 美元或 22 美元買下它。」維克多聽完後，立刻表示：「約翰，我就以 20 美元的價格把這張桌子賣給你。」

維克多巧妙地將正面推銷產品的方式轉向成為讓顧客主動讚美產品、主動詢問，技巧性運用反向推銷術。

在二十世紀的六〇年代，要提高電子管的靈敏度就要提高其基本原料——鍺的純度，而當時鍺的純度已達到 99.9999999%，想再提升其純度實屬不易。日本新力公司則由江崎玲于奈博士領導一個

小組，投入此項研究中，至於剛畢業的黑田由子，則被分配到該組擔任助理研究員。黑田因為經驗不足時常出錯，屢受江崎博士指正。後來黑田開玩笑地說：「我難以勝任提煉純鍺的工作，但如果讓我往鍺裡摻雜質，我一定會做得很好。」黑田的話引起江崎博士的注意，如果研究工作反過來進行，往鍺裡摻入別的雜質會出現什麼效果呢？於是叫黑田小姐一點一點地朝純鍺裡加入雜質，當黑田將雜質增加到 1,000 倍的時候，鍺的純度降到原來的一半，此時測定儀器上出現一個大弧度的偏限。她以為是儀器發生問題，立刻向江崎博士報告，江崎又多次重複這樣的試驗，終於發現電晶體，並進而發明電子技術領域的電子新元件。使用這種電晶體技術，使電子計算機的體積縮小到原來的十分之一，運算速度則提高十幾倍。此項發明使江崎博士和黑田小姐分別獲得諾貝爾物理獎和民間諾貝爾獎。

反向思維使看似難以解決的問題，得到解決的入口。

五、觀點的逆向思維

觀點逆向思維就是從合於常理觀點的反方向進行思考，它在同質化嚴重的工商業，很容易產生創新並取得成果。一般認為真理的反面應該是謬論，但其實未必如此，因真理的反面可能是另一真理，如歐幾里德幾何是真理，它的反面非歐幾里德幾何也是真理。

以前人們一直認為玩具一定要設計成美麗的、可愛的造型，但有一天，有位玩具設計師看到幾位小孩正在玩一種奇醜無比的昆蟲，並且玩得興高采烈，由此想到並不是只有美麗的東西才能當玩

具，於是他專門設計「醜」系列的玩具，把美的觀點倒轉過來，結果醜玩具上市後，大受孩子們歡迎。

如在傳統的動物園裡，動物被關在籠子中，人站在外面觀看，而動物在狹小的空間中活動，最終失去野性。但在野生動物園的經營模式中，則把人關在籠（車）裡，讓動物自由活動。

六、結構的逆向思維

指從前後、左右、上下、大小的結構，顛倒著進行逆向思維，其往往使產品型態煥然一新，如傳統電扇是圓的，後來出現箱形扇、直立式的大廈扇等。

1888 年，美國人勞德首先申請了圓珠筆的專利權，他發明圓珠筆的目的是為便於在倉庫打包的貨物上做記號，其構造是在盛滿墨水小管的一端安裝一個小圓球，使小球隨筆的移動而滾動，但因易生故障，如有時墨水滴漏出、有時小球不動，沒有達到實用程度。1938 年一對匈牙利兄弟發明了現今的圓珠筆，使墨水能按本身的表面張力而不是重力漏到筆尖。1945 年，美國人雷諾茲發明了一種新型圓珠筆，但圓珠筆筆頭漏油的問題始終未能解決。許多人循著常規思路思考、從分析筆珠漏油的原因入手，求取解決問題的辦法，因為筆珠寫到兩萬多字時因磨損而油墨隨之流出，所以人們首先會想如何增加筆珠的耐磨性，甚至使用耐磨性能極好的不銹鋼和寶石試作筆珠。雖筆珠耐磨性增強了，但筆芯頭部內側與筆珠接觸的部分被磨損，又產生漏油問題。此時，日本的發明家中田藤三郎卻巧妙地解決了漏油問題，他的思路是：不從筆的下端（筆

珠）而從筆的上端（筆桿中的油墨）去考量，他用圓珠筆連續書寫，直到出現漏油現象約有兩萬字，然後刻記這時筆芯中用去多少油墨，此後在筆芯中注入油墨的時候只要控制油墨量不要超過此時所用去的量，那麼在筆珠磨損前，油墨即已用完，從而解決圓珠筆漏油的技術問題。

七、因果的逆向思維

逆向思維中「倒因為果，倒果為因」的方法在生活、發明中的應用很廣泛，它給予創造性思維寬闊的空間。

西元 1877 年，愛迪生在調整測試電話的送話器時，用一根短針檢測振動膜的振動情況，但卻意外地發現當手裡的針接觸到振動膜，隨著電話傳來聲音的強弱變化，振動膜會產生一種有規律的顫動。這個奇特的現象觸發了他的思路：「如果反過來，使針發生同樣的顫動，是否可將聲音復原，並將人的聲音貯存起來？」

愛迪生循著這樣的思路，設計了一台留聲機，再由機械師克魯西製造出來。聲音用一根唱針刻在錫箔的圓筒上，用一個螺桿使唱針繞著圓筒轉動，然後把這根唱針拿走，再把連在聽筒上的第二根唱針放在「唱片」上，使聲音訊息得以複製。隨後進行錄音實驗。他一邊搖著螺桿，一邊對著話筒唱著歌曲，針尖在圓筒的錫箔上一圈一圈地刻著痕跡。然後愛迪生停下來，讓一個人用耳朵對著受話器，把針尖移回到最初的位置，搖動手柄，使圓筒轉動，結果再次聽到和剛才所唱一模一樣的歌曲。留聲機的發明，使人驚嘆不已，而愛迪生的成功就是他有著互為因果的思路：聲音強弱的變化能使

針在振動膜上產生同樣的顫動，就可以將聲音復原，並進而將其貯存起來。

法拉第發明發電機的過程也是對因果逆向思維的應用。1820年，丹麥哥本哈根大學物理教授奧斯特，經過多次實驗證實電流磁效應的存在，法拉第深感興趣地重複了奧斯特的實驗，結果，只要電線通上電流，電線附近的羅盤磁針會立即發生偏移，「即以循環的方向運動，所以他認為電和磁之間必然存在某種聯繫，而既然電流能產生磁場，那相反的事情是否也會發生：即運動中的磁場是否也能產生電？」也就是當一個磁體非常靠近電線而發生運動時，則磁體的運動是否會造成電線內電的流動？

法拉第為了證實自己的想法，從 1821 年開始進行磁產生電的實驗，雖然接連遭受失敗，但他深信其反向思考問題的觀點是正確的。10 年後，他設計出一種新的實驗，將一塊條形磁鐵插入一支繞著導線的空心圓筒內，結果導線兩端連接的電流計指針發生微弱的轉動，電流產生了。1831 年，法拉第提出電磁感應原理，並根據這一原理發明了世界上第一台發電機。這是運用逆向思維的重大成就，而最初的原因竟成為最終的結果。

因果的逆向思維，最大的貢獻在於人類對疫苗的研究開發——以毒攻毒，有時候因即是果，果即是因，致病之因即是治病之藥。天花曾是一種常見的流行病，使許多人喪命，而倖存者則容貌被毀、長滿麻子。但人類也發現得過輕微天花的人，在病好之後永不再得此病，也就是獲得免疫力，所以宋朝就有人想到用事物的結果

去對抗事物的原因,把天花病人皮膚上的痘痂收集起來磨成粉末,取一些吹到天花患者的鼻腔,後來這種技術經阿拉伯人傳到歐洲。亦有人鼓吹人痘接種法,但是人痘接種非常不可靠,因為其不能保證被接種者只患輕微的天花。到十八世紀時,英國有位叫詹納的醫生注意到養牛場擠奶女工沒有人死於天花或變成麻子臉,所以問擠奶女工有沒有得過天花?乳牛有沒有得過天花?女工們告訴他,牛也會生天花,在牛的皮膚上會出現一些小膿疱,叫牛痘,而擠奶女工在給患牛痘的牛擠奶時也會被傳染而起小膿疱,但很輕微,很快即會恢復正常,並且此後不會再得天花。

詹納又發現凡是生過麻子的人就不會再得天花。於是他開始研究用牛痘來預防天花,從牛身上取得牛痘膿液,接種到人身上,使之像擠牛奶女工一樣也得到輕微的天花。於是從一位女工手上取得微量牛痘膿液,接種到一個八歲男孩的胳臂上。等到男孩長出痘疱並結痂脫落之後,又在他的胳臂上接種人類的天花痘液,結果沒有出現任何病症,可見男孩已具有抵抗天花的能力。為了確定男孩是不是真的不會再得天花,他又把天花病人的膿液移植到他的肩膀上,結果事實證明牛痘真的是抵禦天花的有效武器。1798 年,詹納公布自己的重要發現,並勸說英國皇室率先接種天花,此後接種牛痘法在歐洲迅速推廣,天花從此不能再威脅人類。後來巴斯德在雞霍亂病的研究中,總結這種現象為接種免疫原理:接種什麼病菌,就可以防治該病菌所引起的疾病。

　　因此對於一個表面的結果，應該思考也許它正是原因；而對於一個所謂的原因，或許也要考慮這個原因就是結果，將因果顛倒一下，可能就會成為創新的源泉。

八、心理的逆向思維

　　事物是屬於對立統一體的，一部分按照正面與反面交替持續發展著、相互滲透和依存。即如無順境，亦無逆境，反之亦然，故老子指出：「禍兮，福之所倚；福兮，禍之所伏。」

　　《淮南子》記載：古代北方邊塞地區有位老翁，他的一匹馬忽然跑出國境走失了。鄰居都認為是不幸，特來安慰他不要難過。老翁卻說：「難過什麼？說不定還是福呢！」過了幾個月，老翁的馬突然跑回來了，並且還帶來幾匹外國的駿馬，鄰居們都來向他道喜，老翁又說：「這沒有什麼可喜的，說不定會引來禍害呢！」果然不出所料，不久他的兒子就因為試騎一匹外國駿馬而跌斷腿。當鄰居又來安慰他時，他又說：「這沒什麼，說不定還是福呢！」恰巧，一年後發生戰爭，青年人都被征到前線打仗，只有老翁的兒子得以倖免。這就是典故：「塞翁失馬，焉知非福」的由來。故培根說：「一切幸運都並非沒有煩惱，而一切厄運也並非沒有希望。」逆向思維是一種人生的智慧。

　　同樣的結果，但在逆向思維中調整手段，產生的效果和心理反應就有所不同。如一家業績蒸蒸日上的公司，以往年終獎金最少發兩個月，多時發四個月，但今年適逢不景氣，業績大幅滑落，年終

獎金最多只發得出一個月，董事長不免擔心地想著：「在不景氣下，員工的士氣不知會如何的低落，又會如何的不滿。」總經理也煩惱的說：「這好像給孩子吃糖，以前每次都抓一大把，現在突然變成只有兩顆，小孩子一定會爭吵。」聽到總經理的話，董事長突然觸發靈感的說：「你的話使我想起了小時候到糖果店買糖時，總喜歡找同一個店員。因為別的店員都先抓起一大把放到秤上，再一顆顆拿下來。但那一位店員，則是抓到秤上的重量都不足，再一顆顆的往上加。雖然結果都一樣，但我就是喜歡找他。」

兩天後，公司傳來消息：因為營業困難，年底要裁員。結果人心惶惶，深怕自己被裁，但總經理很快地鄭重宣布：「公司的經營雖然陷於困境，但絕不會犧牲一起打拚的同仁，然而年終獎金是發不出來了。」聽說公司保證不裁員，人人放下了心裡的石頭，至於有沒有年終獎金也沒那麼重要了。

除夕的前一天，董事長召集各單位主管開會，會議很快結束，主管們紛紛衝回各自單位興奮地宣布：「年終獎金還是有，發一個月，大家可以過個好年了。」整個辦公大樓頓時歡聲雷動。

 參 附論：簡單思維

在知識爆炸的時代，大家都習慣把問題想得很複雜，這可為自己無法解決問題找到一個藉口，以得到心理上的自我安慰；另一方面又找到一個自我標榜的機會，因為複雜高深的問題，必須要有一個複雜高深的解決方法，也因此需要一位高明的有能人士。

　　但在現實生活中，簡化問題有時是解決問題最有效的方法。讓問題簡單化的最有效工具即是「奧卡姆剃刀」。

　　六百多年前，羅馬教皇將一位名叫威廉・奧卡姆的異端分子關入監獄，以阻止他的思想在社會上繼續散播，但這位異端分子卻逃出監獄，並且還投靠了教皇的死敵——德國皇帝路易，並對路易說：「你用劍保衛我，我用筆來捍衛你。」奧卡姆寫了許多文章，但影響都不大，唯有一句話流傳至今：「如無必要，勿增實體。」即只承認一個確實存在的東西，凡干擾這一具體存在的空洞概念都是無用的累贅和廢話，應該予以取消，這種思維方式後來被稱為「奧卡姆剃刀原則」。根據此一原則，能準確解釋事物的通常是那種「最簡單的」，而不是那種「最複雜的」，就像是電腦開機沒有任何動作反應，通常第一個反應是檢查電源，而不是拆檢電腦。因此「奧卡姆剃刀原則」所體現的就是簡單思維，從方法論的立場出發，就是捨棄一切複雜的表象，直指問題的本質，因糾纏在複雜的表象時，就會把問題越向複雜的方向去思考，而忽略或難以找到簡單的解題方法。

　　發明家愛迪生曾聘僱普林斯頓大學數學系畢業的阿普頓一起工作，阿普頓總自命為名校畢業的高材生，自然不怎麼看得起沒有接受完整正規教育的愛迪生，而愛迪生為了讓這位高材生能變得謙虛，有一天拿了一個燈泡交給阿普頓，希望他計算一下燈泡的容積。阿普頓聽後拿起尺對燈泡左量右量，並依照燈泡列出許多算式，又寫了許多數字、符號，畫了一張大草圖，仔細的運算著。一個小時後，當愛迪生看到阿普頓還忙碌的解題時，表示：「不用那

麼費時費事，換個方法吧！」阿普頓固執地說：「不用，我很快就能得到精確答案了。」又過了半小時，愛迪生看到阿普頓還在埋首運算，於是拿起一個燈泡注滿水後，遞給阿普頓說：「你現在把水倒進量杯裡，就知道燈泡的容積。」

古希臘時代，在朱比特神廟裡，有一個著名的「弋底烏斯繩結」，當人們看到這個繩結把牛軛繫在轅車上的技巧時，都為之驚嘆，據當地流傳的神諭說：能解開繩結的人，就能成為亞細亞之王。但卻始終無人解開過繩結，因為根本看不到繩結的頭在哪裡。有一天，當亞歷山大攻下弋底烏斯城時，到了朱比特廟，在將繩結仔細的研究一番後，拿起佩劍，將繩結劈為兩半。他避免嘗試用複雜的方法解決問題，而是用一個簡單的動作，揮劍一砍，問題就解決了。

有一家日用品公司換了一條新的包裝生產線，將生產出來的香皂自動裝進盒子，但卻接連收到客戶的投訴：買回家發現香皂盒子是空的。這引起公司的重視，立即著手解決問題，一開始準備以人工在包裝線的終點處進行檢查，但因效率問題而被否決，後來一個由自動化、機械、電機等專業博士組成的小組進行專業研究後，在包裝線的尾端開發、裝置全自動化的 X 光透視檢查儀，透視檢查等待裝箱的香皂盒，如果是空的就用機械手臂取走。

同樣的問題，也發生在另外一家小公司，結果該公司的工人申購了一台強力的工業用電扇，放在包裝線的尾端吹香皂盒，如果是空的，立刻被吹走。

　　第一家公司組合了專家，將問題複雜化，花了巨額的費用；但第二家公司不需考慮任何技術問題，花小錢，買了台工業用電扇，問題也同樣解決了。

　　高深的學問、專業的技能，往往使問題複雜化了，也畫地自限思考範圍，而許多問題的解決是不需要繁雜的研究過程，或複雜的思考。

　　艾科卡擔任克萊斯勒公司總裁期間的某一天，在底特律郊區開車時，看到車旁有一輛野馬牌敞篷車疾駛而過，而敞篷車正是克萊斯勒所欠缺的。他回到辦公室後，立刻打電話詢問工程部門的主管研發生產一輛敞篷車需要多久的時間，主管回答說：「一般要五年，但如果時間很趕，那麼三年就能上市。」艾科卡聽後，語帶堅持的說：「我今天就要，叫人開一輛新車到工廠，把車頂拿掉，換一個敞篷蓋上去。」當天下午下班前，艾科卡看到了改裝的車子，並連續幾天開著上路，看到的人都很喜歡。第二個星期，敞篷車已進入正式設計開發的階段。

　　對於汽車製造的專業知識遠勝於艾科卡的工程師們絕對沒有想到一輛新款敞篷車的開發工作，這麼簡單的就能完成。簡單思想反映的是靈活和敏捷。

　　世界著名的建築大師格羅培斯設計的迪士尼樂園經過三年的施工，就要正式對外開放營運了，然而園區內連結各景點的路徑要如何規劃，卻讓大師傷透腦筋。特別是人在巴黎參加活動的格羅培斯，接到美國國內施工部門的催促電話時，更為心煩，因為對路徑的安排，已修改四、五十次，卻始終還未能滿意。

　　有一天，他坐車經過法國南部鄉間，因當地是葡萄盛產區，到處都是葡萄園，一路上看到許多葡萄農把摘下的葡萄在路邊叫賣，卻無人問津。但當車子進入一處小山谷時，卻發現附近停了許多車輛。原來這是一處無人看管的葡萄園，主人是位老太太，因年紀大了無力料理，所以想出一個方法：只要在路邊的箱子裡投入五法郎就可以入園摘一籃葡萄。結果生意非常好。這種給人自由，任其選擇的作法，使格羅培斯受到啟發。買了一籃葡萄後，立刻折返巴黎致電施工部門，在樂園的所有空地撒上草種提前開放，不久草長出了，而在提前開放的半年裡，草地上被遊客們走出了許多或寬或窄，渾然天成的路徑。然後格羅培斯叫施工部門照著這些路徑鋪設園區道路。1971 年，於倫敦舉行的國際園林建築藝術研討會，將迪士尼樂園的路徑設計評為世界最佳設計。

　　創新、創意，事實上並不難，有時擺脫教育、文化、社會、環境及思考定勢的限制，養成對事物的好奇心，善用聯想、想像，發明創新就變得簡單了。

12 Chapter

TRIZ 理論簡介

TRIZ 理論是由前蘇聯的發明家和創新學家里奇・阿奇舒勒 (G.S.Altshuller)所建立，而目前被廣泛運用於技術創新的一種方法。

TRIZ 是由俄文 Теория Решения Изобретательских Задач 按 ISO/R9-1968E 的規定轉換成拉丁文 Teoriya Resheniya Izobretatelskikh Zadatch 後的首字母縮寫，其含義為「發明問題解決理論」。

壹 發明原理

阿奇舒勒透過對幾十萬件發明專利的研究分析發現許多專利技術。事實上在其他產業中早已出現或被使用過，所以在不同領域的發明中所用到的創新原理並不多，這些原理在不同時代、不同領域的發明創新問題中，被反覆的使用著。而既然解決問題、實現創新是有規律可循的，則掌握這些規律、方法即可輕易地進行創新活動。阿奇舒勒的研究、分析、總結出具有通用性的四十個發明原理，如表 12-1。

表12-1 TRIZ 的四十個發明原理

序號	名稱	序號	名稱
1	分割原理	5	組合原理
2	抽取原理	6	多用性原理
3	局部質量原理	7	嵌套原理
4	不對稱性原理	8	重量補償原理

表 12-1 TRIZ 的四十個發明原理（續）

序號	名稱	序號	名稱
9	預先反作用原理	25	自服務原理
10	預先作用原理	26	複製原理
11	事先防範原理	27	廉價替代品原理
12	等勢原理	28	機械系統替代原理
13	反向作用原理	29	氣壓和液壓結構原理
14	曲面化原理	30	柔性殼體或薄膜原理
15	動態化原理	31	多孔材料原理
16	未達到或過度的作用原理	32	改變顏色原理
17	空間維數變化原理	33	同質性原理
18	機械震動原理	34	拋棄或再生原理
19	週期性作用原理	35	物理或化學參數改變原理
20	有效作用的連續性原理	36	相變原理
21	減少有害作用的時間原理	37	熱膨脹原理
22	受害為利原理	38	強氧化劑原理
23	反饋原理	39	惰性環境原理
24	藉助中介物原理	40	複合材料原理

發明原理一：分割

1. 將一個物體分成相互獨立的幾個部分。

    例：(1)用卡車加拖車的方式代替大卡車。(2)將大工程項目分解為小項目。(3)將辦公室與製造車間分開。

2. 將一個物體分成容易組裝和拆卸的部分。

    例：(1)組合式房屋。(2)組合板手。(3)消防隊的消防水管。

3. 提高物體的可分性，以實現系統的改造。

例：(1)用活動百葉扇取代整幅窗簾。(2)遠距教學。

發明原理二：抽取

1. 從物體中抽出產生負面影響的部分或屬性。

例：(1)分離式冷氣機將產生噪音的壓縮機置於室外。(2)冰箱用除臭劑。

2. 從物體中抽取必要的部分或屬性。

例：(1)手機中的 SIM 卡。(2)醫院中的加護病房。

發明原理三：局部質量

1. 將物體、環境或外部作用的均勻結構變為不均勻的。

例：(1)增加建築物底部牆的厚度使其能承受更大的負載。(2)非對稱輪胎表面的紋路提供均勻的輪胎磨損。(3)由固定月薪制度變成計件工資。

2. 讓物體的不同部分具有不同功能。

例：(1)瑞士刀，摺疊著多種常用工具，如小刀、剪刀、開瓶器、螺絲起子等。(2)電腦鍵盤。

3. 讓物體的各部分都處於各自動作的最佳狀態。

例：(1)分隔空間的餐盒，防止不同味道的食物混在一起。(2)智慧型電視提供遊戲、上網、收看電視節目等服務。

發明原理四：不對稱性

1. 將原來對稱的物體變成不對稱。

   例：(1)在攪拌容器中，使用不對稱的攪拌葉片，以提高混合效果。(2)在汽車輪胎的外側增加厚度、強度，以增加抗撞擊的能力。

2. 增加不對稱物體的不對稱程度。

   例：(1)為增加防水保溫性，建築上採用多重坡屋頂。(2)管理者與員工間的單向對話。

發明原理五：組合

1. 在空間上將相同的物體、功能或操作加以組合。

   例：(1)集成電路板上的多個電子晶片。(2)將兩個電梯合併起來搭載過寬的物品。(3)太陽能面板。

2. 在時間上將物體、功能或操作進行合併。

   例：(1)攝影機在拍攝影像時同步錄音。(2)將兩個釘書機結合在一起。

發明原理六：多用性

1. 使一個物體具備多項功能。

   例：(1)攜帶型保溫瓶的蓋子同時也是杯子。(2)可坐可躺的沙發床。(3)具備列印、影印、傳真用途的多功能事務機。

2. 消除該功能在其物體內存在的必要性後，進而裁減其他物體。

例：(1)主席兼紀錄，精簡會議人員。(2)船上的壓艙物，正常是用水或沙子，但可用土作壓艙物，在土中種植可以生長的棕櫚樹，棕櫚樹又可用作船杆使用。

發明原理七：嵌套

1. 將一個物體嵌入第二個物體中，然後將這兩個物體再嵌入第三個物體，以此類推。

例：(1)俄羅斯娃娃。(2)伸縮式天線。(3)消防車的雲梯。(4)將保險箱置於牆壁內。

2. 讓某物體穿過另一物體的空腔。

例：(1)推拉門。(2)汽車安全帶捲收器。(3)伸縮液壓缸。

發明原理八：重量補償

1. 將某一物體與另一能提供上升力的物體組合，以補償其重量。

例：(1)用氣球懸掛廣告布條。(2)在原木中注入發泡劑，使在河川中有更好的漂流。(3)公司借助暢銷產品搭配銷售另一產品。

2. 通過與環境（利用空氣動力、流體動力或其他力等）的相互作用，實現物體的重量補償。

例：(1)飛機機翼的形狀，可以減少機翼上部空氣的密度，增加機翼下面空氣的密度，以產生升力。(2)輪船運用阿基米德定律，在水中可承重千噸的浮力。(3)網路商店借助某種力（郵局等公司的快遞服務）將貨物迅速送到客戶手中。

發明原理九：預先反作用

1. 預先對物體施加反作用（改變），以消除不利影響。

　　例：(1)將枕木滲入油脂以防腐朽。(2)向社會大眾公布信息時，要包括事件的全部內容，而不僅僅是負面的消息。(3)在計畫執行前要評估風險，並消除風險。

2. 如果問題定義中需要某種相互作用，則預先施加反作用。

　　例：(1)在灌注混凝土之前，對鋼筋進行預應力處理，截取一段測試強度、韌度。(2)給畸形牙齒戴上矯正牙套。(3)失業潮擴大前，要準備好失業補助，或媒介工作的準備工作。

發明原理十：預先作用

1. 預先對物體的全部或部分施加必要的改變。

　　例：(1)手術前將用到的器具消毒後按使用順序排列整齊。(2)自黏性標籤，將底紙剝下，可隨意貼在任何物品上。(3)郵局信封。(4)執行前進行完整規劃。

2. 在方便的地方預先安置物體，使其在第一時間發揮作用而不浪費時間。

　　例：(1)手機預設單鍵撥號功能。(2)路邊停車收費的投幣機。(3)高速公路出口前的告示牌。(4)建築物樓梯間放置的滅火器。(5)預先儲值的悠遊卡。

發明原理十一：事先防範

採取事先準備好防範措施，補償物體相對較低的可靠性。

例：(1)降落傘的備用傘包。(2)商店為防止失竊，在商品上裝上磁條，在結帳時進行消磁。(3)汽車的安全氣囊。(4)緊急照明燈。(5)有毒液體容器貼上特別標籤。

發明原理十二：等勢

改變操作條件，以減少物體提升或下降的需要。

例：(1)三峽大壩的船閘。(2)千斤頂。(3)工廠中與作業台等高的輸送帶。(4)在同職級的不同部門間輪調以增閱歷。

發明原理十三：反作用

1. 用相反的動作代替問題中要求指定的動作。

   例：(1)在拆卸套緊的兩個零件時，採用冷卻內部零件的方法，而不採用加熱外部零件的方式。(2)翻轉型窗戶，使在屋內清潔外面的玻璃。

2. 讓物體可動部分不動，不動部分可動。

   例：(1)跑步機。(2)電動扶手梯。(3)宅配到戶。(4)加工時，由工具旋轉變為工件旋轉。

3. 將物體（或過程）上下或內外顛倒。

   例：(1)將瓶子倒置從下面噴入水進行沖洗，簡化從瓶子倒出髒水的步驟。(2)將仍有極少量洗髮精的容器倒置以便取用。

發明原理十四：曲面化

1. 將物面直線、平面部分用曲線或曲面替代，立方形用球形結構替代。

   例：(1)建築中使用拱形或圓頂增加強度。(2)跑道設計成圓形，不再受長度的限制。(3)直銷，繞過經銷商與零售商，直接將產品賣給用戶。

2. 使用滾筒、球狀、螺旋狀的物體。

   例：(1)原子筆、鋼珠筆的球形筆頭，使書寫流利。(2)電腦椅的支架底部安置球形滾輪，便於移動。(3)螺旋形樓梯，節省空間。

3. 直線運動改為旋轉運動，運用離心力。

   例：(1)旅館的旋轉門可保持溫度。(2)洗衣機利用高速旋轉的離心力，去除衣物上的水分。(3)旋轉壽司店。

發明原理十五：動態化

1. 自動調節物體的性能，使其在工作的各動作、階段的表現為最佳。

   例：(1)飛機的自動導航系統，保持飛機的飛行姿態和輔助駕駛操縱飛機。(2)汽車可調整的座椅和後視鏡。

2. 分割物體，使其各部分可以改變相對位置或互相配合。

   例：(1)變形平板電腦，鍵盤與平板電腦可結合使用，也可分離使用平板電腦。(2)竹片椅墊。

3. 使不動的物體，變成可動。

例：(1)大腸鏡。(2)喝飲料的麥管。(3)無段變速器。

發明原理十六：未達到或過度的作用

所期望的效果難以百分之百實現時，稍微超過或稍微小於期望的效果，將使問題大為簡化。

例：(1)用補土填補牆上縫隙的時候，可以多填一些，然後刮除多餘的部分。(2)缸筒外壁要上漆時，可將缸筒浸泡在盛漆的容器中完成，取出後通過快速旋轉，去除外壁太多的油漆。(3)用針管抽取藥水的時候往往不能吸入準確的計量，因此可先多吸，再將多餘的排出。

發明原理十七：空間維數變化

1. 將一維空間中直線運動的物體變為二維空間中平面的運動，將二維空間中運動的物體變為三維立體空間中的運動。

例：(1)為節約居住空間將平房改建為樓房。(2)螺旋樓梯可減少占地空間。(3)建設公司大樓廣告的立體示意圖。

2. 單層排列的物體變為多層排列。

例：(1)立體停車場。(2)立體交叉道路。(3)6 片裝 CD 盒。

3. 將物體傾斜或側向放置。

例：(1)自動傾倒廢土車。(2)原木直立存放。

4. 使用給定表面的反面。

例：在集成電路板的兩面均安裝電子零件。

發明原理十八：機械振動

1. 使物體處於振動狀態。

例：(1)振動式電動剃鬍刀。(2)電動雕刻刀。

2. 已振動的物體，提高其振動的頻率（直至超聲波振動）。

例：(1)洗衣機用超音波的振動清洗衣物。(2)用篩子的振動來區分不等大小等級的蛤蠣。

3. 利用共振頻率。

例：(1)利用超音波共振擊碎膽結石或腎結石。(2)音叉。

4. 用壓電振動代替機械振動。

例：用石英的振動驅動高精密的鐘錶（當水晶受到外部的加力電壓，就會產生變形和伸縮的性質，相反的如壓縮水晶，便會在水晶兩端產生電力，這稱為「壓電效果」。石英錶就是利用週期性持續共振的水晶，帶來準確的時間。當石英晶體受到電池電力的影響時，會產生規律的振動，每秒振動次數達 32,768，此時，電路便會傳出訊息，讓秒針往前走一格）。

5. 利用超音波振動和電磁場耦合。

例：超音波加濕器採用超音波高頻振盪，將水露化為 1~5 微米的超微水珠。

發明原理十九：週期性作用

1. 用週期性動作或脈沖動作代替連續性動作。

   例：(1)警車使用的閃爍警示燈。(2)脈沖淋浴要比連續淋浴省水。(3)汽車的雨刷。(4)輪流擔任會議主席。

2. 對週期性的動作，改變其頻率。

   例：(1)可任意調節頻率的腳底按摩器。(2)情報人員使用 AM（調幅）、FM（調頻）來傳送信息。

3. 在脈沖的週期中，利用暫停執行另一動作。

   例：(1)手機插電源通話，在二次通話間進行電量儲存。(2)醫用呼吸機，根據人體吸氣和呼氣的週期，幫助患者呼吸，每五次胸廓運動，進行一次心肺呼吸。

發明原理二十：有效作用的連續性

1. 持續地工作，使物體的所有部分都滿載地工作，以提供可靠性能。

   例：(1)超商的 24 小時營業。(2)連續彎折鐵絲使其折斷。(3)瀑布的能量是無數水滴的能量之和。(4)汽車在紅燈暫停時，液壓蓄能器可以儲存能量，以便汽車隨時啟動，並使汽車的發動機在停止與行駛時，其運轉一直保持比較平穩的狀態。

2. 消除空閒或間歇性動作。

   例：(1)工廠裡的輪班制。(2)沖床用旋轉運動代替往復運動。(3)印表機在回程過程中也執行列印工作，提高效率。(4)終生學習。

發明原理二十一：減少有害作用的時間

　　將危險或有害的作業流程在高速下進行，以消除有害的副作用。

　　例：(1)牙醫使用高速電鑽，避免燙傷口腔組織。(2)快速切割塑料管以防止其變形。(3)無針注射器，以高速、高壓直接將藥物壓入人的皮膚內。(4)廚師以大火快炒保持菜餚的色、香、味和營養。

發明原理二十二：變害為利

1. 利用有害的因素（特別是環境中有害的因素），得到有益的結果。
   例：(1)再生紙。(2)用垃圾發電。(3)各種疫苗，利用細菌、病毒所產生的毒素使人體產生免疫力。(4)用瀝青鋪路。(5)用煤渣製作空心磚。

2. 通過與另一個有害因素相結合，以消除物體所有的有害作用。
   例：(1)潛水夫用氮氧混合氣體，以避免單獨使用造成昏迷或中毒。(2)以毒抗毒，如中醫用蠍子、蜈蚣、蟾蜍等治療癌症。(3)從蛇毒中提煉抗毒血清。(4)提高燃料稅、牌照稅，以防汽車數量快速成長，造成城市交通問題。

3. 加大有害因素的程度，使其不再有害。
   例：(1)逆火滅火。森林消防員，在燃燒區的外圍放火，利用燃燒林火產生的內吸力，把林火向外蔓延的火路燒斷，以達滅火目的。(2)如產油國因石油的日趨枯竭不斷提高油價，迫使人類

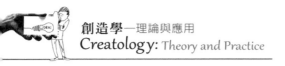

開發替代能源。(3)在寒冬運輸沙子和碎石,常因溫度過低而結塊變硬,這時可加入液態氮,使其因過度凍結而破碎以利於傾倒。

發明原理二十三:反饋

1. 在系統中引入反饋以提高性能。

    例:(1)熱、煙感應器。(2)馬桶水箱中的浮球控制水位高低。(3)感應式水龍頭(利用紅外線產生熱效應的反饋原理,手伸在水龍頭下,紅外線發射管發射的紅外線經過人手反射到紅外線接收器,然後信號經過後續處理控制電磁閥打開放水)。

2. 引入反饋,改變系統的性能。

    例:(1)讓研發設計人員直接面對顧客,瞭解市場需求。(2)在距離機場五公里範圍內,改變自動駕駛系統的靈敏度。(3)根據光線的亮度自動決定照明度的路燈系統。

發明原理二十四:借助中介物

1. 使用中介物實現所需動作。

    例:(1)飯店服務生將熱食置於托盤中。(2)製造商與消費者間的經銷商。(3)工匠在做工時使用於榔頭和釘子間的釘器。(4)集郵者用鑷子夾取郵票。

2. 將一物體與另一容易去除的物體暫時結合。

    例:(1)機械手臂抓取重物並移動該重物到另一處。(2)綑紮物品的包裝繩。

發明原理二十五：自服務

1. 物體通過執行輔助或維護功能，為自身服務。

   例：(1)草地的定時灑水器。(2)自動洗衣機。(3)恆溫空調。(4)汽車使用有修復缸體磨損作用的特殊潤滑油。(5)電腦軟體自動更新。

2. 利用廢棄的材料、能量或物質。

   例：(1)用不要的剩餘食物或果皮做成肥料。(2)包裝材料再運用。(3)太陽能熱水器。(4)風力發電。(5)自動噴灑的噴頭擺動或迴轉利用水流的沖力。

發明原理二十六：複製

1. 用簡單、廉價的複製品代替複雜、昂貴、易碎、不方便、不易獲得的物體。

   例：(1)飛行員虛擬訓練系統。(2)汽車撞擊實驗的假人。(3)奧運比賽收看電視轉播。(4)以複製品來代替珍貴名畫的收藏。(5)觀看旅遊節目取代國外旅行。

2. 用光學複製品或圖像代替實物，可按一定比例放大或縮小。

   例：(1)用衛星照片代替實地考察。(2)地圖是地形地貌的紙面複製。(3)利用影子測量建築物的高度。

3. 如果已使用可見光複製品，近一步用紅外線或紫外線替代。

   例：(1)紅外線成像可檢測熱源，掌握保全系統範圍內的入侵者。(2)利用紫外線光源誘殺蚊蠅。(3)紅外線夜視儀。

發明原理二十七：廉價替代品

用若干廉價物品代替昂貴的物品，實現同樣的功能，同時降低某些質量要求（如使用壽命）。

例：(1)一次性的餐具，如竹筷、碗、杯子、盤等。(2)一次性醫療用具。(3)紙尿褲。(4)輕便雨衣。

發明原理二十八：機械系統替代

1. 用光學、聲學、電磁學系統或影響人類感覺的系統來代替機械系統。

   例：(1)一氧化碳是無色無味的氣體，一旦洩漏不易察覺，故在其中添加有味的乙硫醇給用戶已洩漏的警告，而不用機械式的感應器。(2)電腦的無線網路。(3)不透明鍍層處理過的玻璃可以不用窗簾。(4)紅外線感應水龍頭。

2. 使用與物體相互作用的電場、磁場、電磁場。

   例：(1)靜電除塵拖把。(2)為混合兩種粉末，用電磁場替代機械振動，使其中一種帶正電荷，一種帶負電荷，使混合均勻。(3)火警系統報警時，該系統控制的電磁裝置打開。

3. 將固定場變為運動場、靜態場變為動態場、隨機場變為恆定場。

   例：(1)記憶中形成的地圖。(2)定點加熱系統。(3)磁浮列車，其基本原理是在位於軌道的兩側的線圈裡流動的交流電能將線圈變成電磁體，由於它和列車上的超導電磁體的相互作用，使列

車開動，而列車前進是因為列車頭部的電磁體（N 極）被安裝在靠前一點的軌道上的電磁體（S 極）所吸引，並且同時又被安裝在軌道稍後一點的電磁體（N 極）所排斥。當列車前進時，在線圈裡流動的電流流向就反轉過來，結果就是原來的 S 極線圈變成 N 極線圈，反之亦同。這樣使列車由於電磁極性的轉換得以持續向前前進，並根據車速，通過電能轉換器調整在線圈流動的交流電的頻率和電壓。

4. 將磁場和鐵磁離子組合使用。

例：鐵磁催化劑，用感應的磁場加熱含磁分子的物質，當溫度達到居里點時，物質變成順磁，不再吸收熱量，達到恆溫的目的。

發明原理二十九：氣壓和液壓結構

將物體的固體部分用氣體或流體代替。如充氣結構、充液結構、液體靜力結構和流體動力結構等。

例：(1)充氣床墊。(2)氣墊運動鞋。(3)木工使用的氣動釘釘槍（利用壓縮空氣驅動）。(4)運輸易碎物品使用發泡材料保護。(5)液壓電梯取代機械電梯。(6)安全氣囊。

發明原理三十：柔性殼體或薄膜

1. 利用柔性殼體或薄膜代替傳統結構。

例：(1)在網球場上採用充氣薄膜結構作為冬季保護草地的措施。(2)農業上搭蓋塑料大棚種菜。(3)新力公司推出的可折疊塑

料底層的全彩色有源矩陣 LED 顯示器。在實驗開發過程中，工程師先開發一個在玻璃底層上構建有機薄膜晶體管背板的實驗，然後再將同樣的結構複製到塑料薄膜上。

2. 用柔性外殼或薄膜，將物體與環境隔離。

例：(1)超市裡包裹蔬菜和食物的保鮮膜。(2)筆電機身保護膜。(3)化妝品及指甲油提供保護並美化外表容貌。(4)浴帽。(5)在水池表面浮一層雙極材料作成的薄膜，一面具親水性，另一面具疏水性，以減少水的蒸發。

發明原理三十一：多孔材料

1. 使物體變成多孔或加入多孔性物體（如多孔嵌入物或覆蓋物）。

例：(1)為減輕物體重量，在物體上鑽孔。(2)紗窗。(3)沙發上的海綿坐墊。(4)泡沫金屬（失重狀態下，在液態金屬中注入氣體，此時氣泡既不上浮，也不下沉，而均勻地分布在液態金屬中，當液體金屬凝固後，就成為輕得像軟木塞似的泡沫金屬，做為飛機的機翼，輕而堅實）。(5)空心磚。

2. 如物體已是多孔結構，用這些小孔引入有用的物質或功能。

例：(1)印台裡貯存印油的材料。(2)竹纖維，其纖維橫截面布滿橢圓形的孔隙，可以在瞬間吸收並蒸發大量水分，吸水性是棉的二倍，具良好吸濕、排濕功能，從而自動調節人體濕度平衡，可作成竹纖維紡織品。(3)多孔吸音材料，從表面到內部都有相互連通的微孔，當聲波射到多孔性材料的表面時能激發其微孔內部的空氣振動，使空氣的動能不斷轉化為熱能，從而聲

能被衰減；另外在空氣絕熱壓縮時，空氣與孔壁之間不斷發生熱交換，也會使聲能轉化為熱能，而被衰減。

發明原理三十二：改變顏色

1. 改變物體或環境的顏色。

例：(1)在沖洗相片的暗房中使用紅色燈光。(2)變色鏡片。(3)用不同的顏色（黃、綠、藍、紅等）表示不同的警報。

2. 改變物體或環境的透明度。

例：(1)隨光線明暗改變透明度的感光玻璃。(2)透明冰箱可清楚地看到存貨。(3)透明繃帶或膠帶，在包紮好傷口後，方便觀察傷口的變化情況。

3. 在難以看清楚的物體或過程中，使用有色添加劑或發光物質。

例：(1)利用紫外線辨識偽鈔。(2)高速公路的路標添加螢光劑，在夜晚也能清楚看到。(3)在冷氣壓縮機裡加入有顏色的液體，以觀察是否有裂隙。(4)交通警察的制服常添加明顯標誌和螢光粉，以利於在黑暗環境中執勤時的安全。

4. 如果已使用有顏色的添加劑，則考慮增加發光追蹤或原子標誌。

例：消防員穿著帶螢光的鞋子，就不必擔心在濃霧中失去隊友的蹤跡。這種可以留下發光腳印的鞋子除可在現場留下清晰的腳印外，鞋子各部位都安置了發光元素，即使使用者深陷困境或昏迷，鞋子依然能幫助其他人找到他。

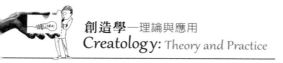
發明原理三十三：同質性

存在相互作用的物體用相同材料或特性相近的材料製成。

例：(1)為了防止變形，銜接的材料應有相近的膨脹係數。(2)可食用的餐具。(3)在製作餃子皮的時候，在板子上灑麵粉以防沾黏。(4)電源插頭與插座外殼都使用塑料，以防止漏電。(5)企業透過一致的價值觀和願景建立企業文化。

發明原理三十四：拋棄或再生

1. 採用溶解、蒸發等手段拋棄已完成功能的零部件，或在系統運行過程中直接修改。

   例：(1)膠囊的可溶解食用外殼。(2)火箭推進器在完成作用後即行脫離。(3)在外科手術中使用的可吸收性縫合線，是用殼聚糖和膠原蛋白複合成束，其具有生物可分解性，生物相容性良好。傷口縫合後，隨著傷口的癒合，縫線自動在體內溶解，經過酶的作用，最終代謝成二氧化碳和水排出體外，傷口癒合後不留痕跡。(4)含酒精的乾洗手清潔露。

2. 在工作中迅速補充系統或物體中消耗或減少的部分。

   例：(1)自動鉛筆。(2)自動步槍的子彈。(3)中央空調冷卻水循環使用。

發明原理三十五：物理或化學參數改變

1. 改變物體的物理狀態。

   例：(1)將氧氣液化，以減小體積，方便運輸。(2)酒心巧克力，先將酒心冷凍，然後在熱巧克力溶漿中蘸一下。

2. 改變物體的濃度和黏度。

   例：(1)改變合成水泥的成分可改變其性能。(2)用液態的洗手乳代替固體香皂。(3)不加泡打粉、膨鬆劑的餅乾。

3. 改變物體的柔度。

   例：(1)衣物柔軟劑，可使衣物洗後柔軟、蓬鬆。(2)用可調避震器代替汽車中的不可調震器。(3)在脆性材料的連接中，螺絲的表面使用彈性材料。

4. 改變物體的溫度。

   例：(1)經由升高溫度加工食物（改變食物的色、香、味）。(2)鼓勵員工參與，提高員工工作熱情。(3)如金屬的溫度升高到居里點以上時，金屬由鐵磁體變為順磁體。(4)燒製陶器。

發明原理三十六：相變

   利用物質狀態變化過程產生某種效應（如體積改變，吸熱或放熱）。

   例：(1)利用水在結冰時體積膨脹的原理，可進行無聲爆破。(2)熱泵利用吸熱、放熱原理工作。(3)用乾冰產生的二氧化碳蒸汽製造舞台的煙霧效果。(4)冰吸收熱量溶化成液體。(5)生石灰和水反應時，體積迅速膨脹，足以使岩石等發生無聲破碎。

發明原理三十七：熱膨脹

1. 利用材料的熱膨脹或熱收縮。

    例：(1)凹陷的乒乓球，用熱水浸泡恢復原形。(2)製配金屬雙環時，為使二者緊密結合，將內環冷卻，外環加熱。(3)將收縮膜包裹產品並加熱，收縮膜遇熱收縮，將產品牢牢包住。(4)建築物失火時，自動灑水系統頂端裝有乙醚的玻璃頂針就會因受熱而脹裂，讓水自動灑出。

2. 組合使用不同膨脹係數的幾種材料。

    例：(1)熱敏感開關。兩條黏在一起的金屬片，由於兩片金屬的熱膨係數不同，對溫度的敏感程度也不同，溫度改變時會發生彎曲，而實現溫度控制。(2)熱敏感沙發，當人坐上去的時候，會根據人體的熱量，改變沙發的顏色，留下身體輪廓，但隨著熱量的消失而不見。

發明原理三十八：強氧化

1. 用含氧量較多的空氣取代普通空氣。

    例：(1)將臭氧注入水中洗滌蔬菜。(2)為了獲得更多的熱量，焊槍裡通入氧氣而不是空氣。(3)游泳池用臭氧滅菌。

2. 用純氧代替空氣。

    例：(1)用乙炔和氧代替乙炔和空氣產生高溫切割金屬。(2)用純氧殺滅傷口的細菌。

3. 將空氣或氧氣進行電離輻射。

例：空氣濾清器通過電離空氣來捕獲汙染物。

4. 用臭氧代表氧氣。

例：臭氧溶於水中可去除船體多種有機汙染物。

發明原理三十九：惰性環境

1. 用惰性環境代替通常環境。

例：(1)用氬、氦等惰性氣體填充燈泡，做成霓虹燈。(2)用泡沫隔離氧氣，達到滅火目的。

2. 在物體中添加惰性或中性添加劑。

例：(1)在運輸棉花的過程中添充惰性氣體以防火災。(2)在音響中添加泡沫吸收振動，以產生純真音響。

3. 使用真空環境。

例：(1)真空包裝食品。(2)利用抽真空原理製造吸塵器。

發明原理四十：複合材料

用複合材料代替同質材料。

例：(1)鋼筋混凝土結構。(2)用玻璃纖維做衝浪板，比木質衝浪板更輕、更能靈活操控及做成各種形狀。(3)棉或聚脂纖維混紡的衣料。(4)混紡地毯，有阻燃功能。(5)用碳纖維複合材料製造比賽用自行車的車體。

 解決技術矛盾

　　阿奇舒勒認為發明所面臨和需要解決的問題就是矛盾，而矛盾在我們日常生活隨處皆是。

　　技術矛盾常指一個系統中兩個子系統間的衝突，它的情況有以下三種：1.在一個子系統中引入一種有用功能，會造成另一個子系統產生有害功能，或加強已存在的有害功能。2.消除一種有害功能會導致另一子系統有用功能的變壞。3.有用功能的加強或有害功能的減少，使另一個子系統或系統變得更加複雜。

　　如在設計橋梁時，希望它的承載能力愈大愈好，所以便使用更多的建築材料，但橋的重量因此增加而可能超過橋的強度所容許的範圍，致降低橋的安全性，因此橋的承載能力（強度）和橋本身的重量即構成一對技術矛盾，而強度和重量即該技術矛盾中的兩個參數，但這些參數究竟有多少？阿奇舒勒對幾十萬件專利綜合研究的總結，只要利用 39 種通用參數，就足以描述工程領域中絕大部分的技術矛盾，而藉助通用工程參數可將一個具體問題轉化為標準的 TRIZ 問題。

有關解決技術矛盾的發明創造過程可如下圖：

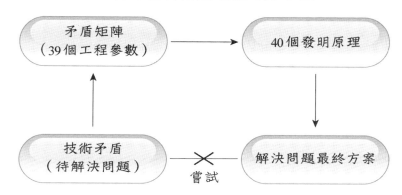

一、39 個通用工程參數

39 個參數按其性質又可分為三大類，如表 12-2。

表 12-2 39 個工程參數本身內涵的分類

通用物理和幾何參數		通用技術消極參數		通用技術積極參數	
排序	通用工程參數名稱	排序	通用工程參數名稱	排序	通用工程參數名稱
1	運動物體的重量	15	運動物體作用時間	13	穩定性
2	靜止物體的重量	16	靜止物體作用時間	14	強度
3	運動物體的長度	19	運動物體消耗的能量	27	可靠性
4	靜止物體的長度	20	靜止物體消耗的能量	28	測量精度
5	運動物體的面積	22	能量損失	29	製造精度
6	靜止物體的面積	23	物質損失	32	可製造性
7	運動物體的體積	24	信息損失	33	操作流程的方便性
8	靜止物體的體積	25	時間損失	34	可維修性
9	速度	26	物質或事務的數量	35	適應性，通用性
10	力	30	作用於物體的有害因素	36	系統的複雜性

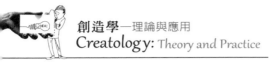
39 個工程參數本身內涵的分類（續）

通用物理和幾何參數		通用技術消極參數		通用技術積極參數	
排序	通用工程參數名稱	排序	通用工程參數名稱	排序	通用工程參數名稱
11	張力、壓力	31	物體產生的有害因素	37	控制與測試的複雜性
12	形狀			38	自動化程度
17	溫度			39	生產率
18	照度				
21	功率				

39 個參數的介紹：

1. 運動物體的重量：在重力場中運動物體的重量，如物體作用於其支撐或懸掛裝置上的力。

2. 靜止物體的重量：在重力場中靜止物體的重量，如物體作用於其支撐或懸掛裝置上的力。

3. 運動物體的長度：運動物體的任意性尺寸，可以是一個系統的兩個幾何或零件間的距離，可以是長度、寬度、高度或是一條曲線的長度或一個封閉環的周長。

4. 靜止物體的長度：靜止物體的任意尺寸，可以是一個系統的兩個幾何點或零件間的距離，可以是長度、寬度、高度或是一條曲線的長度或一個封閉環的周長。

5. 運動物體的面積：運動物體所具有的表面或部分表面的面積。面積不僅可以是平面輪廓的面積，也可以是三維表面的面積，或一個三維物體所有平面、凸面或凹面的面積之和。

6. 靜止物體的面積：靜止物體所具有的表面或部分表面的面積。面積不僅可以是平面輪廓的面積，也可以是三維表面的面積，或一個三維物體所有平面、凸面或凹面的面積之和。

7. 運動物體的體積：運動物體所占有的空間體積，以填充運動物體或運動物體占用的單位立方體個數來度量。體積不僅可以是三維物體的體積，也可以是與表面結合，具有給定厚度的一個層的體積。

8. 靜止物體的體積：靜止物體所占有的空間體積，以填充靜止物體或靜止物體占用的單位立方體個數來度量。體積不僅可以是三維物體的體積，也可以是與表面結合，具有給定厚度的一個層的體積。

9. 速度：物體的速度、效率、過程或作用與時間之比。

10. 力：使物體或系統產生部分或完全的、暫時或永久物理變化的力。或是兩個系統之間的相互作用，試圖改變物體狀態的任何作用。在牛頓力學中，力等於質量與加速度之積，而在 TRIZ 理論中，力是試圖改變物體狀態的任何作用。

11. 張力、壓力：作用於物體或系統的單位面積上的作用力。如房屋作用於地面上的力，液體作用於容器上的力、氣體作用於氣缸活塞的力。

12. 形狀：物體或系統的外觀或輪廓，可因力量的作用而全部或部分、永久的或暫時的改變形狀。形狀的變化可能表示物體的方向性變化，或物體在平面或空間兩方面的形變。

13. 穩定性：整個物體或系統對於其他相關的物體或系統之間互動所造成改變的抵抗性及不隨時間變化的性質。磨損、化學分解、拆卸都會降低穩定性。

14. 強度：物體或系統，在外力作用下吸收其力量、速度等因素，而抵制使其發生變化的能力。

15. 運動物體作用時間：物體在空間中改變位置並執行完成規定動作的時間長度。包括服務時間、耐久力等。

16. 靜止物體作用時間：物體在空間中靜止並執行完成規定動作的時間長度。包括服務時間、耐久力等。

17. 溫度：物體或系統所處的熱狀態，是物體或系統運作時減少的或增加的熱，可能造成物體、系統或產品有潛在卻不需要的改變。其他熱參數，如影響改變溫度變化速度的熱容量。

18. 照度：照射到物體表面上的光通量與該表面面積的比值。受到物體的反光性及色彩及光線質量的影響。

19. 運動物體消耗的能量：運動物體執行指定功能所需的能量。能量等於作用力與距離的乘積，也包括電能、熱能、核能等。

20. 靜止物體消耗的能量：靜止物體執行指定功能所需的能量。能量等於作用力與距離的乘積，也包括電能、熱能、核能等。

21. 功率：單位時間內所作的功，也就是物體在單位時間內完成的工作量或消耗的能量。

22. 能量損失：物體或系統，在沒有動作或產品已經生產完成的情況下，做無用功的能量。要減少能量的損失有時要採用不同技術來提升能量的利用率。

23. 物質損失：部分或全部、永久或臨時的物體材料、物質、零件或子系統等物質的損失。特別是在物體或系統沒有動作或產品生產完成的情況下。

24. 信息損失：系統信息或數據（包括氣味、材質等感性數據），部分或全部、永久或臨時的減少或消失。

25. 時間損失：完成指定動作所需要增加的時間。改善時間的損失，是指減少完成一項活動所花費的時間。

26. 物質或事物的數量：物體或系統的材料、物質、零件或子系統的數量，它們可以被部分或全部的、臨時或永久的改變。

27. 可靠性：物體或系統在規定的方法或狀態下完成規定功能的能力。也可理解為無故障操作機率或無故障運行的時間。

28. 測量精度：系統特徵的實測值與實際值之間的誤差。減少測量中的誤差可以提高測量精度。

29. 製造精度：系統或物體的實際性能與設計規格所需性能的誤差（符合程度）。

30. 作用於物體的有害因素：環境或系統對物體的有害作用，使物體的功能參數退化。

31. 物體產生的有害因素：物體或系統操作時產生有害因素，降低物體或系統功能的效率或質量。

32. 可製造性：物體或系統製造過程中簡單、方便的程度。

33. 操作流程的方便性：在操作物體或系統的過程中，操作者、步驟、工具設備越少，代表方便性越高，但同時也要保證較高的產出。

34. 可維修性：物體或系統在損壞後很容易回復到正常狀態的性能。維修要時間短、簡單、方便。

35. 適應性、通用性：物體或系統適應外部變化的能力，或應用於不同條件下的能力。

36. 系統的複雜性：系統元素及其之間相互聯繫的數目和多樣性，如果用戶也是系統的一部分，將會增加系統的複雜性，複雜性也說明了掌握系統或對象的困難度。

37. 控制與測試的複雜性：系統部件之間的關聯太複雜而使得系統的檢測和測量困難，需要使用較高的成本、較長的時間和較多的人力。為了低於一定的測量誤差會導致成本提高和測試複雜性的提高。

38. 自動化程度：物體或系統在無人操作時執行其功能的能力。最低級別的自動化是完全手工操作機具；中等級別的自動化需要人工輔助、監控操作過程，或根據需要調整流程；最高級別的自動化，是機器自動操作、監控。

39. 生產率：單位時間內所執行的功能與產出的數量與全部操作時間所執行的功能與產生間的關係。

在 39 個參數中的消極參數變大時，系統或子系統的性能變差。而積極參數變大時，則系統或子系統的性能變好。

二、矛盾矩陣

通用工程參數可分為欲改善的參數及惡化的參數兩大類：

1. 改善的參數：系統改進中將提升和加強的特性所對應的工程參數。

2. 惡化的參數：在某個工程參數得到改善的時候，必然會導致其他一個或多個工程參數變差，這些變差的工程參數稱為惡化的差數。

改善的參數與惡化的參數構成技術系統內部的矛盾，要克服這種矛盾可使用矛盾矩陣。39 個通用工程參數橫向、縱向順序排列，橫向代表惡化的參數，縱向代表改善的參數，在工程參數縱橫交叉的方格內的數字代表建議使用的 40 個發明原理的序號。矩陣共組成 1521 個方格，其中有 1263 個方格裡有數字（即有 1263 個技術矛盾）。在沒有數字的方格中，「＋」方格處於相同參數的交叉點，系統矛盾是由一個因素造成，屬於物理矛盾不屬技術矛盾範疇，「－」方格表示沒有找到合適的發明原理解決問題。

矛盾矩陣將 39 個通用工程參數與 40 個原理聯繫在一起。

如波音公司的 737 飛機為加遠航程而加大發動機功率，但隨著發動機、發動機整流罩尺寸都要加大，但整流罩與地面距離的縮

小，飛機起降安全性就會降低。因此問題的關鍵在於如何改進發動機的整流罩，又不致降低飛機的安全性。

因此解決定問題的矛盾的矩陣如下圖：

改善的工程參數 ＼ 惡化的工程參數		運動物體的重量	靜止物體的重量	運動物體的長度	靜止物體的長度	……	生產率
		1	2	3	4		39
1	運動物體的重量	+	−	15, 15, 29, 34,	−		
2	靜止物體的重量	−	+	−	10, 1, 29, 35,		
3	運動物體的長度	8, 15, 29, 34,	−	+	−		
4	靜止物體的長度	−	35, 28, 40, 29,	−	+		
5	運動物體的面積	2, 17, 29, 4,	−	14, 15, 18, 4,	−		
⋮							
39	生產率	35, 26, 24, 37,	28, 27, 15, 3,	18, 4, 28, 38,	30, 7, 14, 26,		+

按照矛盾矩陣提供的四組數字查找 40 個發明原理，分別是：

1. 創新原理 14：曲面化。

2. 創新原理 15：動態。

3. 創新原理 18：機械振動。

4. 創新原理 4：增加不對稱性。

其中只有原理 4 的增加不對稱性是可行的，即發動機整流罩縱向長度不變，而橫向加大尺寸，讓整流罩變成上下不對稱的魚嘴形狀，所以整流罩的面積變大，但與地面的安全距離維持不變。

 物理矛盾

技術矛盾是技術系統內兩個參數間存在的矛盾，而物理矛盾則是一個參數之內所存在的矛盾：正反、高低、冷熱、大小、圓與非圓、運動與靜止、窄與寬、時間長與短等。如冰箱的門需要關閉，但又常需打開；希望手機小便於攜帶，但又希望手機螢幕大，便於觀看。

解決物理矛盾的核心思想是實現矛盾雙方的分離，分別構成不同的技術系統。

一、分類原理

TRIZ 理論在總結解決物理矛盾的各種方法後，將各種分離原理歸納為四種：

1. 空間分離原理

　　將矛盾雙方在不同的空間上分離，以解決問題或降低解決問題的難度。如早期輪船進行海底測量工作時，將聲納探測儀器安裝在船上的某一地點，但船本身產生的各種聲音將影響到探測的精確度。若在船尾以一定距離，用繩索拉行探測儀器時，經由探測儀器與輪船本身製造的聲音進行空間分離，問題得到解決。

2. 時間分離原理

　　將矛盾雙方在不同時段分離，以解決問題或降低解決問題的難度。如自行車在都市裡作為代步工具具有便利性，但不使用時存放不便，這時可採取折疊自行車，便能夠滿足使用與不使用的兩種要求。

3. 條件分離原理

　　將矛盾雙方在不同條件下分離，以解決問題或降低解決問題時的難度。如汽車的安全帶在發生事故時，可將乘客牢固在座位上，但在未發生事故時，又希望能在座位上靈活活動，這時緊急鎖止式捲收器就使二個問題同時解決。

4. 整體與部分分離原理

　　將矛盾雙方在不同的層次分離，以解決問題或降低解決問題的難度。如有些人視力兼有近視與老花的問題，因此眼鏡的鏡片，看近處時要屈光度高（老花），看遠處時要屈光度低（近視），這時可將一片鏡片分成上、下兩片鏡片（凹透鏡與凸透

鏡），進行組合。看遠處時，抬頭用凹透鏡，看近處時則低頭用
鏡片下半部的凸透鏡。

二、分離原理和 40 個發明原理

　　物理矛盾，可以用四個分離原理來解決，而每一個分離原理都
與一些發明原理間存在著一定的關係，因此將分離原理和發明原理
綜合運用，可以為解決物理矛盾提供更多的方法和解決方案。

1. 空間分離原理與 40 個發明原理的關係

　　　　可用以下 10 個發明原理解決問題：

(1) 發明原理 1：分割原理。

(2) 發明原理 2：抽取原理。

(3) 發明原理 3：局部質量原理。

(4) 發明原理 4：不對稱性原理。

(5) 發明原理 7：嵌套原理。

(6) 發明原理 13：反向作用原理。

(7) 發明原理 17：空間維數變化原理。

(8) 發明原理 24：借助中介物原理。

(9) 發明原理 26：複製原理。

(10) 發明原理 30：柔性殼體或薄膜原理。

　　　　如麻辣火鍋店，針對有些客人喜歡吃辣的，有些客人不喜
歡吃辣的，而無法用一個火鍋的矛盾，發明了鴛鴦火鍋，採取
發明原理 1 的「分割」，在鍋的中間以一片隔板將鍋一分為二，
一半為麻辣，一半為白肉酸菜。

2. 時間分離原理與 40 個發明原理

(1) 發明原理 9：預先反作用原理。

(2) 發明原理 10：預先作用原理。

(3) 發明原理 11：事先防範原理。

(4) 發明原理 15：動態化原理。

(5) 發明原理 16：未達到或過度的作用原理。

(6) 發明原理 18：機械振動原理。

(7) 發明原理 19：週期性作用原理。

(8) 發明原理 20：有效作用的連續性原理。

(9) 發明原理 21：減少有害作用的時間原理。

(10) 發明原理 29：氣壓和液壓結構原理。

(11) 發明原理 34：拋棄與再生原理。

(12) 發明原理 37：熱膨脹原理。

　　如希望雨傘刮風下雨的時候能再撐大一點，以有效達到遮雨的目的，但不下雨時，又希望小一點，以方便攜帶。對於矛盾的解決採取發明原理 15 的動態化原理，發明了折疊傘，用時大，不用時則小。

3. 條件分離原理與 40 個發明原理

(1) 發明原理 1：分割原理。

(2) 發明原理 5：組合原理。

(3) 發明原理 6：多用性原理。

(4) 發明原理 7：嵌套原理。

(5) 發明原理 8：重量補償原理。

(6) 發明原理 13：反向作用原理。

(7) 發明原理 14：曲面化原理。

(8) 發明原理 22：變害為利原理。

(9) 發明原理 23：反饋原理。

(10) 發明原理 25：自服務原理。

(11) 發明原理 27：廉價替代品原理。

(12) 發明原理 33：同質性原理。

(13) 發明原理 35：物理或化學參數改變原理。

　　如為跳水運動員的安全考量，希望泳池的水足夠硬，能夠撐住運動員的身體，而不會撞到泳池底部，但又希望泳池的水夠軟，不致傷害高速進入水中的運動員。此時根據發明原理 35 的物理或化學參數改變原理，在游泳池的水中打入氣泡，讓水的平均密度降低，就能讓水變得柔軟，而能滿足要求。

4. 整體與部分的分離原理與 40 個發明原理

(1) 發明原理 12：等勢原理。

(2) 發明原理 28：機械系統替代原理。

(3) 發明原理 31：多孔材料原理。

(4) 發明原理 32：顏色改變原理。

(5) 發明原理 35：物理或化學參數改變原理。

(6) 發明原理 36：相變原理。

(7) 發明原理 38：強氧化劑原理。

(8) 發明原理 39：惰性環境原理。

(9) 發明原理 40：複合材料原理。

　　如傳統電話的物理矛盾是聽筒必須與電話機座連在一起才能通話，若希望能在屋裡一邊走動一邊接聽電話，則採取發明原理 28 的機械系統替代原理，發明了無線電話，用電磁場連接替代了原本聽筒與電話機座間的有線連線。

13 Chapter

創新的企業文化

壹、將創新內化為企業文化

貳、創新的管理策略

參、重視、激勵人才

　　企業文化是一個企業的成員共享的價值觀和行為規範，是一個企業具有的獨特性特徵，它呈現一個企業在創新、團隊精神、學習能力、進取心、注意細節、目標導向、企業願景等各方面的表現上。企業文化可以帶動企業的成長發展、永續經營。

　　在現代市場經濟的競爭情勢下，所需要的企業文化，則是一種具備創新精神的文化，以保有持續創新的能力和競爭優勢，並在技術、管理、制度、市場、策略等各方面能提出創意和變革，但支持企業創新最主要的力量，來自全體員工不斷的自我要求及企業對個人創意的重視，因此營造一個具有創造力，能不斷改變並接受改變的組織文化，才能達到創新的效果。

　　威廉・喬伊斯在《大改變：全球一流企業如何重塑生產力》(Mega Chang-How todays leading companies have transformed their workforces)一書的第八章指出要重塑全新的企業文化，有幾個方式及步驟，其中最重要的是設計與改革組織的時候，焦點必須放在人類能力的發揮而不是對人類能力的限制。因此要賦權勞動力，此乃面對市場的激烈競爭、新科技的推陳出新及價值的轉移，所必須的改革，如果沒有具備能力的勞動者參與，絕對無法成功，所以要鼓勵其參與設計組織的關鍵實務，諸如獎金及評估體系等等，同時在過程中，還要重視知識賦權原則：擔負實際職務，對問題認知最多的人，應該擔負設計解決問題的責任。

　　因而要創建企業文化，就要認識人才是真正最重要的資產，要更新人才觀，就要尊重知識，發現人才、愛護人才、合理地使用人才、最大限度地調動人才的積極性，企業文化要有利於創新人才的出現。

壹 將創新內化為企業文化

　　企業創新的最終目的，在能面對挑戰、永續發展，因為企業競爭力的強弱，不再是擁有資源的多寡，而是取決於內部持續創新能力的有無。員工不斷地自我要求，以及公司對個人創意的重視，能建立一個具有創造力、不斷改變並接受改變的組織文化。給予員工在工作環境上的更大彈性，並要掌握兩個重點，即鼓勵冒險與容忍失敗。

一、3M 公司的創新策略

　　美國的明尼蘇達礦業製造公司(The Minnesota Mining and Manufacturing Company)，也就是有名的 3M 公司，3M 一向是創新發明企業的代名詞，因為它是一個不斷追求突破的企業組織，給予每一個員工無後顧之憂的創新環境。3M 亞太地區首席科學家盧詩磊指出：「學技術的人，需要的是肯定，當自己的作品受到肯定，公司將你的作品轉變為商品，並使公司獲利，其中的榮譽感和自我價值的肯定，絕對是支持員工成長的原動力。」

　　因為鼓勵創新，提供激勵創新的環境，3M 公司生產銷售的商品超過六萬種。平均每天誕生 1.4 個商品。3M 在 1902 年創立，初期經營礦砂開採，後逐漸轉型，1904 年發明砂紙、1925 年發明噴漆護帶、1930 年發明透明膠帶、1945 年發明磁帶、1950 年發明外科用無塵套、1956 年生產纖維保護劑、1963 年發明人工合成跑道、1978 年便利貼正式在十一國家上市。

3M 公司在鼓勵創新方面，提供了一個良好的環境及相關措施：

1. 不扼殺創意

強調勿隨意扼殺任何新的構想，並為主管階層所奉行，因為有許多主管都參與過新產品的研發，因而鼓勵後進的創新構想與過程，並且也給予後進學習的典範。曾任 3M 公司董事長的李爾，在談到公司兩位高層主管德魯和博頓時說：「我們的業務人員到汽車工廠拜訪時，注意到工人正在為雙色汽車上漆，但卻因兩種顏色的漆總是會混流一起，而感到束手無策，當時實驗室一名叫德魯的年輕技師，研究開發出一種可以遮蓋住不需油漆部分的強力膠帶，不但解決了汽車油漆工的問題，同時也為 3M 公司發明了第一個膠帶產品。到了 1930 年，也就是杜邦公司推出玻璃紙之後的第六年，德魯又研製出把黏膠塗到玻璃紙的方法，而透明膠帶就此誕生，但開始時只用於工業包裝上，直到 3M 的業務經理博頓，發明了一種內有切紙刀裝置的卷軸，透明膠帶的使用才真正開始推廣。」

因此主管們總是盡量鼓勵並且把開發產品的任務交給年輕的一輩。

2. 產品創新小組

小組是支援創新的基本單位，這種小組有三個特徵，一是由各種專職人才全力共同參與的無限期任務，其次，成員為自願者，三是具有相當的自主權。成員至少要包括技術人員、生產製造人員、營銷人員、業務人員或財務人員，而且全部都是

專職，因為公司明白，在這種制度下，有些成員雖然不能立刻派上用場，而造成人力浪費的現象，唯有指派專職工作，才能讓員工全力以赴，專注於「一項工作」中，小組的成員完全由自願者組成，而不由公司硬性指派。

公司並保證小組有相當的獨立自主權與工作保障。在新產品發表前，小組成員不得解散，而公司對小組的承諾則以整組成員為單位，在達到公司評估工作表現規定標準時，隨著新產品進入市場而步步升遷，隨著產品銷售業績的成長，獲取應得的利潤。但萬一失敗的話，保證能再回到參加小組前的職位，並且升遷不受影響。

3. 獎勵制度

3M 公司實施的獎勵制度，不論是對整個小組或個人都有重大的激勵作用，一個員工只要參與新產品、新事業的開發工作，他的職位、等級、薪資，自然就會隨著產品營業額的成長而改變。如開始的時候，張君只是生產第一線的工程師，但當產品打入市場後，就可晉升為「產品工程師」，當產品銷售額達到 100 萬美元時，公司會熱烈表揚創新小組的成就，他的職稱與支薪等級又有重大改變。等到銷售額突破 500 萬時，就可以成為整個產品線的「工程技術經理」。如果產品再進一步破 2,000 萬時，該小組就可升格為一個獨立的產品部門，而張君若是開發該產品的主要技術人員，就自然成為該部門的「工程經理」或「研究發展主任」。也因此 3M 公司的獎勵制度促使員工尋找機會推銷自己的構想或盡量找機會發掘新構想。

4. 構想的提出

當某部門的員工有新構想後，正常途徑是先向直屬上司申請發展基金，如遭上司拒絕，可以根據公司有關規定，轉向另一個部門申請，若再被拒絕，還可轉向其他部門申請，推銷他的新構想。若仍然四處碰壁，還可向新事業發展部門進行最後的申訴。另一方面，3M 對於人事的調動非常具有彈性，甲部門工作的構想，一旦被乙部門經理採納，即可帶著他的構想一起移到乙部門工作。

至於新產品提案，不需要長篇大論或詳細圖文數字，有時只需用一個條理分明的句子即可，因為在開發新產品的初始階段，沒有必要把時間、精力無謂地浪費在一切都還是生死未卜的事情上，而詳細的銷售計畫，必須在研發到相當程度，並且根據顧客的需求做些簡單的測試後，才需要提出。

5. 營業目標的壓力

3M 公司規定每一部門年營業額的 25%要出自 5 年內所研發出的產品，而不像其他公司是以整個公司或各關係企業為基準。而由於 3M 公司這樣的要求，便迫使各部門主管不得不努力研發新產品。

6. 15%的自由時間

3M 公司新產品的不斷生產，除了上述激勵員工創新的條件和壓力外，還能給予員工適度的時間空間，讓員工可以跳出原本的專業領域，去接觸和本業並不相關的專業，進行智力的激

盪，以避免長時間專注業務內的工作所產生的倦怠感。所以上班時間的 15%是可以自由支配的，易言之，除了依照公司的要求從事產品開發外，員工可以就自己有意願的課題進行研究，或已提出的新產品提案，組成創新小組進行研發，如果進行後，遭遇到意想不到的困難，這時公司會因效益取消這項研究計畫，但若員工非常熱衷於這項計畫，便可利用 15%的自由支配時間繼續進行研發。

便利貼(Post-it Notes)這項暢銷的辦公室用品，就是這樣發明的。3M 生產的膠帶多半是用丙稀黏著劑，但在 1968 年時，一位名叫史賓塞‧席維爾的研究人員經過不斷的改良和實驗，製造出一種新的黏著劑，有點黏但又不至於太黏，可以重複使用。但新的黏著劑雖然發明了，可是大家卻不知道如何加以利用，雖然開了多次的研討會，卻只想到兩項重要的用法：把黏著劑裝進噴霧器以及作成自黏布告欄，但這並不足夠讓新的黏著劑列入公司的開發清單上。1974 年的某日，一位名叫亞瑟‧佛萊的研究人員在教堂的唱詩班練唱，為了便於找到練唱的曲子，在歌譜裡挾了小紙條作書籤，但小紙條老是脫落，不堪其擾。他想要是這張小紙條具有黏性，但撕下後又不會損及歌譜就好了，這時腦中靈光突然一閃，想到了同事席維爾所發明的黏著劑。

於是佛萊就利用 15%的上班時間，開始研發黏性書籤，作了幾個樣本，但是在把黏性書籤黏在報告上，寫了幾個字後，突然想到他研發的產品不只可以作書籤，還可作黏撕的便條

紙，成為新的溝通訊息的工具，同時這種會黏的便條紙也正式列入新產品的開發清單上，經過不斷修正、測試、試用，1979年正式上市，受歡迎的程度，遠超過預期，1990 年，便利貼在上市十年以後，它的衍生產品高達四百項，如便利貼旗幟、便利貼畫架等。

7. 領先使用者程序

每家公司都希望研發部門能持續突破創新，製造出能讓公司迅速成長並維持高營利的產品，但到後來卻發現研發部門所作的只是對現有產品的改良，因為公司所需要的是立刻獲得收益，並且研發人員也困惑於沒有可依循的既有途徑。1990 年代中期，3M 公司也面臨到這種問題，但其醫療外科市場部門偶然獲得一種開發突破性產品的方法並在公司內部進行推廣，即「領先使用者程序(Lead User Process)」。

通常公司的研發人員，會向消費者（使用者）收集資訊，以瞭解消費者的意見，再經由智力激勵法，創造出新產品的構想，但領先使用者程序則採用完全不同的作法。因為研發人員發現許多重要的商業產品，最初都是由使用者而非製造者想出來的，甚至它的原型產品還是由使用者製造出來的。這些使用者即所謂領先使用者，是超前市場潮流的公司、組織或個人，其需求遠超過一般使用者，他們很可能已發展出在商業上具有突破性的創意產品。因此，要創造突破性產品的工作，需先辨識、找出這些領先使用者（公司或個人），並把他們的構思納入公司的需求中。

　　艾瑞克‧馮希培(Eric von Hippel)，史蒂芬‧湯克(Stefan Thomke)及瑪麗‧宋內克(Mary Sonnack)等三人在「3M公司突破創新」一文中，說明了領先使用者程序的步驟，首先由來自行銷和技術部門的人員約四到六人組成研發小組，每個成員每週必須投入十二至十五小時，整個任務時間約四到六個月，全部過程分為四個階段：

(1) 奠定基礎

　　確定要針對的市場，及公司內部所希望的創新形態及創新程度。為了使最後的建議為公司採納，一開始就要讓重要關係主管參與此項研發工作。

(2) 確定市場潮流

　　要知道市場潮流，必須訪談這方面的專家，這些專家對這方面的科技和最尖端的用途往往有深廣的認知。

(3) 辨認領先使用者

　　建立聯絡網，找出目標市場和有關市場尖端的使用者，並收集有關資訊，提出有關產品的初步構想，同時評估所有可能的商業利益及符合公司的利益。

(4) 發展突破性成果

　　在完成已有的初步構想後，邀請數名領先使用者及公司約六個市場行銷和技術人員與任務小組舉行研討，一起設計符合公司需求的最後構想，研討會後，根據目標市場的需求進一步修改構想後，向公司高層提出有確實證據可資支持的建議，說明為什麼客戶會願意購買此項商品，拍板定案後始

可進一步商業化。（應小端譯，《創新》，天下遠見出版公司，頁 55-56。）

3M 公司經由上述創新文化的激勵，維持了公司的持續成長。

二、英特爾公司的持續創新

高科技產業的發展日新月異，如果企業不能創新，只有滅亡，而身為高科技產業代表之一的英特爾(Intel)為了確保市場，抵禦其他公司的競爭，其在成立之初就確定了「永不停頓、不斷創新」的理念。

英特爾公司的創辦人戈登‧摩爾在 1965 年的某天在離開研究室的時候，拿了一把尺和一張紙，畫了一張草圖，縱軸代表不斷發展的晶片，橫軸為時間，結果發現晶片的發展規律地呈現幾何增長，此即摩爾定律。因此，摩爾斷定集成電路上的晶體數量集成度每加一倍，其價格則降一半。摩爾定律所代表的就是一種不斷創新的精神，只要有一家公司採用了英特爾的技術實現了轉變，其他公司就不得不緊隨，經由此一效應，英特爾只要掌握技術核心，就能獲取巨大利潤。

所以英特爾從二十世紀七〇年代就構築了其賴以成功的商業模式——持續改進晶片設計，以技術創新滿足電腦製造廠及軟硬體產品公司更新代換，提升性能的需要，這不但能獲得高額利潤並將所得的資金再投入到下一輪的技術開發中，且能保持與競爭對手間的競爭優勢。

　　因此英特爾公司以各種途徑建立學習型組織，充分發揮員工的創造性思維能力。如一位員工對一份計畫沒有把握，跑去與上級討論，通常上級都會鼓勵他勇於嘗試而非否定，除鼓勵其為得到好結果去冒險外，並會通過評估降低員工的風險。最後員工經過努力，沒有達到預期的目標，不但不會受到懲罰，反會鼓勵其承擔嘗試的勇氣。

　　故英特爾公司要求所有員工都要有創新精神，並認為一位員工只完成上級交付的任務是不會有什麼出息的，而擅於動腦、總結經驗和具有創新精神的員工才能立足和晉升。但要創新，只靠上班的八小時是不夠的，還必須在工作之餘充實自己的知識與多做試驗。

　　為了擴大不斷創新的需要，英特爾公司會特別舉行盛大的創新日活動，在這天所有的員工都可提出自己對公司各方面的創意，經評審團評審後，合理創意會立即為公司採納，並得到獎金的鼓勵。在 1993 年的第一屆創新日，創新建議超過 100 件以上，其中有 10 個提案參加決選，最後有兩個提案同獲第一名，其中之一是如何讓快速記憶體的效率提高，另一則是如何在電腦輔助設計相關的晶片運用 3D 顯示技術，而這兩個冠軍提案之一，後來運用在英特爾的新產品中。

　　英特爾的創辦人摩爾對此曾評論說：「這樣的結果太令人滿意了，原來預期能把二至三成的提案發展到應用階段，但結果竟然有 50%。」「創新力」不只是激發員工的創造力，實現了員工的個人價值，也使公司獲得許多有價值的點子。

創新是有風險的，而英特爾公司鼓勵員工在掌握資訊、充分評估後嘗試冒險並包容錯誤。

三、麥當勞的標準作業

創新並不只限於技術，如福特汽車公司創辦人亨利·福特建立的流水型生產線，就被視為二十世紀的二十大發明之一，加速了人類工業化的腳步，使大規模生產成為可能。所以傳統產業經由管理創新，也能帶來快速的成長與利潤的倍增。

在二次大戰後，美國街頭漢堡店林立，而麥當勞漢堡能成為最成功的企業之一，在於它打破了毫無規劃旳家庭式經營型態。首先麥當勞設計了最終產品，然後重新設計產品製作的整個過程。接著，又設計和改進生產工具，使每一塊肉、每一片洋蔥、每一個麵包、每一根炸薯條都在精確定時和完全自動化的程序中生產出來，並且讓顧客在清潔、舒適的環境中用餐。切實的將「品質、服務、整潔、價值」的經營理念，貫注在每個環節中。

1. 標準作業程序

麥當勞有詳盡的營運訓練手冊(O&T Manul)，其中詳盡說明麥當勞的政策、餐廳各項工作的程序、步驟和方法。職位工作檢查法(Station Observation Checklist)把餐廳工作分為二十多個工作段，而每一工作段都有一套工作檢查表，說明事先應準備和檢查的項目、操作步驟和職位職責。員工進入麥當勞後逐步學習各工作段，表現突出的員工將晉升為訓練員，訓練新員工；

訓練員表現良好，便可進入管理組，而所有經理都是從員工做起。

　　員工工作前必須用洗手液徹底殺菌，工作期間要求不斷地清掃用餐區，保持整齊乾潔，「與其靠著休息，不如起身打掃」，已成為麥當勞的名言。打烊後，縱使已很晚了，但所有製作產品的工具、用具都要仔細刷洗消毒。並且按照嚴格的衛生標準，如工作人員不准留長髮、婦女必須戴髮網或帽子，顧客一走就必須清潔桌面，隨時清理地面，使店內始終保持清潔環境。

2. 品質要求

　　麥當勞對所用的牛肉、雞肉、薯條、麵包等，在品質上都有一定要求。並且除了合大眾口味外，最顯著的特徵就是整齊劃一，全球各地的消費者在世界的不同角落、不同時間，都能品嚐到品質相同，鮮美可口的美式漢堡。

　　如牛肉餅就有 40 多種控制品質的檢查，必須由 83%的肩肉和 17%的五花肉混製而成，不能含有內臟，脂肪量在 16%~19%間，牛肉絞碎做成的肉餅，每個重 1.6 盎司，直徑 3.875 英寸，一磅牛肉可做 10 個牛肉餅。

　　如在薯條的製作上，要求長度為五英寸的占 20%左右，3~5英寸的占 50%左右，3 英寸以下的比例占 20~30%之間。薯條要稍微儲存一定時間，以調節澱粉和糖含量，若薯條含糖太高，經過油炸顏色就會呈現較深的焦黃色，而不是麥當勞薯條應有的金黃色；澱粉含量則不能太低，太低則薯條炸出後就會變得

軟塌塌的，口感欠佳。並且需使用可調溫的炸鍋來炸不同含水量的薯條。此外，馬鈴薯本身則要求果型較長、芽目較淺。

　　為保有食品的新鮮度，堅持限時銷售，超過 10 分鐘的漢堡和超過 7 分鐘的薯條就不再銷售。根據專家測定，可口可樂在攝氏 4 度時口味最好，麵包厚度在 17 毫米時，吃起來味道最佳，因此麥當勞的可樂保持在攝氏 4 度，所有的麵包都是 17 毫米。而且，其櫃台設計為高 92 公分，因為據研究，人們不論高矮，在 92 公分的櫃台前，能最方便的把錢掏出來。

3. 其他服務流程等

　　當消費者進入店內後，由收銀員負責為顧客記錄點餐、收銀和提供食物等工作，整合成一人負責，對點餐內容予以重覆確認。這消除了中間信息傳遞環節，既節省成本，又提高服務效率，在顧客點餐結束後，就是收銀員收錢和找錢的工作。麥當勞規定收銀員在收錢過程必須清晰地說出顧客支付的金額，如：「謝謝，先生，收您 100 元。」找零過程必須清晰地說出交付給顧客的金額，如：「一共是 75 元，找您 25 元。」將 10 元和 5 元的錢一一擺放，讓顧客清點。這樣就能減少或消除在收錢、找錢過程可能發生的誤會。

　　此外，麥當勞不提供餐具，所有固體食物都用手抓取。顧客用手抓取不但方便，並且在不知不覺中會提高用餐速度，至於座椅和餐桌往往偏小，並為硬質塑料，不宜久坐，自然提高了餐位的使用頻率。

速食業屬於傳統業，而麥當勞在標準與細節管理上的精細與統一，也就是一種創新的作法，打造麥當勞的品牌形象。

 ## 貳 創新的管理策略

企業的經營成敗不只是所有人或管理階層的責任，而是全體要共同承擔的，而要帶動員工的熱誠，除激發其潛能外，還要帶動員工的主動積極性。企業的高層很難和消費者或客戶直接接觸，而第一線的員工卻恰好例外，能發現改變的必要。但是過去企業僵化的工作類型，限制員工瞭解公司的營運，禁止員工下決策，不讓低層員工有發揮創新潛力的可能性，使得改變雖然被發現，卻無法帶來正面、積極的助益。因此為了提倡創造力，就必須改變現存的權力結構。如減少組織的層級，將大團體打散成為小單位，採取開放式的大辦公室、老闆到員工穿同樣的制服、公司資訊的透明化等。

摩托羅拉公司的創辦人高爾文，在二十世紀的二〇年代，為了防止員工的酗酒行為，影響到正常的上班工作，於是下令，誰也不許喝酒，誰喝酒誰就被辭退。但有一天，他自己竟也走進酒吧，並且喝醉了。然而高爾文在事後所採取的措施，是面向全廠員工公開自我檢討，並且保證以後不再喝酒，還扣除了自己當月的工資，自此以後，高爾文遵守自己的誓言，再也沒喝過酒了。

在這裡可以看到高爾文對待自己和員工的公正嚴明，將員工和自己一視同仁，這都是建立在對員工尊重的基礎上。尊重員工非常重要，因為最高水準的服務必須發自內心，因此一個企業只有贏得員工的心，才能提供最佳的服務。因為員工們也渴望能和公司緊密

相連，希望與公司的關係不僅是一張工資支票和福利待遇，而是成為深入公司內部的「圈子內」的人，能對公司各部門情況有所瞭解。員工更不希望只是被僱用的「一雙手」或僅是機械上的一個零件隨時可被更換，員工們的這種期望就是要把領導者與員工放在同等的重視程度，一方面尊重員工，與他們進行坦誠地交流，另一方面看領導者、幹部是否與員工取得密切的聯繫。

在現代管理中，能否尊重員工已經成為關係企業成敗的關鍵。因為尊重是人的基本需要，任何人都有自尊心，都希望得到別人理解和尊重，就企業言，只有充分尊重員工，才能讓員工體會到自身的價值，充分發揮自己的主動性、積極性、創造性。對員工的尊重就是對員工的關心，這使員工覺得在企業內並非可有可無，而是集體中不可或缺的一員。

因而將公司的各種資訊讓所有的員工共同分享是必要的，如美國的春田製造公司總裁史戴克認為：「經營公司最好、最有效、利潤最高的方法，就是允許每個員工對公司的營運有發言權，並且讓他們與公司的盈虧利害相關。」所以發展出一套開誠布公的管理方式，讓全體員工參與計畫流程，隨時可自由取得財務資訊及企業績效有關的資訊，每位員工並參與一項以計畫目標為基礎的紅利制度，其最終目的是鼓勵員工以公司老闆的觀點思考問題。

沃爾瑪公司的創辦人沃爾頓則認為應凡事和員工溝通，因為員工知道愈多就愈能理解，也就愈關心，而如果他們真的關心，就會全意付出，但如果你不放心讓他們知道事情的實況，他們就會知道你並沒有將他們視為同伴。

　　訊息公開的步驟依然尊重人的平等性，允許每個人都有發言討論的機會和自由，而創意最好的方法往往來自於此，特別是因員工是直接接觸生產線或客戶的人，只有聆聽他們的意見，讓他們暢所欲言，才能知道真正發生了什麼事情。如英特爾公司的高層管理會議是公開進行的，任何一位員工只要自認有話要說，而且說的話對公司有益，便可參加會議，發表意見。因為沒有任何企業敢保證自己永遠不會碰上問題，只有鼓勵員工誠實面對，才可以確保這些問題及早發現並得到解決，而管理者也能透過這面鏡子看到自己的缺點。

　　如莎拉・羅蘭(Sarah Nolan)在 1986 年出任美商安美人壽保險公司總裁後，認為公司的積弱不振的原因在於各階層、各部門員工缺乏交流創意的機會，立即改變辦公室面貌，使空間更為開敞，每張辦公桌上都有一部個人電腦，每個員工隨時進入公司的資料庫，獲取一切有關公司的訊息。職務權限的區別刻意模糊，管理方針走向鼓勵創新，員工也逐步感受到責任感與參與感的增加，終使公司煥然一新。

　　史高坦克公司在瑞典是一家重工業製造廠，該公司對所有員工一視同仁，每個人職稱都一樣，在每週的例行會議中，所有的人都會收到一份完整的公司財務報表，詳載上一星期的資金流向，所有公司的機械產品都鑲有主要參與人員的親筆簽名，讓員工有機會在自己心血結晶的產品上留下烙印。該公司創辦人史高樂柏格(Oystein Skalleberg)深信員工如能認同自己的工作，產生責任感，便會發揮創造力來化除工作上的各種困難障礙。

　　AES 是一家總部設在美國的跨國能源公司，對公司的管理方式不是集中而是高分權，由各種項目組負責運行有關的輔助工作，公司雖然有幾名財務人員，但幾乎所有項目的財務工作都是由一線員工進行處理，並曾在八年裡籌措了發電廠的建設基金四十億美元，但其中只有三億元是由首席財務長完成的。

　　該公司所有的機構都是按家庭(Families)方式構成，如渦輪機家庭、煤堆家庭，每一家庭由十到二十人組成，實行自我管理和自我領導，然後將幾個家庭單位的管理稱為蜂房(Honeycomb)式管理，家庭負責人事管理及資本預算、採購、安全檢查等。

　　公司另有許多「特別小組」，除了臨時任務之外，如負責審計、策略規劃等，各小組的行動只要和公司的目標和準則一致，在制訂預算和策略時幾乎有充分的靈活性。至於總公司則每一季由所有發電廠和項目組集會，進行兩天的項目回顧(Project Review)。而因為公司普遍的採行任務組為基礎的管理，強調責任承擔，致其正式分層組織大為減少，基層員工與首級執行長間只有二個層次，而大多數的發電廠則至少有三個層次，這與過去的層級結構相比，因為權力的向基層移轉，提高了管理效率與收益。（孟慶國等譯，《智力資本的策略管理》，米娜貝爾出版公司，頁 38-41。）

　　日本的花王公司在已成熟的合成洗衣粉市場下，於 1987 年推出了創新的酵素濃縮洗衣粉「一匙靈」，一匙靈的開發過程長達十年，充分利用社內研究人員之間的組織聯絡網，每當遇到新的問題就立刻請擁有專業知識的研究人員協助開發，任務完成再回原部

門，所以在各階段發生或出現新問題時，就會有研究人員參與或退出。

花王的成功在於各部門組織的完善溝通網，花王認為員工間積極、直接的互動，可以產生創造性的火花：

1. 資訊共享：是花王界定組織的主要原則，所以將公司所有的資訊皆儲存在資料庫中，任何員工不分單位、職務均可透過網路查詢公司的銷售系統、行銷資訊系統、生產資訊系統或通路資訊系統的資料。

2. 採取開放式空間：其內部員工的座位係圍繞著一個開放式的空間，即大辦公室可能有一半空間是開放式的，可在開放空間的會議桌上舉行會議，至於在實驗室裡，研究人員則沒有自己的桌子，而是共用幾張大桌子，這種方法可使員工增加溝通、分享知識。

3. 採取開放式的會議：在花王，任何會議都是開放的，就算是高階主管會議，任何員工也都可參加其中相關的部分，提出看法。這可以加速公司資訊的分享和彼此的互動，並掌握來自基層的實務經驗。至於其內部有關研發方面的會議，大都採取這種會議方式，因此允許研發部門以外的員工參加。

4. 流通式的人事變動：職位的不停變動，可以增進不同經驗員工之間彼此互動的機會、知識的累積和分享，以及不同領域開發人員的合作。

5. 為了快速的制定決策、分配資源：當產品研發、行銷創新及人力資源管理部門必須要相互支援、配合時，就必須要涉及水平的合作，因而組織三個水平委員會來處理相關問題。(1)部門策略委員會，由副總裁及各部門主管所組成，一年開會兩次，以決定必須由跨部門小組共同研發的產品。(2)行銷創新委員會由產品的行銷人員及部門外的市場研究人員所組成，每月開會二或三次，以進行探討市場研究、廣告媒體組合、包裝等問題，並建議適當的行銷創新方案。(3)人力資源管理委員會，由部門主管組成，每月開會一次，除審查各部門人力資源發展情況，並由各部門選出適當人選參加新產品或行銷創新專案。

6. 建立與外界客戶互動機制——共鳴系統：花王在日本各地的接線生均可利用三個副系統來回答客戶的問題，每個接線員每天處理二百五十通電話，一年可處理五萬通電話，並利用共鳴系統的資訊解答客戶的詢問，其中有用的資訊在隔日整理後，送交研發、生產、行銷等相關部門作為參考。（參楊子江、王美音譯，《創新求勝：智價企業論》，遠流出版公司，頁233-245。）

　　花王公司的這種多層組織管理和本於電腦系統網路的創新應用，在化妝品市場上即獲得快速的發展。例如一個關於表面和生物科學的研究小組，在八〇年代開發出一種名叫蘇菲的產品，並在七年之內，讓花王成為化妝品市場的第二大供應商，在研發行銷過程中，電腦網路不但為工程師提供技術資訊，同時也為市場行銷人員提供消費者的資料。此外透過零售收集客戶資訊，並把各種資訊用在開發研究實驗室中，以進行產品、技術的改良來滿足消費者的需

求。特別是網路可將經由市場調查所獲得的資料與經由共鳴系統所獲得的消費意見進行對比，以掌握事實真象。

 參 重視、激勵人才

企業在競爭激烈的市場中要獲得生存，甚至進一步攻城掠地，就在於誰擁有大批的管理人才、專業人才，特別是創新人才，誰就掌握了競爭的優勢和主動。

一、重視人才

真正尊重員工的管理者，必須使員工對公司產生忠誠，如果管理者願意主動徵詢員工的想法，並尋求他們的協助、合作，就能讓員工認識到他們在公司的位置與重要性，那麼公司將成為他們的公司，而出現認同感、榮譽感、責任感。所以員工在執行任務時，不是被迫地接受命令，而是看到自己的價值，積極參與。只有老闆、幹部、員工相互間都能自由地講話、溝通、和睦相處的企業，才具有真正的前景。

二、選用人才

人才是企業無形的資本，企業間的競爭，就是人才的競爭，因為有了第一流的人才，才可能有第一流的企劃、行銷、研發等。艾科卡曾使克萊斯勒汽車公司轉敗為勝，而優秀人才的相繼流失，可能使企業萬劫不復。所以一個企業必須開誠布公的以各種管道尋取真正的人才，而不是滿足於阿諛或者是某種利益。

如卡內基對冶金技術一竅不通，但因能找到精通技術、擅長創造的人為其工作，而變成鋼鐵大王。美國的老福特有汽車大王的美譽，但在成功後變得獨斷專行，容不下不同看法，人才紛紛辭去，失去求新能力，變得因循守舊，終於被通用所超越。

美國的惠普公司總裁卡培拉斯曾說：「人才就是資本。」「本公司發展的主要經驗之一，就是尋求最佳的人選。」所以每年要派出幾百位有經驗的工程師和經理人員，前往美國兩百多所大學物色優秀畢業生，公司和史丹福大學簽訂協議，技術和管理幹部可去旁聽。每個職工每週至少有二十小時學習業務，每年四分之一的員工參加訓練班。

又如松下幸之助認為「事業成敗完全在人」，所以松下企業早在 1934 年 4 月就創辦了員工養成所，當時日本中學學制是五年，而養成所則為三年畢業，但在學生素質毫不遜色。每週授課 48 小時，沒有寒暑假，只有星期天、節日放假，至於學生來源，則是從日本全國的三府四十三縣，每一府縣選拔出一名最優秀的人選，然後培養、教育成一名理想的員工。

江口克彥在《松下人才學：培育人才的 12 個觀點》一書中，提出松下物色人才的條件是：

1. 自我負責經營：員工應該在自我負責的想法之下，不斷地自我實踐、反省和改善，每個人都認為自己是員工創業獨立經營體的主角，以本身的創意與熱忱致力工作，使獨立經營的花朵盛開。

2. 徹底的「商人」：能夠瞭解企業為何存在，以及客戶的感覺，並對客戶心存感激的人。

3. 鉅細靡遺：不論對待什麼樣的客戶，都能注意到接待的細節。

4. 真誠的服務精神：奉獻與服務是出自感謝的心，也是做生意的根本。顧客是否滿意，關係著對松下的支持與未來的繁榮。

5. 正確的價值判斷。

6. 認知自己在經營神聖的事業，企業是為了維持和提升人們生活而生產必要的物質，並消滅世間的貧窮。

7. 將理念付諸行動。

三、激勵人才

一個經營者必須對員工的本質給予高度評價，認同其人格、賞識其才能。

日本東芝公司的董事長土光敏夫指出公司必須提供員工良好的工作環境，使每個人都能發揮所長，因此採取「自己申報」與「內部招募」的方式，即員工如果認為自己在那個職位更能發揮所長時，可以自動申報；另一方面，當公司某一部門需要人才時，不是立即向外徵求，而是先在公司內部員工中進行招募，以促進人才在內部充分合理的流動，這項制度實行的四年期間有六百名員工做了內部調動，有百分之八十的人，認為調動是成功的。

又如日本的富士全錄公司，在內部有缺額或開發新事業而需人力時，除向社會徵求外，也向公司內部公開招考。同時公司每年並舉辦一次「向新事業挑戰」的活動，在內部公開徵求新事業的企劃案，在評估可行性後，由公司出資百分之九十，提案人出資百分之十，成立新公司，提案人就是總經理，這激起員工極大的積極主動性。

用熱情激勵部屬也是很好的方法，松下幸之助在 1960 年 1 月主管會議上，宣示 1965 年以前松下要成為日本第一家實施週休二日的日本知名企業，但員工薪資水準仍將維持現有水準，然與會者均擔心公司將因而喪失競爭優勢，員工則懷疑計畫不能成真，因為工時減少將近百分之十七，薪水、福利等怎麼可能維持不變？但 1965 年 4 月時，目標達成，生產力大幅提高。

1967 年在召開年度管理政策會議時，松下提議將員工的薪資水準提高，超越歐洲的水準，而同於北美的水準，此計畫時間為五年。經過討論，許多人雖然質疑是否明智，但主管們仍然配合進行。而員工及管理階層旋即發現，隨著薪資的上揚，必須進行改變，以使產品的成本更具競爭力，故只做漸進式的改變是不行的，必須發明更有效率的新方法，採用節省人力的設備、取消不適用的傳統作風、盡量採取自動化。結果到 1970 年時，松下電器超過新力、本田、豐田，成為日本最有效率的企業之一。1971 年，五年計畫開始的第四年，員工薪資達到西德的水準；1972 年，員工薪資接近美國的水準。

14 Chapter

知識管理與組織學習

壹、知識管理

貳、組織知識的創造

參、組織知織的學習

　　隨著知識經濟的發展、經濟的全球化及產品生命週期的縮短，企業已不能再採用低技能、低工資的員工不斷重複進行商品生產的方式來維持企業的成長。因為，今天企業的發展靠創新，創新靠知識，也因而知識的產生、傳播、交換、共享，以及對知識運用的激勵，將是企業成長的重要推動力。至於企業如何在內部組織創造知識，以創新產品、研發新的技術、進行組織及人力資源的改進，就需建立學習型的組織來達成此等目標。而創新人才只有在知識結構合理、知識淵博的情況下才會出現。

 ## 壹　知識管理

　　彼得・杜拉克在 1964 年所著的《成效管理》(Managing for Results)一書即指出：「對企業來說，『知識至上』跟『顧客至上』的涵義是一樣的。實體物品或服務，只是企業以專業知識交換顧客購買力的唯一工具。企業是由人所形成的組織，成敗全靠人員的素質。勞力部分可靠自動化來取代，但知識部分卻是特殊的人力資源，書籍中包含的只是資訊，不是知識。知識是把資訊應用到特定工作及績效的能力。企業只能透過人員，以其智力和純熟的技術取得知識。」（陳琇玲譯，《成效管理》，天下遠見出版公司，頁144。）

　　從 1960 年代到今天，知識的重要性與日俱增。

一、知識的作用

1. 知識是最重要的生產要素

　　美國微軟的比爾‧蓋茲能成為世界首富、電子產業有許多電子新貴，就足以顯示知識對經濟成長、企業發展的重大作用。

　　知識所以成為超越資本、勞動力和土地，而成為最重要的生產要素，有幾個原因：(1)知識的創新性，表現為新設計、新觀點、新思路、新發明。(2)知識是無形資產，但一旦與有形的技術、材料結合，就可以產生巨大的效益。(3)知識具有壟斷性，可取得專利。(4)知識的效益可呈現在精神與物質的產品中。因而在技術需求愈高的產業中，知識的重要性愈高。

2. 知識資本決定企業的競爭力

　　企業的價值不僅在於它的規模與有形資產，更決定於所擁有的知識資本的數量，知識成為企業最大的資本與財富的創造者。如 1996 年時，美國的思科公司出資 48 億美元收購 Stratacom 公司，這個收購價格超過 Stratacom 公司年營業額的十倍，就是因為所收購的不僅是它的有形資產，更包括它的無形資產「知識資本」。

3. 知識可以創造邊際收益的遞增

　　傳統產業隨著投入生產要素的增加，產出隨著增加，但生產要素繼續增到某一程度，則產出不僅不再增加，反而會減少。但是知識資本能被重複使用，具有無限擴展的可能性，因而它的邊際收益不是遞減而是遞增的。

4. 知識創新恢復人的重要性

　　過去專業技術並未受到重視，勞工是一種可以租用，招之即來揮之即去的邊際生產因素，把勞工視為生產過程的配角，資本與生產設備才是最重要的。但今天新的科技與創新的需要，個人的專業技術和知識卻變成資本主義社會的主角，所以企業必須進行人性化的管理，尊重員工、彼此溝通，以激發其創新的能力。

　　因為知識的作用，所以企業能掌握科技，就能充分利用原料，提高經濟效益，美國的洋芋大王辛普特，開始的時候，靠著加工脫水洋芋，賺了一筆錢。到了五〇年代，花錢買下別人的技術，生產冷凍炸洋芋條，成為市場熱銷品。七〇年代，在世界性石油供應發生危機時，又採用新技術，用洋芋製出一種可明顯提高汽油燃燒的添加劑，廣受歡迎；後來又收購新技術，用洋芋生產乙醇，剩下的洋芋渣則作成魚飼料。一個小小、普通的洋芋，在科技的運用下，其功用獲得充分發揮。

　　技術的領先，是透過創新的利益來吸引消費者，並使競爭者無法提供相同的新技術。在 1960 年代，美國的衛生紙市場已趨於成熟，而廠商也都認為要求衛生紙柔軟的話，便會失去紙質的韌性，但寶鹼公司以優異的技術，投入大筆資金，花了五年時間，生產出既柔軟又有韌性的優異產品，立即席捲美國衛生紙市場。

二、知識的意涵

　　知識不等於資訊，資訊存在書籍、報表、電腦中，但知識是人類大腦勞動的結果，是藉由分析資訊來掌握先機的能力，也是創新所需的直接材料。

　　知識本身無法控制，也無法編輯，但知識可以分享，而分享後的知識能夠以倍速成長，研究組織創造力的學者杜瑞斯勒曾說：「個人聯結成為一個團體後，每個人的頭腦成為彼此心靈互動的環境。」因為透過不斷地重複和回饋，這個組織很快地就能自我組織，而「產生許多平行及獨立的次級和次次級互動。在行動、回饋、合成的三部曲之後，團體會不斷互動。」如 1996 年，新英格蘭有五家醫院的心臟外科醫生彼此觀摩對方的手術過程，然後一起分享心得，結果心臟繞道手術的死亡率大幅下降 24%，相當於挽救 74 條人命。這些醫生如果不是經由相互觀摩，而是依照著傳統進修，如聽演講、研讀醫學報告，是絕對無法達到此一成果的。又如實習醫生如果是在團體中工作，則診斷的正確性，將會大幅提升。（齊思賢譯，湯瑪斯·派辛格著，《知識經濟領航員》，時報出版公司，頁 162。）

　　因而知識是對資訊運用後所發生的認知、概念、技術等。產品則是知識的具體展現，其價值往往也依知識本身的價值而定。

三、知識管理的原則

　　實施知識管理要掌握三個原則：積累、共享和交流。

1. 積累

　　知識需要積累和挖掘：(1)經過辦公室網路化，員工清楚地看到上級的工作要求、完成時限，並回報結果，從中公司可以瞭解市場狀況、已有及潛在的客戶、工作進展情況，以進行分析、決策。(2)主動地提供對員工有用的資訊。(3)設置知識管理中心，進行對知識的收集、儲存、組織、管理、研究。

2. 共享

　　個人或小團體的知識在轉變成企業的知識後，知識在企業中才能流動、溝通及共享，創造新的知識才有可能。其方式如公司的資料庫、電子郵件、會議、非正式活動等。

3. 交流

　　網路的發展為知識的傳播和共享提供簡單便捷的通道，也擴大了共享的範圍。

　　如著名的麥肯錫顧問公司的資料庫分為內、外兩個部分。外部主要是：(1)訂購國際知名的線上資料庫，檢索後進行分析加工成二手文獻；(2)收集整理媒體相關新聞；(3)針對性地訪談所獲取的資料。內部則包括：(1)所做工作項目超過兩年時間並排除保密性資料的檔案；(2)研究人員對不同行業的深入分析和內部的研究報告；(3)麥肯錫分析問題的方法和工具。此外麥肯錫還有一個完善的專家網，在其中能查到各行業專家的名字、為公司做過哪些工作、在公司內部發表過那些研究文字，及如何快速找到這些專家。（參葉茂林等著，《知識管理理論與運作》，社會科學文獻出版社，頁 300-305。）

四、知識管理中的激勵機制

所謂的管理，最終是對人的管理，如何調動和發揮員工個人的積極性，如何發掘員工的最大潛能的問題。而在知識經濟的時代，人本管理更重視對員工的精神激勵，賦與員工更大的權力和責任，使其認知與企業是一體的，進而發揮自己的自覺性、主動性和創造性，貢獻與分享自己的知識，使企業能取得更新的技術、研發更好的產品，取得成本優勢、成品優勢。此時企業為知識創新所投入的大量成本，將能獲得回收的保證。

要發揮出知識管理的效果，以下有幾個最佳例證：

1. 企業必須投身研發的工作，才能使員工的知識有發揮的可能。德國的西門子公司，其營業據點遍及 120 多個國家和地區，僱用員工人數超過 350 萬人，1996 年的營業額達 614 億美元，獲利 19 億美元。其成功的秘訣在於要求：每年要有兩萬項發明革新。該公司每年投入研究開發的費用占營業額 10%，而在全球從事研究開發的人員有 4 萬 8 千人，占員工總數的 11%。

   芬蘭的諾基亞公司在 1991 年從傳統的木材產業中脫身而出，集中財力、人力開發行動電話和通訊網路設備，如今其研究開發費用已占營業額的 87%，在世界各地有 13 個研發中心。

2. 鼓勵員工參加研發管理或採取更大的彈性管理。日本的松下電器鼓勵員工參與研發，對於員工提出的建議方案，不論是否採用，都頒給獎金。縱然某些員工的提案是屬於份內的工作，只要有價值，仍然可獲得獎勵。公司支持員工尚未成熟的想法，

員工可以利用公司的設備來製造他自己設計的樣品。而松下展開合理化建議活動，不只侷限於經濟的效益，更希望能開展員工的自主性，有這種風氣後，員工就可以放開思想的束縛，把公司當作自己的家，熱心為其盡力謀劃。

這種合理化的提案活動，在日本企業界普遍採行，也是激發、運用員工知識的最佳方法。日本的東芝公司曾一度出現財務危機，後來依照提案活動製造出取代煤暖爐的電暖爐，使公司恢復元氣。又如該公司曾在 1952 年前後，因為電扇滯銷，成批材料積壓在倉庫無法處理，結果一名員工向公司建議，將電扇的顏色改為漂亮悅目的水藍色，外形也改得更優美一點。在當時，世界各地的電扇都是黑色的，外型也十分笨重，但公司接受此提案，結果第二年夏天，這種清新悅目，外形優美的水藍色電扇，一上市就引起購買熱潮。

日本的三菱公司也經過員工的提案，製造出可於室內使用的棉被烘乾機，解決了日本婦女在梅雨季節曬棉被的問題。本田技研公司對前往參觀的客人，首先介紹的就是該公司合理化提案的情況，視其為公司所具有的優勢。

 貳　組織知識的創造

瞭解一個企業如何創造新的產品、如何研發新的技術、如何進行組織及人力資源的改進是很重要的，但是更需要認識一個企業在內部組織上是如何創造知識來達成上述目標，因而要探討組織知識創造的問題。

　　葉茂林等學者在《知識管理理論與運作》這本書裡指出：「隨著知識經濟時代的到來，學習型組織成為企業作好知識管理工作和提高競爭能力的必要條件。也就是說，如何有效地激發企業的創新和創建成功的學習型組織早已成為現代管理的兩大主題。……對一個企業而言，學習是創造力和競爭力的泉源。未來最成功的企業將是一種學習型組織，它能夠使企業所有員工全心投入，並持續不斷學習，有利於開發和培養全體的創造力、解決實際問題。換言之，企業未來唯一持久的競爭優勢，就是具備比競爭對手更快速學習的能力。」（葉茂林等著，《知識管理理論與運作》，河南人民出版社，頁 266-267。）

　　彼得・杜拉克則注意到製造、服務和資訊部門都將以知識為基礎，而企業組織也將在各方面演變成知識的創造者，所以每個企業的最大挑戰在於必須隨時準備揚棄過時的組織，並以下列方式學習新的事物：1.持續改善每一項活動。2.運用既有的成功法則到其他事物。3.將持續性的創造變成一個組織的程序。

　　提供組織內部學習的環境、培養創造力是企業的重要工作項目。因為學習是創造力和競爭力的源泉，而最成功的企業將是一種學習型的組織。

一、學習型組織的意義

　　學習型組織是企業內部以信息和知識為基礎的組織，員工能夠自我學習、自我發展、自我控制，能夠預期變化並作出反應。同時實施目標管理，使每個人、每個部門都以此為目標、有任務責任、

符合人性的、有機的、扁平化的組織。其特點在於學習、知識的共享，以及揚棄過時思考方式和常規程序，並排除個人、部門的利益，以追求整體利益。

二、學習型組織的五項核心修練

彼得‧聖吉(Peter M. Senge)在名作《第五項修練》中指出，學習性組織的核心修鍊應包括：自我超越、改善心智模式、建立共同願景、團隊學習和系統思考五個項目，藉以開拓尚未被發掘的，個人與組織的可能成長空間，茲將其重要內容介紹如下：

1. 自我超越

自我超越的意義在於能以創造而不僅是反應的觀點來面對自己的生活和生命，也就是不只是不斷的重複自己，而是學習如何在生命中產生和延續創造性的張力，能夠認清究竟何者對我們是重要的，並看清眼前的實際情況，向個人認定的目標前進。所以一個企業若能提供員工一個願景以激動自我成長與實現，必然是有益的。如美國的跨國能源公司——AES 公司，竭盡全力以保障每一個員工都能維護誠實、公正、快樂和承擔社會責任的價值觀。公司的夢想是滿足不破壞環境、安全和低成本的需要、滿足個人圓滿完成工作的願望，並從中獲得快樂。其目標則是一直創造和保持每個人都能得到發展的環境，以最大限度地發揮其智慧和才能。

(1) 建立個人願景：願景是內在真心渴望追求的終極目標，而非僅是一般目的的實現，它可以使人充滿熱誠，並在面對失敗、挫折時，具有克服的精神動力。

(2) 保持創造性張力：當願景與現況間存在著差距的時候，不是把願景拉回現況，而是把現況拉向願景，而這種差距就是創造性的張力，也就是創造動力的來源。因為創造性張力可轉變個人對失敗的看法，將失敗作為學習及成功的階梯和助力。這就如愛迪生所說的：「失敗和成功具有相同的價值，因為在去除一切的不可能後，剩下的就是可能。」

(3) 看清結構性衝突：經由認知與意志力來克服個人追求目標和邁向成功時的結構性心理障礙，這種障礙限制自己的創造力，因為它誤以為自己根本沒有能力實現自己所想要的。

(4) 誠實的面對真相：看清真實的障礙及事件背後結構性的理解及警覺。

(5) 運用潛意識：在意識與潛意識間能發展出較高的契合關係，將潛意識的運用當作一種修鍊進行提升，如用潛意識不斷地對自我進行暗示或鼓勵。

(6) 不斷對準焦點：將願景中的某一特定目標納入思考。

(7) 廓清生命的終極目標及對整體的使命感：願景的如一及經由與外在整體的一體感，自然形成一個更廣闊的願景。

2. 改善心智模式

心智模式是指根深蒂固在人們心中，影響著人們對周圍世界的認識及如何採取行動的許多假設、成見或刻板印象，它們

往往是被簡化的，並隱藏在人們心中不易被察覺與檢視。同樣在企業管理上也面對著相同的問題，因此要學習如何攤開我們的心智模式，進行檢視和改善，即要打破既有的思維定勢，以進行創造性思維。

(1) 管理組織的心智模式：A.把傳統的企劃工作視為學習過程。B.建立內部董事會，將資深管理階層與地方管理階層定期聚會一堂，共同挑戰決策背後的想法。

(2) 辨認跳躍式的推論：分析自己如何由直接觀察跳到概括性的結論，而卻從未進行檢驗，以致這些結論是片面的、淺薄的，甚至是荒謬的。

(3) 攤出對事物的假設：對自己經歷的事件及處理方式坦誠的寫出內心隱藏的假設，並顯出這些假設如何影響行為，以找出其中不合理處。

(4) 探詢與辯護的兼顧：單純的辯護，會使自我封閉致無法真正進行學習，而探詢與辯護的綜合利用，可以增進合作性的學習，所以每一個人都應該說出自己的想法，不必隱藏背後的證據或推論，並接受檢驗。

(5) 對比擁護的理論和使用的理論，找出其間的差距，予以改進。

3. 建立共同願景

共同願景是企業員工共同關切的遠大理想，它可能是一項重要的任務、事業或使命等。為了實現願景員工會去做任何所必須做的事情。

(1) 鼓勵個人願景：鼓勵員工發展自己的個人願景，設計自己的未來。

(2) 塑造整體圖像：企業願景與內部個人願景連成一體，個人對全體分擔責任、分享共同願景，並力求實現。

(3) 融入企業理念：將願景融入企業經營管理的理念中，而此企業理念應能回答三個問題：追尋什麼？為何追尋？如何追尋？

(4) 忠於事實：透過不斷地檢驗願景和現實的差距以產生組織的創造性張力。

4. 團體學習

企業的成功，要依靠卓越的個人能力和合作良好的團隊之間互為補足，所以不是為了公司的願景犧牲個人利益，而是將共同願景變成個人願景的延伸及自我超越的目標。團體學習即是要培養出具有創造性、協調一致性及高出個人智力的團體智力。

(1) 運作上的默契：人人採取配合方式行動。

(2) 深度訪談與討論：要求暫停個人主觀思考，彼此用心聆聽，以自由地、有創造性地共同研探討複雜問題。

(3) 防止習慣性的自我防衛，以發現原本不曾注意的學習潛力。

5. 系統思維

系統思維是五項修鍊的核心，讓人採取系統的觀點看待組織的生存和發展，並將組織成員的智慧和活動融為一體，由事物的局部看到整體，由事件的表面到變化背後的深層面。

(1) 系統思維對自我超越的意義，在於：A.融合理性與直覺。B.將自己與周圍世界視為一體。C.發展出對待他人的同理心。D.形成對整體利益的使命感。

(2) 系統思維對於改善心智模式是重要的：心智模式專注於如何暴露隱藏的假設，而系統思維則在重新架構假設以體現事物內在的本質聯繫，並找出心智模式的瑕疵，以改變思考方式，從以事件為主導的心智模式，轉為認知其長期的發展變化。

(3) 系統思維對於建立共同願景的意義：願景的擴散是經由不斷釐清、投入、溝通與奉獻所形成，所以經由系統思維，認識到共同願景的基礎是建立在個人願景的互動與整合，並察覺共同願景與現實間的差距，以保持創造性張力的能力。

(4) 系統思維對於團體學習的意義：使團體成員有一種新的語言，能夠更客觀的討論問題，不只注意事實的表面，更注意事物背後的結構或本質，並深信大家都會採取相互配合的態度和行為處理問題。

（以上參見郭進隆譯，彼得·聖吉著，《第五項修鍊：學習型組織的藝術與實務》，天下遠見出版公司，頁 219-395。）

三、組織知識創造的內隱和外顯之轉換

內隱知識是屬於個人的，與特別情境有關，不易形成具體化與表達，如主觀的洞察力、直覺、預感等。外顯知識則是可以用文字或數字表達的，並且能藉著具體的資料、標準化或制式化的規則進

行溝通。在二者中，知識主要是內隱的，如技術、工藝、心智模式等，是無法公式化或詳加形象說明的，因而在分享內隱知識的時候，就必須將其先轉換為大家都可理解的文字或數字，而組織知識便在轉換的過程中（由內隱成為外顯，再由外顯到內隱）創造出來。

如第一線員工熟知某項特別技術、產品或市場的細節，但並不知道如何把這些資料轉換成為有用的知識，或因本身條件的侷限，無法進行整體性的思維，這時中階管理人員就可藉著提供概念性架構（如專案小組會議、開放式的會議、智力激勵法等），幫助員工將自身的經驗以他人能理解的方式表達出來，並結合高階管理人員的理想、目標（二者皆為內隱知識），產生正式的計畫方案（外顯），使方案付諸實行，同時經由討論、激勵、方案的實施所產生的外顯知識再轉換成員工的內隱知識。至於在轉換過程中，則重視隱喻和類比，以及由個人知識到組織知識的互動。

所以企業應該強調直接經驗與嘗試錯誤學習的重要性，而不是束縛員工自由的發揮，同時透過轉化，使創新不僅止於將各種資訊組合在一起，而是一種高度個別的個人和組織的自我更新。（參楊子江、王美音譯，野中郁次郎、竹內弘高著，《創新求勝：智價企業論》，遠流出版公司，頁 10-22。）

參 組織知織的學習

一個成功的企業能夠將其包括技術在內的創新技能、工作經驗等變成組織學習的內容，並有效的應用這些知識和技能。

一、組織內的學習：培訓

企業間的競爭就是人力資源的競爭，人力資源是一種可變化的資源，且富有潛能可予以開發，因此培訓是企業提高員工素質並提升核心競爭力的重要手段。

員工培訓要根據企業發展和具體工作的需要，因而必須有計畫、有步驟、有系統、有針對性地展開培訓項目，使員工所掌握的技術、技能與更新的知識能夠應對新的工作環境和需求，培訓的方法則應學用結合，多採啟發式、討論式、研究式、案例式和實作式的教導、學習方法。

1. 英特爾公司的培訓

英特爾公司對新員工有專門的培訓計畫，如上班的第一天會進行常識的培訓，讓其熟悉各部門的規章制度等，然後由經理分給新員工一個伙伴，如果遇到不懂的事情，隨時可向其請教。新員工在 3~9 個月間，會有一週關於英特爾文化和在英特爾如何成功的培訓。英特爾也會給每位新員工制定一個詳細的計畫，每一週每一個月分別需做到什麼程度，可能需要哪些支持，都要照計畫進行，公司同時隨時追蹤。此外，英特爾也安排許多一對一的會議，讓新員工與上司、同事、客戶進行面對

面的交流，特別是與高層的面談，給新員工直接表現自己的機會。至於經理則會從公司拿到一份資料，其中明確告訴經理，每個月員工應該學會什麼、第一次交流的內容是什麼、應該培訓什麼，並要求經理對新員工做一對一的指導，記錄每一個新員工的情況。這些方式是要讓新員工儘快融入到英特爾的工作環境和各種工作流程中。至經理層級的培訓，因為管理者要有良好的溝通技巧和激發員工的能力，則著重五個項目：制定工作目標、完成計畫、怎樣幫助別人共同解決問題、對員工如何實施有效管理，對業績好員工應該如何表揚與激勵。

2. 通用汽車公司的培訓

通用汽車的培訓內容對管理、工程技術和工人等不同類的員工有共同的部分，但較多分層次按職位要求而確定。

(1) 入門培訓：係針對新員工或新職位的需求而進行的，主要包括：公司概況、產品市場狀況及技術特點、生產製造及品質要求、生產安全及勞動保護、企業文化及員工行為規範等。

(2) 適應性培訓：係針對全體員工分層次按職位需要及綜合素質的提高進行的新技術、新知識普及和綜合能力訓練，其具體培訓內容設有五個模塊：A.模塊－工作標準化專題：目的在通過培訓，讓所有員工掌握標準化工作清單的製作和不斷改進的技能，正確理解運用標準化的形成推展工作以及工作場所合理安排的重要性。B.模塊－品質專題：目的在讓員工理解和接受「品質是生產出來的」觀念，以確保向客戶提供高品質的產品。C.模塊－領導責任專題：目的在向各管理人及

專業技術人員教授領導力的基本知識和必備技巧。D.模塊－拉動系統和物流管理專題：目的在使員工瞭解和掌握從客戶訂單的接受到生產、包裝、運輸、收貨、儲存、看板供貨，到暗燈系統的精實管理之具體應用。E.模塊－持續改進專題：目的在使員工能掌握並運用不斷改進的原理和概念，正確瞭解和運用計畫、執行、確認、行動循環以及實際問題的解決。五個模塊共設計二十門課程。

(3) 提高性培訓：係針對有培養前途的幹部和高層管理人員進行管理技能、專業技術方面的專門培訓。

3. 西門子公司的培訓

西門子公司認為在競爭激烈的市場上，在創新具有靈活性和長期性的商業活動中，人才是決定成敗最主要的力量，因此人所具備的知識和技術必須不斷地更新，所以西門子公司致力於走向學習型企業之路，而特別注重員工的在職培訓。其中最主要的是管理教程培訓，共分五級，並以前一級為基礎。

(1) 第五級：管理理論教程。培訓對象管理潛能的員工，目的在提高自我管理能力和團隊組建能力。培訓內容是文化、自我管理能力、個人發展計畫、項目管理、掌握客戶需求的團隊協調技能。培訓日程是與工作同步的一年培訓、為期三天的兩次研討會和一次開課討論會。

(2) 第四級：基層管理教程。培訓對象是有較高潛力的初級管理人員，讓參與者準備好初級管理工作。培訓內容是綜合項目的完成、品質與生產效率管理、財務管理、流程管理、組織

建設及團隊行為、有效溝通和網路。培訓的日程是與工作同步的一年培訓，兩次為期五天的研討會和一次為期兩天的開課討論會。

(3) 第三級：高級管理課程。對象是負責核心流程或多項職能的管理人員，目的是開發其企業家潛能。培訓內容是公司管理方法、業務拓展及市場發展策略、技術革新管理、西門子全球機構、多元文化間的流程、改革管理、企業家行為及責任感。培訓日程是與工作同步的 18 個月培訓、為期五天的研討會兩次。

(4) 第二級：總體管理教程。培訓對象必須具備下列條件之一：A.管理業務或項目並對其業績全權負責者；B.負責全球性、地區性的服務者；C.至少負責兩個職能部門者；D.在某些產品、服務方面是全球性、地區性業務管理人員，目的是要塑造領導力。培訓內容是企業價值，前景與公司業績之間的相互關係、高級戰略管理技術、知識管理、識別全球趨勢、調整公司業務、管理全球合作。培訓日程是與工作同步的兩個培訓，每次為期六天的研討會兩次。

(5) 第一級：西門子執行教程。培訓對象是已經或有可能擔任重要職位的管理人員。目的是提高領導能力，培訓內容是根據參與者情況特別安排，主要是根據管理學知識和公司業務的需要而制定，並隨二者的發展變化而不斷更新。

除了上述的公司內部培訓外，還為員工提供外部培訓，即西門子將外部所有認為有價值的，當地的培訓機構與資源、課程的相關訊息放到公司的網站上，由專職者負責資訊的更新。

員工需要某種知識與技能的培訓和學習時，可以隨時查閱提供此類培訓的機構與課程，時間及費用，然後向公司提出申請，公司會為員工報銷所有學習費用。（張岩松、趙明曉、李健等，《人力資源管理案例精選精析》，中國社會科學出版社，頁 230-231。）

4. 豐田汽車的培訓

在豐田汽車，每一位管理者都是其部屬的老師，並被告知如何運用標準化流程培訓下屬。在職培訓的目的是培訓實踐豐田模式的團隊成員，即一名主管的工作是幫助下屬完成「好的工作」，並促其成長。至於所謂「好的工作」是指具備挑戰性、激勵性的工作，能提供成就感或個人成長的感覺。

工作的培訓按照豐田的計畫－執行－檢查－處理(PDCA)的程序排列。在計畫階段，主管要能瞭解部屬的優、劣勢及需要完成的工作，然後提供能夠稍微發揮部屬技能的工作。在執行階段，主管必須激勵部屬，這需要透過良好的觀察，主管可以評估下屬的工作，在這兩個階段可以討論為了實現個人的成長目標所需要的努力和行動的方向。所以親自照顧每一位部屬及部屬的發展是主管的責任，至於培訓程序則需因人而異，因每個人都有不同的價值觀、個性、能力，故培訓時要以這些為基礎。

豐田公司的培訓有不同的層級，除基層員工外，還有小組領導和團隊領導培訓、經理層的培訓、總經理和副總裁的培訓。在此處再以基層員工的培訓進行介紹。

　　豐田公司利用關鍵結果分析系統(Critical Output Analysis COPA)來確定具體工作所必需的相關培訓，首先從瞭解工作的目的開始，然後轉化成所需要的具體能力。在豐田，當有員工開始解決問題時，其主管就會時常詢問：出了什麼問題？即在解決問題之前必須能夠清楚地瞭解目標，或在培訓之前，需要瞭解工作的預期目標，然後轉化為培訓需求。

　　當一條新的生產線安裝啟動後，該生產線的幾個小組領導感覺工作不很順利，而團隊成員也有類似的感覺，就一起去見團隊領導，請求召開會議解決該問題。此時，團隊領導意識到自己應該為此事負責，於是決定召開一個 COPA 會議以確定小組領導的培訓需求，這樣便可以解決整個團隊和小組領導的問題。其包括四個步驟。

(1) 第一步

　　　　將團隊成員齊聚到培訓室，詢問整個團隊以下五個問題，並將答案寫在活動掛圖上。

　A. 你們工作的關鍵結果是什麼？你們所負責的完整的流程（工作）是什麼？

　B. 構成、導致、促成這些關鍵結果的主要任務（活動）是什麼？這些關鍵結果依賴的活動是什麼？

　C. 完成主要任務需要什麼樣的信息和知識能力。

　D. 完成主要任務所需要的人際能力是什麼？為了與你的同事有效地工作，你必須做哪些事情？

　E. 工作所需的知識能力或智力和操作是什麼？涉及哪些思維能力？

(2) 第二步

　　　團隊領導訊問小組領導對於問題所作的記錄是否可理解和是否精確，然後與團隊一起解決上述問題，並達成一致的共識。該系統的理念是：為了企業的成功，需要生產某些產品，為了生產這些產品需要成功地完成某些任務。跟著要鑑別完成這些任務需要那些能力，這些都是訓練和培訓時需解決的問題。

(3) 第三步

　　　具備了關於工作內容的訊息後，團隊領導便將其轉化成COPA 的形式，為下一步所用，並再一次召集團隊成員回顧整個內容後，將注意力集中在三張紙上，其分別為「涉及知識」、「人際關係」和「智力方面的能力」，並對每個大項目的細項列出兩個標準，按照從低到高的順序排列為 5 級評分標準。其中，「工作重要性水平」允許團隊領導評價各項能力對工作影響的重要性水平；「能力水平」，則允許小組領導評價自己掌握這些能力的水平。

　　　在第三步中，得出三個有價值的結論：團隊領導有機會強調他認為工作所需能力的優先級，小組領導有機會評價自己的能力，有機會明白個人和整體為了達到改進目標所需要的培訓課程。

(4) 第四步

　　　以確定的需求為基礎進行培訓，由於團隊成員參與了培訓需求的確定，並且報告了自己的實際工作及在能力方面的

差距，因此培訓效果提高，既解決整個團隊的需求又可解決個人的需求。（王世權，韋福雷，胡彩梅譯（Jeffrey K Liker 等著），《豐田文化：複製豐田 DNA 的核心關鍵》，機械工業出版社，頁 103-107。）

二、企業中的智力激勵

沒有任何企業敢保證自己永遠不會碰上問題，而只有鼓勵員工誠實面對，善於用腦，才可以確保這些問題盡早被發現並得到解決。同樣地，企業發展所涉及的組織、行政、技術、工藝、市場、銷售等問題亦複雜萬分，非管理階層少數人所能一一洞悉及處理的，所以經由會議型態的討論與腦力激盪，將使企業獲得寶貴的建言。

1. 通用電氣公司的群策群力

通用電氣舉辦的各種討論會都遵循同一樣式，由執行部門從不同階層、不同職位抽出 40~100 人，會議為期三天，與會者分成 3~6 個小組分別討論某個議題，小組討論進行一天半，列舉弊端，分別討論解決方案，為第三天的議程草擬報告。會議的第三天則頗為重要，因為它賦與「群策群力」這一管理模式以特殊的生命力。對前面議題一無所知的上級到會場在前排就座，並常有更高層的主管來旁聽。小組代言人逐一匯報，提出小組的建議和主張。按規定，上級可做出三種答覆：(1)當場定案。(2)否決。(3)要求提供更多的資訊，但須在固定日期內答覆該小組。

　　群策群力的模式消除了員工與管理階層的界限，不同職位、不同階層的員工集中在一起，針對某些問題進行研究並提出建議和要求，然後當場確定實施意見，這不但減少大量的中間環節，並帶來明顯效益，而讓員工廣泛參與管理，感受到運用權力的滋味，致提高員工的工作熱情。群策群力的最大作用顯現在「博克牌」洗衣機的誕生。原本通用電氣公司的家電部門有一個專門生產洗衣機的工廠，從 1956 年建廠之後的三十多年間一直經營不善，生產的洗衣機款式老舊，1992 年虧損 4700 萬美元，1993 年上半年又虧損 400 萬美元，故在 1993 年的秋天，公司決定賣掉這個工廠，這時一位名叫博克的公司副總裁說：「這麼多的工人怎麼辦？請給我一個機會，我一定會讓工廠扭轉虧損。」然後博克首先召集 20 個員工，採用群策群力的方法，用 20 天的時間提交總公司一份改革報告並獲總裁韋爾奇的支持，撥付 7000 萬美元進行技術改造。

2. 戴爾公司的學習型文化

　　企業的管理者和員工都要有求知若渴、不斷創新、不斷學習新知識、瞭解新事件的精神，也就是要建立學習型文化。但要形成學習型文化，首先要引導培養員工對學習的強烈興趣，對此，戴爾公司以提出問題作為學習的起點，如公司總裁戴爾本人就示範性地對員工提出有關學習的問題，如：怎樣可以讓你在戴爾公司的工作更輕鬆、更成功、更有意義。顧客的喜好為何？他們需要什麼？他們希望看到我們有什麼樣的進步？我們要如何改進？然後積極鼓勵員工發揮好奇心對提出的問題進

行探討，並要注意傾聽他人的觀點和意見。因而這些問題可以引發大家對已知和未知的關係進行思考、引導大家有目的地搜集、整理和組合各種訊息，並將思考引向更深入處。

其具體作法有二：

(1) 經由頭腦風暴式的會議集思廣益

戴爾公司常召開採用「頭腦風暴(Brain Storming)」式創新思維的會議。如在 1986 年秋天舉行的頭腦風暴會議，對戴爾公司的發展具有重大意義。與會者包括公司主要的執行主管、電腦業及其他行業的領導人、會議的目的是為當時面臨危機的戴爾公司提供進一步發展的方案，其提出的問題包括：公司今日的定位為何？公司會變成什麼樣子？我們希望它發展到什麼地步？有哪些機會可以帶我們到達那些境界？我們又該如何掌握這些機會所帶來的優勢？會議總結出大家提出的 131 個願望。十年後，這些願望近於全部實現。

這次會議得出三個重要的點子，影響戴爾公司的發展走向：

A. 鎖定大客戶進行直銷：因為按照二八法則，80%的普通客戶只為企業帶來 20%的利潤，但 20%的大客戶卻能產生利潤的 80%。

B. 為大企業客戶提供世界上最好的技術支援：對此，戴爾公司在同業中最早推出「上門服務」的業務，如果客戶電腦發生問題，只需撥一個全國統一免付費電話，工作人員可直接在電話上為客戶解答問題；如果是硬體問

題，技術人員直接前往客戶處進行維修。對於筆記型電腦則有國際保證，如果客戶前往巴黎或東京開會，只要撥打當地的免付費電話，當地就會派技術人員為其解決問題，這種作法為客戶帶來很大的附加價值。至於超大型企業用戶則派駐工程小組。

C. 追求全球性的拓展：即將直銷模式推向世界。

(2) 舉辦研討會聽取客戶建議

為了深入瞭解客戶的體驗及訊息的回饋，戴爾公司經常為客戶舉辦研討會，而其中最具代表性、成效最顯著的研討會是專為亞太、日本、歐美等地大企業用戶舉行的「白金領導會議」，其係一種與客戶完全互動、傾聽客戶心聲的會議，客戶並參與議程的制定，如：資深技術人員介紹公司未來要推出的產品，並諮詢在座客戶的意見；就銷售、服務和工程等方面主題進行分組討論；就與公司沒有直接商務關係的議題進行自由討論等。戴爾公司不僅派遣銷售和服務人員參加，也常派研發新產品人員參加，同時要求公司所有資深高層管理人員也必須參加。至於戴爾本人每次會議至少要參加三天的會程。

透過這種外部學習，戴爾公司也獲得良好的成就。

如過去認為客戶需要的是最高性能的電腦：開機快、上網快、功能強。但卻有參加會議的客戶表示：功能強大確實很重要，但我們是航空業，電腦快慢兩三分鐘對我們沒什麼差別，我們要的是穩定性高，不需每年都得更換的產品。這

使戴爾公司對市場進行區隔，針對企業用戶對產品的持續性比較感興趣，故重視電腦平台的穩定性大於對速度與功能的要求，而生產能使用許多年的電腦。

如按照客戶的需求，在電腦出廠前，即設計完成並安裝客戶所需求的軟體。

至於戴爾公司的筆記性電腦率先使用重量輕、體積小、電池壽命長的鋰電池就是通過研討會所獲得成就的典型例子。

1993 年 1 月，戴爾在日本與新力公司的人員舉行一場研討會，討論新力公司已開發出的顯示器、光學磁盤及 CD-ROM 等多媒體技術。當會議結束，戴爾要離開時，新力公司的一位年輕工程師跑向戴爾，一再要求給他一次機會，並拿出一張表格，上面畫滿了有關一種新電池的功能，那就是鋰電池。此時戴爾突然明白了年輕工程師的意圖——想把鋰電池賣給戴爾公司。雖然當時還沒人敢保證鋰電池的發展前途，但戴爾考慮到鋰電池會給公司帶來差異性的競爭優勢，因為當時尚無其他公司生產鋰電池，而新力的產品在市場上供不應求，如果戴爾公司在筆電上首先採用，一定會在重量與電池壽命上占有極大優勢。1994 年 8 月，戴爾公司配備有鋰電池的筆電正式上市，結果一如預料的銷售量大增。（參毛世英編著，《戴爾文化》，中國人民大學出版社，頁 142-148。）

管理創新：對人的尊重

壹、家庭式管理

貳、民主式管理

參、制度式管理

　　企業的經營只依靠有形的組織、制度、管理層級、組織改造、層級削減、各種會議是不夠的。相反的，一些無形因素，如員工的感覺、想法、使命感與組織文化對企業的長期經營更有助益，所以企業的管理應該是以員工為中心：尊重員工的管理。

　　尊重員工的管理，就是要改變對員工的態度，認為管理應是一種服務，而不是控制。過去認為幹部的工作是指揮和管理員工，但事實上員工也是企業主、幹部的同事，彼此相互依存。曾有企業家形容：「企業好比一個圓，廠長是圓心，工人是圓周，若圓周沒有了，我只是一點，而不成為圓。」因此在企業內部，領導和員工應是「倒金字塔」的關係，領導處於最低層，員工是中間的基石，顧客則永為第一位，員工為顧客服務，領導則為員工服務。所以美國的沃爾瑪公司對所有的幹部提出以下的要求：「如果想要事業成功，那麼你必須要使你的同事感到你是為他們工作，而不是他們在為你工作。」領導人或管理幹部不是坐在辦公桌後面發號施令，而是要走出來直接與員工交流、溝通，並及時處理各類問題。

　　IBM 公司的第一條行為規則即必需尊重個人，因其深深瞭解公司最重要的資產不是金錢或其他東西，而是員工。

　　因此，今天一個盼望成功的企業，在內部的管理方法上，就要先掃除員工是可有可無的螺絲釘的想法，或企業主內心所有的：我即公司的觀念。

壹 家庭式管理

　　家庭式管理是一種尊重人的管理方式。因家庭是凝聚力最強的組織，故若能把企業變成家庭一樣，讓所有的員工不論職位的高低，都像家人一樣，受到應有的尊重和保護，滿足其生理需求、安全需求、歸屬感和愛的需求、自尊與受尊重的需求和自我實現的需求，必能激勵員工的士氣，提高員工的忠誠度。至於森嚴的組織層級界線是無法達到此種目的地。

　　如日本民族滲透著一種特殊的家族精神，家是日本文化的基礎，社會不過是「家」的放大，也是一種縱式的組織形式，大家愛家鄉、愛母校、愛企業、愛民族。企業內部維繫著家族式的等級和溫情。等級的核心並不是家長式的獨斷，而是各級人員各安本分，各司其職、員工尊重經理、上司關懷部屬。而員工內心所承受的責任壓力往往超過公司的規定，願意為心目中的家──公司的發展全力打拼、自動加班，並且在日本「忠」的文化薰陶下，員工忠誠於企業，對公司有一種感恩報恩，從一而終的感情。所以日本許多公司的員工喜歡稱自己為「松下人」、「豐田人」、「京瓷人」等。

　　在這種「家族」、「忠」的文化下，企業主也相對要視員工為家人，為員工打拼，對員工承擔道義責任。

　　稻盛和夫在創辦京都陶瓷的第二年，有十名剛做滿一年的員工集體遞交一份連署書給稻盛，要求保證「將來最低加薪多少，年終獎金多少」等內容，並表示如不給予承諾，就辭職。但公司才剛開辦，對於前途，稻盛自己也沒把握，實難對無法預計的事情作出保證，最後花了三天三夜與十名員工推心置腹的談話，結果十名員工

最後撤回要求，繼續留在公司。這件事情，使稻盛開始瞭解，經營企業「並非只是實現自己的夢想，而是從現在到未來都得保護員工和他們的家庭」，以「追求全部員工的物質、精神兩方面的幸福」作為經營理念之首。

這種將企業視同家庭、員工視為家人的理解，在日本以外的許多企業身上也逐一出現。

一、視員工為伙伴、家人

在許多出色的企業裡，令人印象深刻的是用來提高員工地位的用詞，比如像「伙伴」（沃爾瑪）、「公司一員」（麥當勞）和「演出班底」（迪士尼）等。而許多大企業也把自己看成是一個擴大了的家庭，如在沃爾瑪、惠普、迪士尼、麥當勞、IBM、柯達這些公司裡，像「家庭」、「擴大了的家庭」、「親如一家」等特殊用語就使用的非常普遍。

日本的企業領導者往往在工作時與員工同室辦公，穿同樣的制服，彼此稱名道姓，員工家裡的婚喪喜慶，往往親自過問，並且除有完善的福利制度外，還有各種文化、娛樂、醫療機構、生日會等，並向員工家屬開放。

日本許多公司的經理常在晚上和年輕職員一起聚餐、聊天，直到深夜。如新力公司強調公司是家庭的觀念，員工以公司為家，彼此互敬互重，盛田昭夫只要情況許可，總是在晚上與許多員工一起進餐，閒暇時與年輕的員工一起聊天，並盡力認識每一個員工，拜訪每一個部門，鼓勵員工提出意見與建議。

中國娃哈哈集團強調對人的尊重，尊重全體員工的主人翁意識，以調動其積極性和創造性，激發其責任感和參與意識，以實現自我價值。宗慶后在每次出差回公司後第一件事就是到廠房看看一線的工人、瞭解生產狀況，看看職工有什麼想法。

在美國人的生活中，有在工作後從事社交活動的習慣，但通常不涉及同事，但近年以來，其社交活動逐漸向同事關係擴展，可以透過非正式組織，或以班組、部門、臨時任務組織、興趣為基礎的團隊形式來促進彼此認識，加強協作功能，而在逐漸形成的融洽家庭式氣氛中，成就的分享、情感需求的滿足變成工作動力及良好職業精神。

又如在美國沃爾瑪公司，管理人員與員工間是良好伙伴關係，公司經理人員鈕扣上刻著：「我們關心我們的員工。」管理者必須尊重和讚賞他們、關心他們，認真傾聽他們的聲音、真誠地幫助他們成長和發展。而身為公僕的領導幹部要直接與員工進行交流。此外，任何一位普通員工戴的名牌上都有一句話：「我們的同事創造非凡」，並且除了名字外，名牌上沒有標明職務，包括總裁在內，公司內沒有上下級之分，可以直呼其名。

微軟公司則為員工營造「家」的感覺，每個辦公室都是獨立的王國，員工可以隨意布置，就像是自己的家一樣，可以隨心所欲地聽音樂、調整燈光，另外讓員工感到自在的是不需穿制服，可以隨意穿短褲或 T 恤；公司提供無限的免費飲料；公司信任員工自行進材料室拿取所需的文具、辦公用品等。這些可以提供愉快的工作環境。

台灣的智邦公司則不吝於給員工福利，工作滿七年就會給兩個月有薪長假，公司找地蓋房子再低價賣給員工。在公司內開設幼稚園，並裝設網路攝影機，讓工作時可以透過桌上電腦看到孩子上課情形。開放兩間咖啡屋供員工休息、聊天或討論公事，並在公司頂樓闢空中花園等。為了加強高層管理人員和員工的溝通，每個月安排三次「總經理全民開講」和「真情相對」，前者由總經理向員工報告當月營運情形和下個月目標，員工則可發問討論；後者則讓總經理和主管們傾聽員工心聲。

該公司的執行長曾表示智邦是一個家，「讓員工有家的感覺，才能一起打拼。」為了公司的長期利益，為了三十年、五十年後的智邦，「本來可以賺三塊錢，但留下一塊錢做員工訓練、福利和文化，很值得。」

二、真誠對待員工：不裁員

企業要真誠的對待員工，使員工自願為家庭而竭盡全力；家庭對員工負責，員工也必然把企業當家庭看待。有一些企業為了適應激烈的競爭，因應不景氣，實施資遣，儘管在事先設法安排新的去路，或進行輔導，但精神的創傷卻是無法避免的，但是若能視員工如家人，採取另一些措施，結果就可能有所不同。在此介紹松下與IBM 公司曾有過的不裁員做法，雖然在後來的歷史發展中，二者都進行過裁員。

1. 松下公司

1923 年年底，日本發生經濟風暴，松下電器也遭到嚴重打擊，營業額驟降，產品充塞倉庫，資金又不足，最終可能只有

破產一途。當時公司高層幹部會商後，向病床上的松下建議：只有減半生產，同時員工也裁減一半，才有可能渡過難關。聽完部屬建議後，松下想著：(1)各公司都在裁員，但裁員一半真能使松下渡過難關？(2)如果把苦心培育的員工裁掉一半，不是代表對自己的經理念發生了動搖？不景氣只是暫時的，一定要與全體員工共渡難關，絕不裁員。況且在不景氣時，員工一旦被裁員，就很難找到新工作。(3)銷售量減半，則產量也要減半，但員工只上半天班，領取一半薪水，生活必發生困難，但如工作半天卻付全薪，公司雖有損失，但這是暫時的，而公司既然還付得起，就工作半天付全薪吧！(4)堆滿倉庫的產品一定要設法解決。

於是松下做出五項決定：(1)絕不裁員。(2)產量減半。(3)為配合產量減半，生產部門的員工改上半天班，但薪水不減。(4)生產部門的員工在另外半天，配合業務部門，努力推銷庫存產品。(5)全體員工取消星期例假日，一樣投入市場出清庫存。

員工們聽到松下的決定，無不為之感動，全力進行推銷，結果在三個月內即出清所有庫存，為了應付新的訂單而恢復全日生產。這一年並締造了松下公司有史以來最高的營業額，並且建立了日本企業的終身僱用制。

新力公司的創辦人盛田昭夫認為在日本的企業中，大家對每件事都有一種連帶責任，共同的使命感和利益一致化觀念將每個人都聯結在一起，因此企業在決定錄用員工的時候，應該十分慎重，而一旦僱用後，企業經營者就有責任自己承擔各種可能的風險，所以經營不善時，就沒有理由將受僱者裁掉，讓

其生活發生問題。因而新力公司在聘用員工時非常慎重，會告知對方：公司是一個命運共同體，萬一遇上困難時，公司寧願犧牲自己的利益也要全力維護員工，但同時也要求員工與公司共患難，必要時接受停薪或停發獎金，而不是當公司不景氣的時候，就進行裁員。

2. IBM 公司

　　二次大戰前，當美國經濟大蕭條的時候，幾乎所有的企業都在慘澹經營，大舉裁員。但 IBM 公司的創辦人老沃森不僅不裁員，並且在隨後三、四十年也沒有任何一位正規聘用的員工因為裁員而失去工作，而是經完整的計畫安排所有員工不致失業，其方法是再培訓，而後調整新工作。如在 1933 年時，公司有不少59 歲的員工，一般認為在景氣不好時，這批準退休員工，應提早退休，而大家也能接受這種做法，但是當有人提出這種建議，以為公司減少支出時，老沃森堅決的反對說：「不行！在我的字典裡，沒有解僱的字彙，我不能開先例。」聽到老沃森的話，這批59 歲以上的員工對公司充滿感激，工作更為賣力也更忠誠，至於其他員工也從中得到鼓舞和激勵，而湧現這種感覺；只要進入IBM 公司，一生就有了保障。

　　老沃森證明不解僱員工，公司也能繼續運行，並且因為沒裁減一個工人，反而使公司在未來快速發展時，保留了大量人才。

3. 惠普公司

　　惠普公司創立於 1938 年，在開始展業期間，有一批政府軍事訂單上門，大家都非常高興，但創辦人之一的惠萊特卻說：

「我們不接這批貨。」大家驚訝的問：「為什麼？這批訂單的利潤很高啊！」惠萊特堅持的說：「我知道，但不接就是不接。」大家都覺得無法理解。但另一創辦人普克德卻明白創業伙伴心思：接下訂單後，因公司現有人力不足，就要臨時增僱 12 名員工，但交貨後，就要立刻裁減 12 人，這不符合他們「決不輕易辭退」的用人原則。因為惠萊特和普克德看重每一位員工，所以公司對員工實施「一經僱用，絕不輕易辭退」的用人原則，而不能只看公司眼前的利益，卻不考慮員工的價值，所以要讓每一個員工都感受到自己的重要性。

這些企業的成功，都是能將員工看做是公司的寶貴資產，而能想到員工的生計和前途，就是把每一位員工都視為「人」的予以尊重，而不只是公司生產、牟利的工具。

 ## 貳 民主式管理

民主式管理是指在不同程度上讓員工參加組織決策和各級管理工作、產品研發工作的研究和討論，而體現了員工在組織中的重要性和價值感，它足以激發員工的潛力和責任感，並使員工和公司形成更密切的一體感。而人會做機器作不了的事，人會成長，能發明創新，能解決問題。

傳統的管理者習慣隱藏公司機密，因為壟斷的資訊愈多，支配的權力就愈大；傳統的管理者喜歡由上而下的領導、決策方式，以展現優勢的地位。但是只有平等地資訊共享、決策的共同參與、人

人的平等相待，才能激發人的主動精神，滿足員工自尊與受人尊重的精神需要。

如美國的春田再製造公司總裁史戴克認為：「經營公司最好、最有效、利潤最高的方法，就是允許每個員工對公司的營運有發言權，並且讓他們與公司的盈虧利害相關。所以員工通過參與企業經營與管理，發揮聰明才智，得到比較高的經濟報酬，改善了人際關係，實現了自我價值。而企業則由於員工的參與，改進了工作，降低了成本，提高了效率。

一、內部平等

企業的所有者、管理階層與員工在公司內的層級固然有所不同，但都是一個積極的奉獻者，一個能夠拉近彼此距離的組織，必然能夠促進它的團隊意識與溝通的加強，並有助於提升占絕對多數的員工的自我價值感，而勇於建言、創新。

1. 豐田公司

豐田公司強調所有的成員都是團隊的一部分，管理者和員工沒有什麼區別，只是在公司內扮演不同的角色，所以要建立一種「我們」的態度和氣氛，而不是一種「我們對他們」的觀念，並採取許多措施來倡導這種觀念，如：

(1) 每個人的著裝規定都是相同的。

(2) 主管沒有專屬停車位或停車區域，最早到的人可以獲得最近的車位。

(3) 主管沒有專門的休息室。

(4) 主管沒有專用餐廳，每個人都在同一個地點吃飯（除了接待外賓的餐廳）。

(5) 主管沒有專門的辦公室，所有的辦公桌都放在開放式的大辦公室中。

(6) 所有員工都有相同的基礎福利。

(7) 特殊的辦公室，如為總裁設計的辦公室，主要是在有貴賓來訪時才使用，主管很少使用。

　　因而，所有的人坐在一起吃飯就有機會相互交流並建立信任；開放式的辦公室意味著彼此之間沒有隔閡，如果有門，當部屬走進辦公室的時候，就會意識到走進的是主管的辦公室。所以身為主管者，如果不希望部屬在生產時間喝可樂，那麼自己就不應在工作時間喝可樂；如果不希望部屬在休息時間去洗手間以減少生產中斷，那麼自己就不能在生產進行中去洗手間。

2. 英特爾公司

　　在英特爾公司，「人人平等，事事從簡」是公司的一大特色，任何事情不會因為職位的不同而有差別待遇。平等精神在英特爾的最佳例子是總裁與普通管理者一樣，使用的都是標準隔間辦公室。在 1974 年時，英特爾因為業務的發展，人事的擴充，以致辦公室經常進行調整，當時的總裁諾伊斯於是決定在辦公室的使用上進行小小的革新，即以小型工作室取代正規辦公室。原來辦公室一律取消，代之以一人一間小工作室。工作室面積很小，用齊肩高材料分隔而成，裡面僅有一張桌子、一把椅子、一個書架，公司上下一律如此，諾伊斯本人也不例

外。隨著時間推進，這種標準隔間辦公室作為一種平等精神繼續保留著，後來總裁葛洛夫也和其他人一樣在一個車位大小的小房間辦公。此外，英特爾的停車場不會為任何人保留停車位，而是隨到隨停，即使是葛洛夫也要四處找停車位。

曾有人質問葛洛夫英特爾在管理上強調一切平等主義，是否會陷於虛偽時，葛洛夫回答說：「這並非虛偽，而是我們生存之道。」因為英特爾是高科技產業，每天都需要結合各種科技精英——工程師與經理人共同制定決策，前者是實際作研究的年輕人，擁有最新的技術，後者則脫離研究工作，但瞭解市場趨勢並具有管理經驗，因此職級對促進意見交流，顯然百害而無一利。故只有拋棄職位象徵，才能誠心誠意的溝通、交換意見、互相截取互補，而得到最佳結論。也因為受到平等開放風氣的影響，英特爾的員工有勇於向管理人員提問的水準和膽量，而不會因此受到責難和鄙視，但他們的問題卻常包含著真知灼見，管理者也能從中看到自己的缺失。

3. 惠普公司

惠普公司對空間也採取一種人人平等的辦法，幾乎沒人擁有一間辦公室。惠普公司是由創辦人惠萊特和普克德在車庫開始創業的，幾個人在一起同心協力、融洽合作，而為保持並發揚這個團隊合作精神，在惠普除了少數會議室外，各級管理階層都沒有單獨的辦公室，各部門的全體職員，都在一個大辦公室辦公，以利於營造上下級間融洽合作氣氛，此外，包括董事長、總裁、部門經理在內的各級領導人，均可呼其姓名，以營造平等、親切的氛圍。

亞馬遜網路書店創辦人貝佐斯的辦公室並不比助手大，思科公司的錢伯斯則儘可能地縮小自己與低職員工間的距離，所以給自己安排一間並不張揚的小辦公室，他的辦公室後緊鄰著一間同樣小的會議室；在同一樓層中，有些低職員工的座位是臨窗的，而高級管理人員的辦公室卻不是臨窗的；有些副總裁和總監還要共用會議室。思科的一位分析師曾說自己的辦公室比錢伯斯大，但自己僅僅是一個分析師，而錢伯斯卻帶領著四萬名員工，他辦公室的空間是4公尺乘4公尺。

二、開放式溝通

瞭解員工對工作、公司以及上級和同事的真實看法是很重要的，所以在尊重員工的前提下就是開放式的溝通，過去的命令和訓示被關心和傾聽所取代，管理的過程就是溝通的過程，管理者除了要向部屬傳達公司決定和自己的意志外，還要徵詢員工對其本身工作與公司的看法與要求，讓部屬參與管理的決策過程，使部屬在管理活動中占據相當的地位，以共同完成任務或企業的價值觀。

日本松下公司採取「玻璃式」經營法，也就是公司的經營與管理要像玻璃一樣透明。松下幸之助認為：為使員工抱著開朗的心情和喜悅的工作態度，採取開放式的經營確實比較理想，開放的內容不只是財務，其至技術、管理、經營方針和經營實況，都盡量讓員工瞭解，以喚起並加強員工的責任感，以自主的精神，在負責的條件下獨立工作。

戴爾公司每年舉行一次員工大會，戴爾本人會在大會上說明公司目前業務、當前策略、市場地位及未來計畫。接著他會回答各種

提出的問題，並盡量以簡單的方式回答，而不會以權威的口吻說話。公司也會在網路上公布會議紀錄，讓未出席者也能瞭解公司情況。故讓員工參與的最好方法，除尊重人的平等外，就是資訊公開，讓員工一起承擔公司成敗的責任。

對於公司與員工的溝通方式，以下列舉兩個例子。

1. 西門子公司的溝通管道

德國的西門子公司為了改善管理方式和行為，加強開放式的溝通，以為員工建立良好工作環境與工作氣氛，西門子公司建立了許多員工溝通的管道。

(1) 內部媒體：為傳達各種訊息，而辦有：

    A. 《西門子世界(Siemens News Letter)》是向公司全球員工發行的內部溝通刊物，肩負著溝通全球員工的重任，內容包括封面故事、業務團隊、合作伙伴、市場趨勢、家庭等欄目。

    B. 《西門子之聲(Siemens World)》，是由西門子（中國）公司公關部編輯出版，內容包括觀點聚焦、新聞回顧、業務聚焦、戰略走向、人物寫真、領導才能等。

(2) 內部網站：報導公司政策及各種人事法規、措施，如招聘、培訓、出差、投訴等。並設立「今日西門子(Siemens Today)」的網路平台，不僅包含公司的事件，並且開闢了聊天室、論壇、調查等。

(3) E-mail 系統：為員工間快速而有效的溝通提供最便捷的管道。

(4) 員工溝通會：讓高層領導與員工直接進行對話，在公司政策、員工福利、職涯發展等各類問題上聽取員工意見，進行雙方溝通。員工也可藉此將自己的意見越過上級而直接向公司高層反映。

(5) 新進員工研討會：公司的執行長將親自參加，為新員工介紹公司背景、企業文化等。

(6) CPD(Comprelensive Personnel Development)：

　　A. 圓桌會議：一年一次，會議的參加者為中高級經理及人力資源管理顧問。參與者對公司團隊及有優異表現員工的潛能進行評測。公司結合圓桌會議為員工提供發展管道，進行培訓計畫。

　　B. 員工對話：在一年中持續進行。由經理與員工直接對話，傾聽員工意願、討論發展的方向。其內容包括：員工職能及責任範圍，業績檢討及未達到預期結果的原因分析，潛能預測，未來任務目標設定，員工完成目前職能要求及未來任務的能力評估，員工本人對職涯發展的看法等。最後，經理將內容填入「CPD 員工對話表格」，作為圓桌會議的重要參考。

(7) 總經理圓桌餐會：總經理會定期邀請一些員工參加午餐會，不但使員工能瞭解公司的相關信息，同時使管理層和員工都能面對面的瞭解對方的想法及關心的事務。

2. 摩托羅拉公司的溝通管道

在摩托羅拉公司的每一位高階管理人員都被要求與基層的技術員形成介於同事與兄妹間的關係,在人格上保持平等地位,所以所有管理者辦公室的門都是打開的,任何員工在任何時候都可以直接進去,與任何級別的上司平等交流。此外公司還為每一位被管理者提供了十一種表達意見的管道。

(1) 我建議(I Recommend):以書面形式提出對公司各方面的意見與建議。

(2) 暢所欲言(Speak Out):是一種保密的雙向溝通管道。如果員工對真實的問題進行評論或投訴,應訴人必須在 3 天之內對以匿名形式提出的投訴信給予答覆,整理完畢後由第三者按投拆人要求的方式反饋給本人,全部過程必須在 9 天內完結。

(3) 總經理座談會(G. M. Dialogue):每週四召開的座談會,大部分問題可當場答覆,7 日內並對有關問題的處理結果通知當事人。

(4) 報紙與雜誌(Newpaper and Magazines):公司內部的報紙名為「大家庭」,內部有線電視台則叫「大家庭電視台」。

(5) 每日簡報(DBS):方便快捷地瞭解公司和部門的重要事件和通知。

(6) 員工大會(Townhall Meeting):由經理直接傳達公司的重要信息,有問必答。

(7) 教育者(Education Day)：每年重溫公司文化、歷史、理念和有關規定。

(8) 牆報(Notice Board)。

(9) 熱線電話(Hot Line)：當員工遇到任何問題時都可以向這個電話反映，晝夜均有人值守。

(10) 職工委員會(ESC)：是員工與管理階層直接溝通的另一管道，委員會主席由員工關係部門經理兼任。

(11) 信箱(Mail Box)。當員工的意見嘗試以上管道，仍然無法得到充分、及時和公正的解決時，可以直接寫信給此信箱，由人力資源部門最高主管親自負責。

摩托羅拉公司這種全方位的溝通對話、信息交流及信息反饋，不但可消除員工的疑惑、抱怨，並能獲取良好的建議，適時的解決內部問題。

 ## 參 制度式管理

對於制度管理在觀念上應有的新認知作幾項介紹。

一、品質管理

從一開始就不要生產不良品，其所投入的品質成本是最低的。

惠普公司對待品質管理的原則是：品質要設計進每個產品。因此品質保證首先從研究設計階段執行，然後貫徹到生產和銷售的全過程，並反饋回研究設計。亦即產品品質是透過設計、生產和服務保證的，而不僅單純地通過檢驗保證，因而惠普公司樹立起這樣的

體認：產品品質與每一個員工都有關係，而不是只與品管部門有關。如在研製時期，設計人員要對所選用的零件進行詳細的測試，對不良的零件則進行詳盡地分析，以找出零件供應商在工藝和製程上所存在的問題，並協助提高產品品質；此外，採用數學模型來評估產品的可靠性，以保護產品能達到最高指標。除在試產階段的試驗外，在正式投產階段，品管部門還要站在用戶的立場對產品進行抽樣檢查，並與生產部門審查已發現的故障和問題、畫出產生故障的機率曲線，從而使所有相關人員都瞭解潛在問題、採取對策。

惠普的作法，是要使問題在產品研發階段，就立刻發現並解決，也就是消滅問題於源頭，一開始就不要生產不良品，如不幸生產出來後，不要流入市場。

豐田汽車為了追求品質第一，在生產線上都有一條「安東繩」，生產線上的任何一位員工只要發現經手組裝中的車輛有任何的缺陷，就可拉「安東繩」，讓該條生產線暫停，儘管這可能意味著會使工廠陷入癱瘓，但在問題處理之後，即重新恢復生產線。公司並告訴員工在思考時要超出消費者要求的最低標準，如消費者期望置物箱周圍縫隙最小是 3 毫米，則檢查的標準就應設定為 2 毫米，這代表如果縫隙是 2.5 毫米時，即使在技術規格要求範圍內，也要拉安東繩。

但如果有員工發現了問題，卻沒有拉安東繩時怎麼辦？在豐田的生產線上有一個用來檢查品質是否達到標準的檢查站，當有問題的汽車到達檢查站時，品管人員就會在車上做標記，表明它需要修理，就會將車輛移至離線修理區，當修理區已放滿車輛，而下一輛

要修理的汽車無處停放時，生產線仍然只能暫停。這使得所有員工都建立起品質意識，一旦發現問題，就毫不猶豫拉下安東繩。豐田的品管方式是將問題消滅於源頭，而不寄望於最後的品管人員。

　　台達電的所有生產、檢驗工作都有標準步驟和嚴格的品管過程，不良產品在生產線上找出問題所在，如幾次不良率都超過標準，則停掉整條生產線以找出原因，到改善才恢復生產。台達電甚至喜歡挑剔的客戶，藉以帶動公司的技術能力和品質。

二、物料管理

　　企業為了確保生產與經營活動能不間斷的滿足市場需求的變化，都會在倉庫裡有計畫地預先屯放一定的資源，如材料、產品、零配件等的庫存，但往往造成產品或零配件的積壓，導致資金的凍結，產品價格居高不下，造成市場競爭力的下降，因而如何盡量保持低庫存就是企業的目標，即生產產品所需的組裝零件和材料，不是從倉庫提取，而是在需要時，由下游的零件供應商直接送到裝配線，不經過倉庫，或只在倉庫停留很短的時間。

　　戴爾電腦公司從創業開始就採取直銷模式，有助於降低庫存，在創業初期，接到 800 台電腦時，才開始向供應商進貨，進行組裝。後來戴爾更充分運用網路，賦予直銷模式更豐富的內容──鏈式供應系統，這種高效運作的供應鏈和物流體系的結合使其無往不利。在其基礎上，戴爾公司開發出新的軟體，將網路服務系統結合到客戶自身的企業資源計畫軟體中，所以當某位客戶向戴爾公司訂貨時，不僅能使戴爾公司內部及其供應商作出反應、自動啟動內部所有的配件訂貨系統，同時也制定了生產和發貨時間表。所以供應

商即可根據實際生產需要向戴爾公司供貨，戴爾的庫存量即可大幅下降。

又如，戴爾公司有一家專門生產顯示器的供應商，戴爾幫它將產品的不良率降到 1%的水準，以後就可省略驗收的步驟，即用卡車將產品運送到戴爾後，戴爾就可省略開箱驗貨、重新包裝，再送到客戶的程序。後來，戴爾公司又向這家供應商提出了隨時需要、隨時提貨的要求，供應商也同意了。這時如按客戶訂單要求一天供應一萬部電腦時，戴爾公司的物流部門從工廠提出一萬部電腦主機，再向供應商提領一萬台顯示器，到了晚上，一萬台電腦就配裝完畢，立即送到客戶手中。這樣，戴爾庫存自然遠低於其他同業。

日本的豐田汽車認為製造暫時不需要的零件放在倉庫裡，是最大的浪費，不僅是浪費人力、物力，而且庫存等於是積壓了資金，所以該公司的大野耐一創造了「傳票卡制度」，並在各工序間進行實施。一般人在考察生產線作業時，通常是由前往後推著思考，因此很難找到積壓的原因，但在由後往前進行檢查時，會如何呢？所以他設計了「傳票卡」來控制各工序的生產量，工人們按照傳票卡，以最後一道工序為起點，上道工序只生產下道工序所需要的數量。員工不帶卡片禁止領取任何零件，並禁止領取超過數量的零件，以減少生產過程的浪費，自然公司的庫存零件量就大幅降低。

三、避免不必要的會議

開會的目的原本是要進行意見交流、集思廣益、形成共識、解決問題，但許多公司開會成習，會而不議、議而不決，或只是宣達主管、公司的政策，形成人力、時間的浪費。所以許多企業為了控

制開會的時間，會議室非常簡陋，無茶無菸，甚至站著開會。

　　日本東芝公司的土光敏夫對於會議的召開提出五個要求：(1)
每次開會時間不得超過一小時。(2)站著開會。(3)與會者一定要表
態。(4)發言時間要有限制。(5)各抒己見，勇於爭論。日本太陽工
業公司則在每次開會時，都將會議成本分析貼在黑板上。

四、豐田與福特的對照

　　對制度管理的重視使日本豐田汽車公司在 2003 年的汽車銷售
量成長 10%，達到 678 萬輛，並打破先前由福特汽車公司保持的
汽車業獲利最佳紀錄，成為僅次於通用的全球第二大汽車製造商。

　　伊丹敬之等人在所著的《創新才會贏：14 個個案串連出日本
第一的真實樣貌》一書中，以七個原則將當時的豐田與福特汽車作
了一個比較。

1. 福特進行推動管理，在訂出銷售策略後，推出產品，如銷售不
   理想，便以降價或折扣方式，盡可能賣出。豐田則用逆向思
   考，採用拉動的管理，配合市場需求量生產顧客所需的產品。

2. 福特採取「Just In Case」，保持適當庫存，以備不時之需，且分
   為成品與半成品兩種，豐田則採取「Just In Time」，依照需求量
   做市場供應。

3. 福特大量生產，豐田以短、小的週期進行小量生產。

4. 福特實施專業化，每個職務都有特定的專業操作，而勞工職務
   多達兩百種，無法適應新的需求。豐田採取彈性化，每個工廠

只有幾種職務，職務調動具有彈性，擁有隨著需要變動的多種製程，易於引進新技術。

5. 福特與豐田都採取自動化，但豐田的自動化是人性的自動化。

6. 福特要求適度的品質，將不良品數量控制到最低點，品質達到某一水準即可。但豐田要求零缺點，從原料商到產品製造商，都要嚴格檢查品質，不讓任何不良品流入後製工程，以杜絕不良產品的出現。

7. 福特以勞工等於機械，在機能上將勞工等於機械。但豐田主張勞工等於問題終結者，以人類是問題最好的終結者，只要給予動力，就可以激勵出各種創意。

　　最後該書認為豐田的成功在於超越福特的高度垂直整合，而進行包括供應商、銷售商及消費者在內的綜合體制，即其成功不僅全部都仰賴汽車製造相關廠商，而是要歸功其周邊支持者的同步化及協調、共存的關係。（陳星偉譯，伊丹敬之等編，《創新才會贏》，遠流出版公司，頁 57-61。）

五、佳能公司的細胞式生產回到對人的重視

　　自美國福特汽車公司建立了流水線形輸送帶的生產線後，這種適用於大批量的生產方式開始普及世界，但這種生產方式在長期使用後，出現許多無用的痼疾，如輸送帶比實際需要的長出許多；圍繞著生產線，到處都是儲存零件但造價昂貴的自動倉庫、搬運零件用的自動搬運機；在產品倉庫中則堆積著庫存品。少用到的高價機

器則變成擺設，並且每一條生產線都配置這種機器，造成成本和空間的浪費；廠房、設備的興建，搬遷成本高昂。

但工廠存在的目的在於高效率的生產產品及創造更多的利潤，如有違此的措施就非屬必要。

針對流水式生產線的缺點，在二十世紀九〇年代中期，日本有不少企業為消滅過剩的庫存和設備，嘗試停止輸送帶而重新討論細胞式生產方式。細胞式生產中，所謂的細胞是指作業空間中，由一個人或幾個人負責多道工序進行組裝，其型態則根據產品特性或車間環境的不同可分為：「一人生產」、「U字型生產線」、「直線型生產線」、「自動化生產線」等，並以佳能公司為代表。

細胞式生產的初期，要考慮的是品質和熟練度的問題，因為一位操作者要負責多道工序，致容易忘掉某一零件的安裝，此需要對員工詳加說明因操作失誤可能引起的事故，要核實產品數和剩餘零件數等。在熟練度上，則針對產生延遲的操作瓶頸在輸送帶生產線上進行集中訓練，而其根本關鍵在操作者的意識改良。

傳統輸送帶方式的生產分工發達，每一個人所負責的工作被細分、定型，而過於單調，缺少產品完成後的滿足感和喜悅感，但細胞式生產是以工作樂趣為基礎，讓每個人都自覺地想提高自己的技能，這和輸送帶出現前的生產活動一樣，依靠工匠的自尊來支撐，以積極性和成就感進行自發性的努力，並進一步深化為自覺性活動。

　　這種勞動者自覺意識形成後不僅可提高生產效率，還能自覺地進行操作改進和業務改進，並更進一步塑造出可實現的高效生產活動及提高利潤。

　　因此佳能集團下的佳能電子公司在公司內部推動世界第一運動，讓團隊員工間產生正面的競爭意識。如同系列產品的車間部都至少分為兩個部門，或至少也有一部二部之分，以使工作內容相近的生產單位間產生競爭意識，好的方法、好的工序立刻被其他部門學走，而原部門又要努力再行創進。

　　伴隨著競爭意識的則為緊張感，一到工廠立刻進入狀況，此則從生活中細節的要求做起。所以佳能電子的一位超級作業員能獨自組裝、調試超過 1000 個部件的雙眼相機。在整個事業部遷移時，當天夜間整理設備，第二天搬遷，到當天下午時就可開始生產。

　　佳能電子公司在採取細胞式生產方式及調動員工自覺的積極主動性下，以 1999 年和 2005 年作比較，銷售額從 750 億日元增加到 900 億日元；但利潤卻從 11 億日元激增到 118 億日元，約增加 10 倍，股東分紅由 4 億日元增加到 52 億日元，增長 13 倍。

　　佳能電子從 2000 年起的五年內：1.美里事業部生產力提高 4 倍，一件產品的組裝時間是過去的 1/4。2.秩父工廠的車間，用地減少 70％，電費、水費、二氧化碳排放量減少 50％，四個車間和三個子公的設備收縮為一個車間，卻產量提升 4 倍。

　　但細胞式生產方式並不排斥自動化的生產線，因為將輸送帶生產線瘦身後，如美里事業部生產線的長度為 10 年前的 1/3，而設

備成本則是 1/10，同時鼓勵員工進行機械設備的研發製作；自動化後的剩餘員工則重新安排工作職位保證一直工作下去的安全感。因此員工之所以要熱情地工作，是為了讓自己的企業生存下去，以保障自己的工作。當企業不能獲利而倒閉或遷至海外時，此時自己的工作就會被剝奪，所以要牢守規則，不斷持續著自覺自發的行動。（參酒卷久著，楊潔譯，《佳能細胞式生產方式》，東方出版社。）

16 Chapter

產品開發

　　企業競爭的成敗取決於創新的能力，即產品的開發，此需先選定新產品開發的主題，是自主、模仿或合作創新，市場如何定位？其次在營銷與服務上也應採取創新模式，以爭取最佳的績效，但在這些措施活動之前，企業在管理、組織上又先必需有所變更。

 壹 創新的類型

一、思維創新

　　這是一切創新的前提，要避免因為思維定勢，而陷於思維的封閉，影響到創新思維。如一般人的思考習慣往往是常規思維，但求異思維可以出現一種新的產品，一般茶葉都是用茶壺、茶杯沖泡，就是常規思維，但為什麼只有汽水、可樂、果汁等，卻沒有茶飲料？日本人走出思維定勢，製成易開罐烏龍茶，且由於烏龍茶有降壓降脂功能，所以上市後極為暢銷。

二、技術創新

　　技術創新是將新的或改進的產品、工藝、服務引入市場，它是企業的無形資產。技術創新不僅是指應用自主創新的技術，還包括應用合法取得的他人技術或專利權已屆滿的技術以創造市場的優勢。如美國的零售業巨人沃爾瑪公司在 1985 年發射了自己的人造衛星，使每家分店都能直接與設立在阿肯色州的總公司建立聯繫管道，每日將銷售業績、存貨等資訊都彙整到總公司，即時完成補貨。沃爾瑪並是第一家採用商品條碼的零售商。

三、產品（服務）創新

對於工業、商業是指產品創新；對金融保險等服務業而言則指服務創新。產品創新是技術創新的核心內容，探索、設計出在市場上富有吸引力的產品和服務。前者如英商聯合利華公司生產的立頓紅茶，立頓紅茶享譽國際，但因茶包裡裝的是茶渣，口味比不上用茶葉沖泡出來的茶湯，而不能獲得消費市場的青睞，但在 1997 年，聯合利華公司針對台灣人喝茶的口味和習慣，研發出三角立體形狀的中國茶茶包，在用開水沖泡後，茶包就有了舒展的空間，便會一片一片的舒展成茶葉原型，而符合台灣消費者的口味，使茶包市場占有率上升，這種立體茶包就是在品質、材料、造型上的一些創新，增加飲茶時的風味與樂趣，因而獲得成功。後者則如銀行或保險公司針對客戶的不同需求所推出的各種金融商品。

所以產品是由各種因素構成的集合體，其中各類要素都可以成為產品創新的突破點，如新的產品用途、新的產品品質、新的產品外觀、新的產品包裝、新的產品售價、新的產品客戶、新的售後服務、對消費者需求的新滿足。

四、組織與制度創新

組織與制度創新包括了組織結構、工作流程、職位職責的調整，員工觀念和態度的變革，以及任務的重新組合分配、設備的更新、技術的創新等。

　　如日本的日立公司規定，公司所屬的各工廠都是相對獨立的經營單位，在原料和零配件方面，如果公司供給分廠的產品品質差而價高，各分廠有權拒絕接受，並可以從其他公司甚至從公司的競爭者那裡購進。又如美國的惠普公司也有同樣的規定，生產部門與銷售部門處於平等的經濟關係，並且具有競爭性，即「把產品賣給自己的銷售人員」。生產部門要把產品賣給公司的銷售部門時，銷售人員並非一定要接受，因為對於不合市場需求的產品，銷售部門有權不予購進。這種企業內部的競爭不但不會耗掉自身的力量，反而可激起員工的責任感和革新精神，有助於提升企業的生產效率和技術水準的提高。

五、管理創新

　　管理理論和方法的創新，不僅適用於部屬更適用公司內的每一個人。如日本的京都陶瓷公司在招聘新員工時，公司會向每一位報考者說明公司的選材態度和原則：「我們錄用員工的標準不是看他的能力如何，因為本事再大，但如不能合群，反而會產生反作用。我們認為一名合格的職員，應該有理解貧苦人們的同情心，對別人的痛楚辛酸關懷備至，有能力克制私慾，是一個老實的人、坦率的人，所以公司從不聘用有才華卻無良知的人。」其創辦人稻盛和夫並倡導平等觀：「總經理的統率職能和員工們的操作活動，作為企業的兩大支柱是同等重要，缺一不可的，我是公司的負責人，工人就是開機器的負責人，公司所有人都是負責人，有能力不要只為自己施展，要為集體發揮出來，這才是真正有價值的勞動和創造。」

為此，公司廢除了部長、課長、股長、組長等職務稱謂，一律改為「某負責人」，並力倡公司內部無論職位高低均應直呼其名。京都陶瓷的這種企業文化培養了員工正確的價值觀和責任感，以及牢不可破的家庭意識。

六、營銷創新

營銷創新是指營銷策略、管道、方法及廣告促銷等方法的創新。在日本和美國有一種商店，它的招牌上有兩個大大的阿拉伯數字「99」，其所出售商品標價的最後兩個數字都是「99」，如一袋糖果賣 99 美分，一瓶護膚霜、一條普通皮帶、一枝鋼筆的價格都是 1.99 美元。而倫敦的「99」店，則一雙女鞋賣 15.99 英磅，一件男上衣賣 65.99 英磅等等，都生意興隆。

表面上看，賣 1.99 美元或 99 美分，要找零 1 美分，不是麻煩自己？為何不索性賣整數 2 美元或 1 美元？這就是商人利用人類心理想出來的推銷方法，因為以尾數「99」進行標價，在顧客的心理上會出現兩種想法，一是商店在價格計算上精細認真，即使是 1 分錢，也不將其湊為整數，可見訂價實在。二是讓消費者感覺到價格比較便宜，因為即使一件物品標價為 199.99 元，也會覺得比 200 元便宜，因為在感覺上，199.99 元仍然是 100 多元，而不是 200 多元。

七、戰略創新

在繁複的市場競爭中，如何選定核心技術、使核心產品攻占市場，並持續改進領先創新，以適應新時代的需求至關重要。

半導體的內存技術是英特爾公司發明的，在二十世紀七〇年代初期，英特爾公司內存記憶體晶片的市場占有率將近 90%，並在 1983 年締造出 11.2 億美元的營業額，但到二十世紀八〇年代，日本廠商在政府的支持下，全力發展半導體產業，到 1985 年，在日本廠商的低價促銷下，日本在全球半導體市場的占有率首次超越美國，之後，二者差距愈來愈大，英特爾雖然做了許多嘗試，卻無法與日貨抗衡，公司連續 6 季出現虧損。公司內部管理層對是否放棄英特爾的代表性產品——內存記憶體猶豫不決，因為公司 40% 的營業額與百分之百的利潤來自處理器，但 80% 的研發費用都花在內存技術上，大家都知道這是策略失調，但對內存記憶體產品卻又難以割捨。最後葛洛夫力排眾議，放棄記憶體業務，而專注於微處理器。1985 年 10 月，葛洛夫在記者會上宣布：「這是很難做出的決定，我們一直希望能重振往日雄風，可現在不得不承認我們輸了這場戰爭。但相對而言，這可能也是做過的最好決定。此後我們將集中全力發展處理器業務，並可望成為推動個人電腦工業前進的最大動力，現在投入正是時機。」葛洛夫並廣泛接觸高層管理人員、中層經理人及基層員工，盡全力與他們溝通、交流，說明公司的立場，消除他們的疑慮，另一方面把公司的資金、技術、設備轉移到處理器的生產上。1986 年，英特爾整個放棄了內存記憶體的研發、生產，而微處理器的研發成為公司新的最高戰略目標後，在公

司裡開始紮根，並不斷地創新、升級，到 1992 年，處理器業務的擴展，使英特爾又成為世界上最大的半導體公司，遠超過日本的同行。

在上述七種類型的創新中，對企業而言，最重視的是技術、產品、營銷創新，它們關係到企業的生存、成敗，而另外四種的創新，其實質上影響到在技術、產品（服務）、營銷的創新成效。

貳 產品開發的策略

產品（不包含服務）的開發，實際上包括新產品的開發、舊產品的改造、新生產技術或工藝的採用、新原料的利用等，也是企業抓住市場潛在的獲利機會，對生產要素、生產條件和生產組織進行重新組合的過程。

新產品的開發可以開拓新的市場，也可以鞏固現有的市場。如日本的 YAMAHA 鋼琴占世界鋼琴銷售量的 40%，然而市場對鋼琴需求總量卻每年遞減 10%，但該公司並沒有將自己束縛在常規的提高效益的方法上，如設法降低成本、增加廣告、增加型號、削減日常開銷等，而是從一個新的角度去思考，如何為顧客創造新的使用價值，因此必須推出性能卓越的新一代鋼琴，才能脫離困境。最後開發出一種將手動和視覺相結合的新技術，運用這種新的技術，顧客只要花 2,500 美元即可使普通鋼琴的性能獲得大幅提升。

一、創新的策略

1. 自主領先創新

　　新產品的出現來自企業內部的技術突破，是企業依靠自身力量，透過獨立的研究開發活動所獲得的。它在技術與市場方面具有領先優勢，故率先性是自主創新所追求的目標，因為新產品、新技術具有獨占性。其他晚於率先註冊取得專利的同類產品不但不受保護，並且不能合法使用及銷售，所以創新的產品必須盡速商品化，以帶來商業利益。

(1) 實現自主領先創新的條件：A.研發部門對產品的開發能力。B.後續部門的快速反應與配合。除了一些輔助性工作或零配件是委外加工或轉包生產外，主要工作都是由企業本身完成。C.具有知識產權觀念，及早為研發成果取得專利。D.行銷部門富於行銷技巧。

(2) 保持自主領先創新的優勢條件：A.保持技術創新的領先。新產品易被模仿複製，工藝的創新要模仿就較為困難，但這並非絕對的，如產品的操作方式可進行觀察、領先者的人才流向競爭者，領先者技術人員的演講或論文所顯出的內情等。所以波特主張如要保持領先地位可採取以下方式：a.公司技術及有關技術、產品的申請專利。b.作好保密工作。c.在自己公司內部開發產品原型及生產設備。d.將各種零件供應商作垂直整合。e.穩定人事，避免人才的流失。B.進行不斷地再創新，推出新一代，或再改良的商品。

(3) 自主領先創新的優點：A.有助於形成技術壁壘，因為競爭對
手的解密、消化、模仿，從投資到生產都需要一定的時間，
況且尚有專利的保護。B.因為自主創新都是新市場的開拓
者，而能取得自然壟斷，並取得相關行業統一認定的標準，
居於領先各牌的地位。如國內各電器廠商生產的電鍋，外形
都近似最老牌的大同電鍋。又如日本新力公司在彩色電視機
上的許多技術突破，令消費者感覺新力是技術領導品牌，所
以其彩色電視機的價格遠高於其他品牌。

(4) 自主領先創新的缺點：A.研發成本高並具有高風險。B.開發
市場需投入大量的金錢、人力、時間。

2. 模仿創新

企業模仿、學習自主領先者產品的生產技術、功能、外觀
等，並吸收其成功、失敗的經驗，對產品進一步加以改良、開
發，並在工藝設計、品質管理、成本控制、生產管理、市場行
銷等方面投入主要力量，生產出在性能、品質、價格等方面具
有競爭力的產品，以獲得商業利益的行為，就稱為模仿創新。
模仿創新也是企業界普遍採取的有力競爭武器。

(1) 模仿創新的特點：A.可最大程度的吸收領先者的經驗與成
果，並充分利用及進一步發展率先者所開拓的市場。B.不是
單純的模仿，也必須投入相當的研究開發力量，以對領先者
的技術、產品加以改良或進一步開發，但對於能合理取得技
術，則無須再行開發。C.資源的投入不在前期的研發階段，
而在於中游環節的改良設計上。

(2) 模仿創新的條件：其成功在於 A.有較強的研發設計能力。B.一定的研發投入。C.不得侵犯專利權，而是繞過他人的專利權，或付出權利金，進行再開發。D.模仿他人尚未商品化的成果。

(3) 模仿創新的優點：A.新產品有較強的競爭力，而成功的模仿，可以後來居上。B.可觀察領先者的創新行為，並選擇成功的率先創新進行模仿改進。C.可以迴避開發過程中的風險。D.市場的接受度已被證實。

(4) 模仿創新的缺點：A.因為只作技術、產品開發的追隨者，只能被動的適應市場。B.無法取得關鍵技術或智慧財產權的保護壁壘，影響模仿創新的進行。

3. 合作創新

合作創新是指企業與企業、研究機構或學校間的聯合創新行為。因為全球經濟一體化速度的加速、產品週期的縮短、創新成本的增加、技術問題的日趨複雜，使創新的風險隨之增高，一項重大投資的失敗，可能使企業萬劫不復，但市場競爭又日趨激烈，企業的創新合作乃成為必要，甚至原本是競爭對手的企業，也變成攜手合作，以實現資源共享和優勢互補。如原本競爭者的日本松下和新力，在製訂 DVD 錄影機規格上的合作。

合作創新有幾個特點：(1)資源共享：包括信息、技術和支援。(2)資源互補：包括技術和智力。(3)快速反應：包括資源動員、信息流通、組織學習和創新執行的速度。(4)技術擴散的程度：包括知識技術交流、人才流動和技術移轉的頻率和質量。

　　1950 年代，美國的 RCA 公司與恩派克公司帶動開發錄放影機。1951 年，RCA 開發出最早的錄放影機樣品，並投入大量資金，卻未能解決實用問題。1956 年恩派克公司解決實用化問題，該公司結合另家公司專利的 FM 電波記錄與橫向掃描兩種技術，使錄放影機進入實用階段，它的試製機用 14.5 吋的磁帶盤，可錄九十分鐘，在正式生產後，於 1958 年進入日本市場。而日本新力在同一年開始開發恩派克型的試製機，四個月後完成，這台仿恩派克的試製機，磁帶寬二吋，速度每秒 38 公分，共有四個磁頭及近二百支的真空管，1959 年開始研究利用電晶體縮小錄放影機體積的方法。此時錄放影機的開發者恩派克公司，對錄放影機的電晶體化表達高度興趣，致雙方在 1960 年簽訂技術支援及專利互惠協約，由新力提供電晶體及迴路技術，恩派克則提供錄放影機的技術，1961 年 1 月共同發表世界最早的電晶體小型錄放影機。

4. 取得專利授權

　　取得新技術、新發明的授權，據以設計或用於自己研發的產品中，而製造出新產品。

　　1947 年，美國貝爾實驗室發明了晶體管，它可以取代真空管，而且很快地又研發出世界第一台電晶體收音機。但當時美國人認為晶體管成本高、成品率低，只能用於軍事；歐洲人則認為晶體管品質不好，價錢又貴，一般人用不到；而美國一些大型製造商雖開始研究晶體管的使用，但計畫在 1970 年前後才會開發成具體的商品。當時新力公司的總裁盛田昭夫在報紙上

讀到有關晶體管的報導後，卻慧眼獨具的認為只要技術和工藝問題能夠解決，品質、良品率就會大幅提高，價格就會下降，而可大量用於有關產品中。於是盛田昭夫立刻動身前往美國，花費 2 萬 5 千美元從貝爾實驗室購買了晶體管的製造和銷售權。兩年後，新力公司發明了電晶體收音機，重量不到真空管收音機的 1/5，成本不到 1/3，具有體積小、性能好、攜帶方便的優點，一推出即造成轟動。三年後占領美國低價收音機市場，五年後占領世界收音機市場。

晶體管不是新力公司發明的，但新力首先將其成功地引入電子消費品市場。

在購買他人專利授權時，必須對市場的未來發展具有靈敏度，並且本身具有很強的研發、設計能力。最重要的是可以降低自己研發的風險，從別人的發明創新成果中獲利，並且在需要時取得對方授權即可。

5. 經由併購取得技術

併購的主要理由，是對於速度的需求。因為在快速發展、競爭激烈的市場中，機會不會永遠存在，這不僅是針對電信或網路而言，在生物技術、半導體或其他各種行業中，也是同樣的情況，它們感覺到了對於最新技術的強烈需求，雖然它們也願投入大量的資金和人才去研發某一新的技術發明，但速度卻不夠快，所以併購正在進行研發中的公司，要比從零開始快得多。

　　如 1999 年，網路設備公司仙萊系統公司(Siara Syatems)尚未測試過一種新產品，即被力博通信(Redback Network)以 47 億美元併購。新成立的光纖傳輸企業 Qtera 公司還沒有產品問世，但在 1999 年 12 月，被北電網路(Nortel)以 32.5 億美元收購。朗訊公司在 2000 年 3 月以 47.5 億美元併購光纖設備製造商 Chromatis 公司，該公司才成立兩年，尚無任何產品問世。而思科公司在製造網路傳輸的設備上處於支配地位，但各電信公司在網路迅速發展的激勵下，都在鋪設光纖網路，加快傳輸速度，但在 2000 年以前，思科本身還沒有光纖的專門技術，因而可能被排擠出市場，這時思科擁有光纖製造商 Cerent 公司 9%的股份，而利用 Cerent 的技術比自己重新開始可以更便宜地實現電話和電腦信息在光纖上傳輸的目標，所以思科以 72 億美元收購了 Cerent 的另外 91%的股權，雖然 Cerent 的員工不到 300 人，僅有 1000 萬美元的收入，但它的潛力就是所有的價值。

二、產品開發的選題原則

　　在《創造學與創造力開發》這本書裡，指出發明創造要取得成功，必須注意到選擇發明創造的方法和課題，它的原則有四：

1. 需要與實用性原則

　　需要但不實用，實用或不需要的產品都是失敗的，因此要注意：(1)是否比別人的創造更科學。(2)是否符合生活習慣。(3)是否利大於弊。(4)是否有較長的生存期。(5)是否別人不易用其他物品取代。(6)是否受到歡迎。(7)產品化後，是否能低投入，高產出，取得一定的利潤。

2. 創新性原則

(1)創造結果出人意料，並且實用。(2)從新的角度解決技術難題。(3)現有產品的變異性提高，不同產品的移植。(4)以簡單事物代替同樣功能的複雜事物。

3. 科學性原則

(1)發明創造的技術要符合科學的理論依據。(2)與同類事物對比，在功能相同。成本投入相近的前提下，結構和使用方法簡單。保養維修方便。體積小。重量輕。(3)可選用多種材質進行生產。(4)標準化。系列化。通用化程度高。(5)集中原有的兩種或兩種以上產品的功能，並可替代其中一種。(6)其功能優異到足以使同類產品被淘汰。(7)容易推廣使用，具有時代意義。

4. 現實可能性原則

(1)創造發明所涉及的知識、相關技能是否基本具備。(2)能否找到創造發明的關鍵，有無解決能力。(3)創造發明的工藝是否可行。(4)預測將出現那些新問題或不利因素，是否能避免或排除。（參全國總工會職工技協辦公室編寫，《創造學與創造力開發》，北京：經濟管理出版社，頁 51-55。）

如一家企業，以黃豆粉為原料，利用生化科技，生產高級營養液，其主要成分為單細胞蛋白和某些醣類，可以提高人體免疫力，對抗老化、防癌等都有良好效果，由於此產品有用，銷售也容易，致供不應求。因為此產品具有三個優點：(1)產品性能好，具有消費者需要的性能。(2)產品具有易銷性，市場接受此產品。(3)技術壁壘，技術獨有，沒有競爭對手，可按市場供需訂價。

三、產品規劃

　　基於設計工作的需要，瞭解市場對產品的需求情況與產品在企業發展中的戰略地位進行研究。

1. 對用戶進行調查研究：特別針對老客戶，其產品使用時間長、對產品性有深刻瞭解，能提出許多中肯的改進設計意見，甚至提出新的設計點子。調查的方式有：走訪採用公司產品的不同類型的用戶、發送問卷，利用採購或維修服務的機會，獲得建議。

2. 對新用戶進行調查：新用戶的聯繫方式與老用戶不同，因前者大都屬於技術服務或技術諮詢，可從中發現新用戶具有啟發性的意見，以激發開發新產品的靈感。

3. 善於分析社會風潮及心理狀態：在人們認識到對某一產品的需要前進行研發，而在產生需要時投產上市。

4. 盡量利用新技術、新材料、新工藝。

5. 充分利用技術資訊。

6. 利用專利。

7. 與大學、研究機構合作，取得技術移轉。

　　此外還要考慮成本、利潤、回收期、生產條件、企業經營需要等問題。

四、產品創新的舉例

1. 蘋果公司善用組合法

　　賈伯斯在 1979 年到全錄公司的研發中心參觀時，全錄公司的專家向他展示了一台電腦——Alto，上面有圖形界面、點陣影像圖、網路聯接器，還看到鼠標等，後來賈伯思把這些都用到蘋果的電腦中。又如電腦上有 USB 接口，這個技術是英特爾公司發明的，但卻是蘋果公司首先將它用到個人電腦上，使此一技術獲得推廣。WiFi 無線網路也不是蘋果發明的，它的開發者是朗訊公司，但是蘋果將其用在筆記型電腦後開始為人廣知。

　　蘋果筆記型電腦插在牆上的電源插頭叫 Magsafe，它是一塊連接筆電和電源線的磁鐵。在過去電腦用戶不小心腳絆住電源線時，電腦可能翻落地上，但 Magsafe 的目的就是可以防止這種不幸的發生，因為它可以輕鬆安全地將電源線與電腦分離，這是來自日本電鍋身上插座的移用。

2. 海爾公司的滿足市場需求第一

　　海爾公司認為創新，才能取得市場。有一次海爾的執行長張瑞敏到四川出差，當地人跟他說：「海爾的洗衣機品質不好」。後來查出原因是當地人用洗衣機洗地瓜，致洗衣機經常被泥沙堵塞。張瑞敏就囑咐研發部門：既然農民用洗衣機洗地瓜，那麼就開發出一台可以洗地瓜的洗衣機。後來張瑞敏在一次國際會議上講了這個故事，台下一位英國銀行家，回國後又告訴一位《金融時報》的記者，這位記者專程飛到青島，報導地瓜洗衣機，並在文章中說：「一個企業能將市場開發得這麼細，肯定無往不勝。」

　　張瑞敏常說：「只有淡季思想，沒有淡季市場。」每年最熱的月分是 6 月到 8 月，卻是洗衣機銷售的淡季。張瑞敏經由分析得出結論：銷售量最淡的季節恰是消費者最需要洗衣機的季節，為什麼又不買洗衣機呢？原因是每天換的衣服雖多，但相對地，換洗量就少，故 5 公斤的洗衣機並不合適使用，在這種情況下，如果開發小型洗衣機，將會有龐大市場。由此推出了小小神童洗衣機，並出口到韓國、日本。

3. 日本錦社的收歛思維

　　有「世界尿布大王」之譽的日本錦商社，在二次大戰結束後，僅有二百多名職員，專門生產雨衣、游泳帽、玩具、尿布等商品，但主要產品的雨衣市場已嚴重供過於求，資金周轉困難，陷於困境。有一天商社老闆多川博，無意間從報紙上看到有關人口普查的新聞，說日本正處於戰後生育高峰，每年平均出生二百五十萬個嬰兒。他開始聯想：「嬰兒出生後有什麼最需要的東西與自己生產雨衣的技術是有關的？和雨衣一樣，新生嬰兒用的尿布是防漏的，但不同的是吸水性強、柔軟。」他再算，如果每個嬰兒每天用 2 個尿布，一天就需要五百萬個，市場前景非常看好。於是多川博斷然決定改變經營方針，放棄尿布以外的商品，將公司改為生產尿布的專業公司，找了幾位技術專家研究設計出柔軟、吸水、美觀、方便的尿布，然後大規模生產，壓低價格，結果產品享譽國內外。

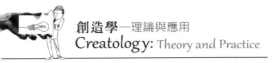
4. 李維公司尋找市場空白

　　李維公司(Levi)的創辦人李維·史特勞斯原是德國人，十九世紀四〇年代前後，當美國加州出現淘金熱的時候，隨著哥哥到美國做雜貨商，也到了加州，有一次帶了些線團類的小商品和一批帆布以供淘金者搭帳蓬用，但一位淘金者卻開玩笑地說：「我們需要的不是帆布帳蓬。」在詢問原因後，才知道原來淘金者所穿的褲子都不耐磨，他們需要的是堅固的褲子。李維立刻將工人的玩笑付諸實踐，請裁縫用帆布幫淘金者做了一條帆布褲子。這便是世界上第一條牛仔褲，以其堅固、耐久、穿著合適獲得西部牛仔和淘金者的歡迎，於是李維在 1853 年成立牛仔褲公司，大批量進行生產，並發明及取得鋼釘加固褲袋封口的專利。

　　李維公司也注重市場調查，重視對顧客消費心理的分析，如在德國詢問消費者是要價錢低、樣式好或是合身的問題，結果多數回答要合身，所以一種顏色的牛仔褲，生產出不同尺寸、不同規格和 45 種型號。客戶多付 10 美元即可根據腰圍等個人尺寸，在公司的生產線上定製。可以在李維公司設立的網頁，查看如何為自己測量尺碼的說明，量完後輸入自己的身材資料，覺得滿意的話，輸入信用卡帳號，然後相關信息傳到李維公司完成剪裁縫製等工作，三週後經由快遞公司送達指定地點。這是一件百分之百合身，並且在店裡買不到的牛仔褲。

　　李維公司雖然不斷尋找市場空白點，來維持公司良好的營運狀態，但卻忽略了女性市場。根據對 25~44 歲女性調查，這一群體對牛仔褲情有獨鍾，需要一件在腰部和臀部都很合身且

能活動自如的牛仔褲，但當時的女性卻很難買到合身的牛仔褲，這又是一處市場的空白。Lee 公司即定位於此，以女性市場為對象，一改過去產品設計上傳統的直線剪裁，而突出女性的身材和線條，結果 Lee 牛仔褲異軍突起。

5. 江崎糖果公司的多口味口香糖

日本口香糖的市場年銷售額近 700 億日元，但其中大部分為勞特公司產品所壟斷。江崎糖果公司因此成立了研發小組，專門研究勞特產品的短缺，尋找市場空隙，最後結論出勞特產品存在著四個不足之處：

(1) 以成年人為銷售對象的口香糖市場正在逐年擴大，但勞特公司卻仍然把營銷重點放在兒童口香糖市場。

(2) 勞特公司的產品主要是水果口味的口香糖，但消費者的需求、口味正在變化中。

(3) 勞特公司多年來一直生產單調的條形口香糖，式樣缺少變化。

(4) 勞特公司的產品價格是 110 日元，顧客購買時需多取付 10 日元硬幣，或找回幾枚硬幣，往往感到不便。

透過以上分析，江崎糖果公司決定以成人為目標市場，並採取相應的行銷策略，推出四種具有功能性的口香糖：(1)司機用口香糖：添加了高濃度的薄荷和天然牛黃，以強烈的刺激消除駕駛人的疲倦。(2)交際用口香糖：可清潔口腔，去除口臭。(3)運動用口香糖：內含多種維生素，有益消除疲勞。(4)輕鬆型口香糖：添加葉綠素，可調整人的不安情緒。此外，又設計了

產品的包裝和形裝，價格則訂為 50 日元和 100 日元，省去了付零找零的麻煩。

結果，功能性口香糖一上市，即獲暢銷，市場占有率升至 25%。

又如美國的寶僑公司(P&G)在同類產品中生產不同的品牌、強調不同的特性，它一共有 9 個洗衣劑品牌，6 個香皂品牌，3 個牙膏品牌，2 個衣物柔洗精品牌。針對不同的消費群展開競爭，在市場細分下占據更高的總市占率又贏得各品牌消費者的忠誠度。

舊款冰箱都是上冷下熱，即冷凍室在上，冷藏室在下，但新款冰箱卻對冰箱結構進行重組，冷藏室在上，冷凍室在下。這種結構重組的冰箱具有二個優點：(1)增加使用的便利性，因為冰箱最常使用的是冷藏室，冷藏室在下時要低身彎腰存取物品，當冷藏室上移後就不再有此多餘的動作。(2)冷凍室在下面，利用了冷氣下沉原理，使負載溫度回升時間比一般凍箱延長一倍，節約能源。

1850 年代的某個冬天，年輕的奧迪斯因為工作的工廠瀕臨倒閉，正為失業問題而苦惱，突然看到道路對面的一棟樓上，有一位老先生正把一條繩子由窗口垂下，樓下的老婦人則把裝滿食物的籃子繫在繩上。看著緩緩升起的籃子和老先生吃力的臉孔，他的腦海中卻浮現另外一幅畫面：籃子放在一台機械上，而機器正平穩地升到窗台前。經由這個聯想，奧迪斯連續數日閉門苦思，終於完成世界上第一台安全升降機的設計，也從此建立了奧迪斯的電梯王國。

今天為許多女性所愛吃的有餡牛奶巧克力食品，是由美國的霍利·馬斯所有的巧克力糖果公司所率先推出的。消費者總是求新求變，新奇的口味常能取勝，那麼為什麼不能用果仁作餡以發明新口味的巧克力食品？按照檢核表法修改過後的巧克力，擁有新餡料，又保留原有巧克力的要素，大大獲得消費者的喜愛。

列舉法，不但可以用來找出自己產品的缺點，也可以用來發掘競爭對手產品的優缺點，藉以改良自己的產品。如日本松下電器公司設立二、三個擁有最新技術的生產研究單位，專門分析競爭對手的新產品，只要發現缺點，就設法尋找改進的方法，以使自己的產品能做的更好。在二十世紀的六〇年代，每當美國通用汽車公司有新款車上市時，福特汽車公司就會立刻進行採購，更在十天內將車輛全車分解，將所有零件逐一清洗，稱其重量，再按功能排列固定木板上，然後與自己的產品對照，進行技術和成本的分析，找出對方的優、缺點，以擬出應變對策。

自行車雖然方便，但速度較慢，騎久易累，特別是在碰到上坡路段時。若按照檢核表中的能否組合去思考，將馬達裝在自行車上，改為電動自行車，既保留自行車輕便靈巧、運動身體的優點，又適合都市講求快速、不占空間的需求。

 參 營銷創新

產品生產的最終目的在成功的賣給消費者，它的過程即依靠營銷方法。

　　奇普・康利(Stephen Townsend Conley)等人在擬定營銷決策及計畫時，自問以下的問題：1.我們企業的使命和願景是什麼？2.我們為完成或達到使命和願景需要有什麼可衡量的目標？3.我們想滿足什麼樣的市場需要和願望？4.我們的目標顧客（受眾）是誰？5.我們對每一類受眾的需要、願望、相關習慣和行為，在溝通和使用媒體方面的偏好及核心價值觀有多少瞭解？6.我們能吸引人的市場和價值主張（顧客買我們的產品可得到的獨特好處）是什麼？7.我們能吸引人的價值觀主張（顧客用金錢投我們票後，創造或分享的獨特社會收益）是什麼？8.哪些關鍵信息（情感的及事實方面的）可促使目標顧客採取購買行動？9.為把這種信息傳達給目標顧客，有何最有效的營銷戰術？10.我們為做到有效、應在時間及金錢上投入多少？11.每一個任務由誰負責？截止時間是何時？12.我們將如何衡量成功？（閔鮮寧譯，《銷售改變世界：卓越營銷十大法則》，中國人民大學出版社，頁 10-11。）

　　而在實際計畫的擬訂時，要進行競爭環境調查（競爭同業的技術、營銷策略、營銷方式、新產品開發、銷售服務等）、產品生命週期調查、產品價格調查（影響競爭能力及利潤），其定價標準包括：市場需求、競爭與成本、社會購買力調查（是否鎖定特殊階層）、市場需求調查、社會文化環境調查等，以掌握足夠信息，提出最好營銷方案。最後要能抓住消費者的從眾心理和好奇心理。

一、戴爾的直銷模式

在戴爾電腦公司出現前，電腦產業的作法，都是由製造商生產電腦後，再配銷給經銷商和零售商，由他們賣給企業或個人消費者。其所以需要經銷商和零售商的中間環節，是因為製造商需要透過這種方式才能達到全國性的銷售，但戴爾認為大家都視為理所當然的做法是一種心理定勢。根據他自己大學一年級時，在 IBM 公司的電腦上，增加自己設計的技術，再轉賣給學生的經驗中，他知道顧客會一年比一年更具備電腦知識，也會有更高的要求，那麼就會有更多的人看到經銷商和零售商所賺取的利潤空間，就會開始像自己一樣自行或找人幫忙組裝一台性能更好但成本便宜的個人電腦，基於這種必然趨勢，為何不能進行大規模的組裝，這樣價格能更低廉，並可靈活的升級，然後把組裝後的電腦直接賣給消費者，這樣還可以把經銷商和零售商所賺的利潤，返回給消費者。因此戴爾開展了電腦直銷的新經營模式。

二、蘋果讓媒體義務作廣告

蘋果電腦公司的營銷手段更屬於經典。如在賈伯斯重返蘋果公司後，推出了一個名為 "Think Different"（不同凡想）的電視廣告。在廣告中出現拳王阿里、搖滾音樂史上的傳奇人物鮑比·達倫、發明家愛迪生、現代物理學家愛因斯坦、著名導演希區考克、CNN 創辦人泰德·特納等名人的黑白特寫。在播放這些畫面時，旁白說著：「他們我行我素，桀驁不馴，惹是生非，他們用不同的角度來看待事物，他們既不墨守成規，也不安於現狀，你可以讚美

他們、否定他們、引用他們、質疑他們、頌揚或者詆毀他們，但唯獨不能漠視他們，因為他們改變了世界，他們讓世界向前跨了一大步。他們曾被視為瘋子，現在卻是天才。因為只瘋狂到認為自己能夠改變世界的人，才能真正地改變世界。」在照片放映結束後，畫面上出現"Think Different"的字樣和蘋果的商標。這個廣告的意圖是把蘋果自己和用戶與那些特別的領袖、藝術家、科學家等聯繫在一起，而意示：蘋果公司因為「不同凡想」能像那些偉大的人物一樣改變了世界。而消費者則可通過選擇蘋果電腦，像那些偉大人物一樣，做到「不同凡想」。

而蘋果的 iPod 採用白色的機身也是出於營銷技倆，因為當人們用 iPod 聽音樂時，唯一能看到的部分就是白色的耳機，這就使得戴白色耳機成為一種新潮時髦的象徵，只有戴白色耳機，才是酷的一族。

賈伯斯並善於掌握「保密在營銷中的運用」，製造神祕，讓媒體義務作廣告。蘋果公司要求所有員工在產品正式推出前，不得洩露有關產品的任何訊息。

如蘋果在 2004 年剛開發 iPhone 時，即表示要推出一款新手機，但這款手機究竟有什麼功能、技術上有那些強項，與市面現有手機有何不同，卻絕口不提。但單是這一消息，已經激發了媒體和消費者的好奇心，開始討論起來，進行各種預測。結果，蘋果公司什麼也沒做，iPhone 營銷費用零，媒體已自動幫 iPhone 大作廣告。

　　從研發開始到產品正式上市，需一段很長的時間，而隨著時間的流逝，大家對 iPhone 的關注逐漸淡忘，這時賈伯斯就會選擇時機，透露一些新信息，再引起消費者的注意，引起新一波的討論熱潮。而這時媒體所有對於 iPhone 的報導只是推測和期待。到 2007 年 1 月，在 Macworld 大會上，iPhone 才第一次現身，但賈伯斯只簡單演示 iPhone 的功能，並沒有多談細節。在 2007 年 2 月，在奧斯卡頒獎典禮上，出現 iPhone 的廣告，廣告中仍然沒有提到 iPhone 的任何細節，只是預告將於六月上市。到 2007 年 3 月，獨家銷售 iPhone 的美國電話電報公司已收到 100 萬封詢問有關 iPhone 各種信息的郵件。根據估計，在 iPhone 上市前，媒體有關 iPhone 的新聞報導的廣告價值已高達 4 億，然蘋果公司卻未付出正式廣告支出。

　　蘋果在吊足消費者胃口後，正式推出 iPhone，並同時開始在報紙、雜誌、廣播、電視等各種媒體上推出大量廣告，詳細介紹 iPhone 的功能及各種細節，引起大眾更大的關注與追星。賈伯斯的營銷手法，不但創造期待，營造神祕感，使所有的猜測、想像、好奇最後都化為狂熱的激情。（呼志強，《跟賈伯斯學創新：蘋果帶給企業的成功啟示》，機械工業出版社，頁 156-159。）

三、通口浚夫的三角經營法

　　日本有一家醫藥公司在創業初期，分別在京阪鐵路沿線的京橋、干林、林云三地開設了三個藥店，但業績始終無法提升。有一天公司經理通口浚夫看到幾個小學生把手伸進三角尺的圓洞裡，不

停地旋轉把玩著，他心裡一動，站起來緊盯著三角尺，聯想到數學上三角形的穩定性和軍事上三足鼎立的說法。他迅速跑回家，打開這個地區的地圖，發現自己開的這三家藥店正好分布在一條直線上，他想：「這三家店經營不好的原因就在於這種呈直線的分布，只有路過的行人會買藥，但如果把這三家店的分布改為三角形的話，就可以將一塊地域包圍起來，不僅是路過的行人，而且在三角形內居住的人都會來買藥，不會去別的地方。」通口浚夫想好之後，即關掉了原來三點中間位於林云的站，然後又在德庵開了一家藥店，這樣，分店還是三家，只不過調整了它們的位置，將以前的直線分布改為三角形的三個點，結果營運狀況立刻改觀，「三角經營法」也從此成為通口浚夫的經營專利。

四、可口可樂與販賣機

在二十世紀的八〇年代，當古茲維塔接掌可口可樂的時候，面對的是與百事可樂的激烈競爭，而可口可樂的市占率則在下降中。公司的其他管理階層都將注意力放在對手百事可樂的身上，想盡方法如何提高市占率，即使增長百分之零點一都好。但古茲維塔卻決定停止與百事可樂間的激烈廝殺，而改為和「百分之零點一的成長」此一情境進行角逐。

他問幹部們美國人平均一天要消耗多少液態食品？答案是 14 盎斯，可口可樂在其中占多少？答案是 2 盎斯。古茲維塔說，我們的競爭對象不是百事可樂，而是占據了市場其餘 12 盎斯的水、茶、咖啡、牛奶及果汁。當大家想喝點飲料的時候，應該是去找可

口可樂。為達此一目的，可口可樂開始在每一條路上擺設可口可樂自動販賣機，結果銷售量節節上升。

五、通用磨坊公司的迎合顧客價值觀

美國通用磨坊公司將報紙廣告上的折扣券當做促銷麥片的一種方式，但隨時間的推移，雖然顧客們早餐依然食用麥片，卻不再有興趣從報紙上收集折扣券了，然而公司卻發現有許多父母親心裡想為孩子就讀的學校作點有意義的事情。於是磨坊公司推出了「為教育收集麥片包裝盒蓋」的計劃，以對顧客想對學校作點什麼的價值觀作出貢獻。

公司在麥片包裝盒上印了公司的標識，家長們可以剪下來交給學校，學校每收到一個公司標識，通用磨坊公司即捐 10 美分給學校。一般的家庭每週消費三盒麥片，這即意謂如都購食磨坊公司產品的話，每週可為孩子的學校掙到 30 美分，或每年 15 美元。這種促銷活動也使父母與孩子間產生有意義的共鳴。

多年來，美國的學校收到幾十億個通用磨坊公司的標識，而從 1996 年到 2006 年，該公司便已捐出一億五千萬美元。

肆 服務創新

企業除了要提供好的服務，更要提供有特色的服務，一方面顯示對顧客負責的經營作風，另一方面可因為方便群眾，爭取到更多的消費者，提升業績。因為顧客不只在買產品，也是在買服務。

一、蘋果電腦專賣店的創新服務

在蘋果電腦專賣店裡，消費者不會感受到任何壓力，他們可以隨便碰觸所有產品，可以玩遊戲、聊天、看電影、上網，不用花一分錢，也不會被過問，只要願意，可待上半天。店裡銷售人員非常友善，樂於回答消費者的任何問題，專心教顧客如何使用蘋果產品，告訴消費者蘋果產品的優點，但不會勸說消費者購買任何一款產品。對店員而言，這樣的服務是蘋果對他們的基本要求，但對客戶而言，友善、禮貌的態度可能是他們購買蘋果產品的原因。

在蘋果電腦專賣店裡，有一個專區，是專為消費者提供售後技術服務和教導顧客如何使用產品的場所。因為蘋果對專賣店的定位不只是一個購買行為發生和結束的地點，而是蘋果與用戶建立關係的開始。因此，消費者在蘋果專賣店購買產品後，服務人員會針對客人的個人需求對電腦進行個性化設計，設計客人喜歡的桌面和字體，安裝印表機和照相機的驅動裝置，設定網路聯接，而這些服務完全免費。至於電腦如出現故障或技術問題，都可送到此專區進行檢修。因而，蘋果這種創新、貼心的服務爭取到了更多的客戶與好感度。

二、麥當勞的得來速服務

麥當勞為了讓汽車駕駛與乘客也有休息和進食的場所，在美國的高速公路兩旁和郊區開設了許多分店，並在距離店面 10 公尺處裝了對講機，設有顯目的食品名稱和價格，駕駛人路過，只需透過對講機點餐，而當車開到餐廳特設窗口時，就可一手交錢、一手取

貨，並可立刻再驅車上路。為了方便顧客攜帶，事先把賣給顧客的漢堡和炸薯條裝進紙盒和紙袋，使食品在車上不致傾倒或溢出。

此外，麥當勞餐廳還以家庭消費為主，使家庭主婦省心、省力、省時，使每一個進餐者有賓至如歸的感覺，其往往設有兒童遊戲區，使顧客能感受到家庭生活的樂趣。

三、諾斯通(Nordstrom)百貨的最佳服務

在美國一個電視節目「60 分鐘」裡，在介紹諾斯通百貨時說：「諾斯通的服務模式以前沒有過，以後也少見，在諾斯通，服務就是一切。」而曾任美國零售業巨人沃爾瑪執行長的戴維‧格拉斯則指：「優質服務和諾斯通是同義詞」。

諾斯通的成功，除了精心的採購、公道的價格、辛勤的工作外，要求員工能做出超出職責以外的服務。並且給予員工做決定的自由，而管理層願意接受這些決定，所以在諾斯通購物的體驗就如同在一家私人擁有的小商店。諾斯通的售貨員，可以作任何必要的決定，就像在他們自己的店中一樣。當然，諾斯通的售貨員還有豐富的佣金。

該公司員工手冊的首頁寫著：「歡迎加入 Nordstrom！」「很高興你加入我們的公司。」「我們的首要目標是為顧客提供卓越的服務。」「把你的首要目標和事業目標定得高一些。」「你有能力達到所定的目標，我們對此深信不疑。」「準則：在任何情況下都要運用你良好的判斷力，此外沒有別的準則。」「在任何時間、有任何問題，請不要猶豫，立即去問你的部門主管、分店經理。」

最好的諾斯通售貨員會竭盡全力，確保每位顧客的滿意，使其買回家的東西是合適的規格、合適的顏色和合適的價格，為了做到此點，諾斯通的庫存種類繁多，如多數鞋廠只願提供最受歡迎的規格，但諾斯通要求鞋廠提供所有的尺碼，因為有 50%的人不是穿那些尺碼的鞋，而公司的良好聲譽之一就是能夠滿足每一個人的需要，所以如顧客抱怨店中沒有所要的尺碼，諾斯通就會採取行動。

如有一天，有位顧客瘋狂喜愛上一雙鞋子，但是在西雅圖店中沒有適合她的尺碼，售貨員在西雅圖地區的其他五家店中也沒有找到合適的鞋子。當得知對面競爭對手的店中也有這款鞋子的時候，售貨員立刻從經理處取得一筆現金，跑過馬路，在競爭對手的店裡買下鞋子，再趕回諾斯通店，以諾斯通低於對方的定價賣給這位顧客。雖然在交易中，諾斯通沒賺到錢，但卻是一筆好的投資，能贏得顧客的忠誠而再次光臨。

有位男士給諾斯通百貨公司寫了一封信，說在諾斯通買了一套衣服，但不太合適，換了幾次還是不行。當董事長約翰‧諾斯通看到信後，派人送了一套新衣服到顧客的辦公室，並且派了裁縫一起去，以確保上衣和褲子都能合身，而這一切不另收費。

南非有一家服務業的經理為了實際考察諾斯通的出色服務，拿了一條在南非買的褲子。到美國諾斯通的一家分店測試退貨。他告訴店員說：「來美國時帶了一條褲子，卻發現號碼錯了，不知是否可以退貨？」他原以為會聽到慣常的婉言謝絕，但讓他吃驚的是，售貨員既沒有叫經理來處理，也沒有去找出納，而是問他花多少錢買的並從收銀機裡取出現金如數退款。然後這位經理繼續的測試，

問售貨員是否可以幫自己為妻子選一些連身褲襪，那位售貨員把他帶到女裝部的連身褲襪櫃台前問：「您妻子穿幾號的褲襪？」經理回答：「不知道。」但售貨員卻拿出三種不同號碼的連身褲襪，讓他確認哪一種最適合他妻子。

諾斯通的售貨員在交易完成後，會打電話詢問客戶滿意度，有新貨來時會通知老客戶或提供採購意見，或僅是單純的問好。該公司一位優秀售貨員的記事本裡記錄了所有顧客的姓名、電話號碼、帳號、所需服裝的尺寸、以前的購物情況及其他個性特徵，如尺寸難找或喜歡在促銷期間購物等，並養成了有特殊商品的時候打電給特定顧客的習慣。遇到生日或紀念節日，他會主動打電話給顧客的妻子或孩子，提供購買禮物的建議等。往往是此番作為創造出了新的商機。

 伍　合理化建議

有效的鼓勵員工參與為企業普遍採用的合理化建議，不論是對商品、技術、營銷、管理、服務等各個方面都能產生非常有益的創新成績。

合理化建議最早為美國柯達公司所採用，柯達公司的創辦人喬治‧伊斯曼有天收到一份工人的建議書，提議將生產部門的玻璃擦拭乾淨，這雖然只是一件微不足道的小事，但伊斯曼卻看出其中的意義——員工積極性的表現，因此除公開表揚這名工人外，並發給獎金，從此建立起「柯達建議制度」。

　　在柯達公司的走廊，員工可隨手取得建議表，寫完後投入任何一個信箱，都能送到專職的「建議祕書」手中，專職祕書負責及時將建議書送到有關部門進行審議、評鑑，建議者可隨時打電話詢問建議的下落。公司另有專門委員會負責審核、批准、發獎。至於未被採納的建議，也要以口頭或書面的方式說明理由，如果建議人要求試驗，可由公司協助進行實驗，以驗明該建議是否具有價值。該公司的員工建議已逾兩百萬件，其中約有三分之一獲得採納，至於發出的獎金，每年都在 150 萬美元以上。如在 1983~1984 年，公司因採納合理化建議而節約成本約 1,850 萬美元，但發給建議者獎金總計 370 萬美元。這種建議在降低生產成本、提高產品品質、改進製造方法、保障工安等方面都發揮很大的功效。

　　西門子公司也構建了一個原則創新體系，此創新體系不只限於研發部門。其經由一個「3i 計畫」來收集所有部門員工的創新建議，並為提出建議的員工頒發獎金。3 個「i」的字母分別來自三個單詞：點子(Ideas)、激情(Impulses)、積極性(Initiatives)。「3i 計畫」的目標是讓每個員工不斷挖掘自身的潛能。「3i 計畫」實施後，在每個會計年度內，員工提出的建議超過 10 萬個，其中有85%得到採納並得到獎勵。同時提供好點子的員工也能因此分到總價值高達 2 千萬歐元的紅利獎金，員工最多的可分到十幾萬歐元的獎金。例如在德國工廠車間工作的三個工人提出把電子零件安裝到印刷電路板上的新方法，降低了由操作造成的成品不良率，為公司減少 12.3 萬歐元的成本，這三位工人因此分別獲得 2 萬歐元的獎金。

17
Chapter

結　語

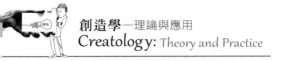
　　創造發明或進行創意思維，觀察和想像是兩種很重要的能力，但許多人卻往往缺乏想像的能力。

　　豐子愷先生(1898-1975)是一位藝術家，寫有一篇文章叫〈藝術的學習法〉，所討論的問題雖然是如何培養藝術的趣味以進行藝術的創造活動，但對人想像空間的開拓卻是很有幫助，因而將該文的相關重點引述如後，作為本書的結束，希望有助於讀者創造想像空間的開展。

〈藝術的學習法〉（節錄）　豐子愷

　　學過了幾何，再學三角，學過了物理，再學化學，都是更進一步，再多學一種學問。只要更多出一點心力，或者更多費一點時間，就可以成功。但學過了別的學問，再學藝術，情形就不同：不是更多出力或更多費時，就可成功的。學了別的東西之後，再學藝術，須得心中另「換一種態度」，才有成功的希望。所以講藝術學習法，先講藝術內幕的事是徒勞的，必須先請學者懂得「換一種態度」的方法。

　　感情怎樣用法？可就眼睛、耳朵、心思三方面分別說明。因為重要的三種藝術，繪畫、音樂、文學，是用這三種感官去領略的。

1. 眼睛的藝術的用法

　　造物主給我們頭上生一雙眼睛，原是教我們看物象的。但他曾經叮囑我們：「要用眼睛看物象的本身，又看物象的意義！」小孩子出生不久，分別記得這句話，看物象時都能夠注意其本身。後來年紀長大，便忘了上半句，不看物象的本身，而專看物象的意義了。

不妨舉日常生活的實例來說。譬如一隻茶杯，你看見了但想「這是盛茶用的器皿，這是我所有的，這是幾毛錢買來的」等，你便忘記了造物主叮囑你的上半句，而只記得下半句了。換言之，你的眼睛便是不懂得藝術的用法的。還須得能夠靜靜地觀賞茶杯，看它的形狀如何，線條如何，色彩如何，姿態如何，才是看見茶杯的本身。又如一把椅子，你看見了但想「這是坐的傢俱，這是紅木製的，這應該放在客堂裡，這要謹防偷盜」等，也是忘記了上半句，不懂得眼的藝術的用法。還須得能夠觀賞椅子，看它的形狀、線條、色彩、姿勢，才是看見椅子的本身。如前所述，看見樹木，只想「這是什麼樹，在植物學中屬於何類，是誰所植，樹上可收果實多少，樹幹可作多少器具，我打算怎樣採伐它」等，此人也沒有看見樹木的本身。

看見物象本身有什麼好處呢？淺而言之，大家能夠看見物象的本身，世間的工藝美術一定會大大地進步起來。只因多數人只講實用，茶杯但求盛茶不漏就好，椅子只要是紅木的便貴，對於形式的美惡全不講究，於是社會上就有許多惡劣的工藝品流行，破壞人生的美感。常見好好的瓷器，只因樣子塑得不好，花紋描得難看，而給人惡劣的印象。好好的木器，只因形式造得不好，漆飾塗得難看，而引起人不快的感覺。都是為了多數人看不見物象的本身，因而工業者忽略美術的研究所致。進而言之，吾人對物象能看其本身的姿態，眼前的世界便多美景，你的心便多慰樂。所謂「美的世界」，並非另有一個世界，便是看物象本身時所見的世界。

可知要學藝術，必須懂得眼的藝術的用法，即必須能見物象的本身。但最後我須得聲明：我勸你看物象的本身，並非勸你絕不要想起物象的意義，而僅看其本身。我是勸你不要忘記造物主所叮囑你的話：「要用眼睛看物象的本身，又看物象的意義。」看物象的本身能發見其美，看物象的意義能發見其真和善。真善美三位一體，不能分割。

2. 耳朵的藝術的用法

造物者給人頭上造一雙耳朵，教人能聽。當時也有一句話叮囑人：「要用耳朵聽聲音的本身，又聽聲音的意義！」但人們老是忘記了上半句，而單記住下半句。聽見一種聲音，但問這是什麼聲音。是敵機聲嗎？趕快逃進防空洞！是風聲嗎？可以放心。是喊救火嗎？趕快搬東西！是喊擺渡嗎？可以放心。這樣的聽覺生活過慣了，遇到聲音總是追求其意義，就從此聽不見聲音的本身了。凡美必是事物本身的表現。故音樂藝術必是聲音本身的表現。聽不見聲音本身的人，就不能學習音樂。唱起歌來像說話或叫喊一樣，聽見音樂先問這是什麼歌，便是不解音樂本身之故。故耳朵的藝術的用法，是聽聲音的意義之外，又聽其高低、強弱、長短和腔調。風聲、水聲，沒有字眼，你要能在它的高低、強弱、長短裡聽出一種情味來。反之，說話有字眼，你卻要能在字眼之外聽出一種腔調來。——好比不懂英語的人聽英國人說話，不解其意義而但聞其腔調。這等便是聽取聲音本身的練習。練習積得多了，聽見沒有字眼的聲音便以聽見說話一般，能在其中感到一種情味，音樂藝術便可學成了。據傳說，希臘黃金時代，藝術最發達的時代，其

人民聽講演，對於講演的音調，比講演的意義看得更重。話未免誇張，但藝術教養深厚的人對於聲音的敏感，於此可知。我國古代也有傳說：孔子有一天立在堂上，聽見外面有一種哭聲，非常悲哀。孔子就拿琴來彈，其琴聲的腔調和哭聲相同。孔子彈完了琴，聽見有人嗟嘆。問是誰，原來是顏淵。孔子問顏淵為什麼嗟嘆。顏淵說：「現在我聽見外面有人哭，聽音很悲哀，不但是哭死別，又是哭生離。」孔子說：「你何以知道？」顏淵說：「因為它像完山之鳥的鳴聲。」孔子說：「完山之鳥之鳴聲又怎樣？」顏淵說：「完山之鳥有四個兒子，羽翼已經長成，將要分飛到四海去。母鳥送別他們，鳴聲極其悲哀。因為他們是一去不返的。」孔子差人去問門外哭的人，哭的人說：「丈夫死了，家裡很窮，將賣掉兒子來葬丈夫，現在正在同兒子分別。」於是孔子稱贊顏淵的聰明。這故事不知真假。但故事的意旨，無非是要說明聲音本身（沒有字眼）能夠詳細地表現感覺。懂得耳朵的藝術的用法，便能從純粹的聲音中聽出一種情味來。

　　故要用耳朵來學習藝術，即要學習音樂，必須另備一種聽的態度。不要專門聽辨聲音的意義，又宜於意義之外聽賞其腔調。聲樂不過是音樂中之一種，不能代表音樂本體的。器樂才是音樂的本體。要理解器樂曲，必須從聽賞聲音本身入手。但最後又須聲明：我勸你聽賞聲音的本身，並非勸你聽人說話時也不顧到話的意義，而僅聽其腔調，弄得同外國人或聾子一樣。我們勸你不要忘記造物主所叮囑的話：「要用耳朵聽聲音的本身，又聽聲音的意義。」聽聲音的本身能發見其美，聽聲音的意義能發見其真和善。

3. 心思的藝術的用法

我們平時對於世間事物的思想與見解，總是求其真實而合理的。然而有的時候，真實合理太久了，要覺得枯燥苦悶；偶然來個不真實、不合理的思想與見解，反而覺得有趣。這也是人的生活的一種奇妙狀態。例如幾個大人坐在室中談話。談的話都真實而合理。忽然有一個小孩子，到室中來遊戲了。他把糕餵給洋囝囝吃；忽然又脫下自己腳上的鞋子來，給凳子的腳穿了。於是大人們都笑起來。這種笑，不是笑他的無知與愚痴，卻是覺得這種生活的有趣，而真心地歡笑。歡笑得不夠，大人們會蹲下來，模仿小孩子，向他討糕糕吃。可見兒童生活富有趣味，可以救濟大人們生活的枯燥與苦悶。耶穌聖經中說：「惟兒童得入天國。」從藝術上看，兒童得入天國，便是如此。但造物主憐憫大人們脫離了兒童的黃金時代之後，生活太苦，特為造出叫做「藝術」的一種東西來賜給他們，以救濟他們的生活的枯燥與苦悶。故心思的藝術的用法，不妨說就是大人思想的兒童思想化。就是大人的回復其「童心」。

懂得真實地、合理地觀看世間事物的大人們，有時故意裝作不懂，發出小孩子說話似的見解來，便可成為藝術的「詩」。例如：一個女子自己划船去採蓮，採到月出才划回來。本是一件尋常的事。但你不必這樣老老實實地說，你不妨換一種看法與想法，把花月看作人，想像他們都同這採蓮女相親愛，便可得這樣的詩句：

來時浦口花迎入，採罷江頭月送歸。

　　這麼一說，這一件尋常的事忽然富有生趣，這事實忽然美化了。我們明明知道這話不真實，不合理，是假意說說的。但我們不嫌其假，反覺其假得很好。又如兩人將要分別，在蠟燭下談到夜深。也是一件尋常的事。但我們不妨換一種看法與想法，而這樣地說：

　　　　蠟燭有心還惜別，替人垂淚到天明。

　　好在蠟燭有芯，其油象淚，這詩句就更巧妙了。又如一個人坐在深山中的庵裡，獨自喝杯茶。這事實可謂簡單、枯燥、寂寞之極了。但詩人能作如是觀：

　　　　青山個個伸頭看，看我庵中吃苦茶。

　　再看同類的事實：一個人獨行荒山中，只有一隻白鳥飛來叫了幾聲，其餘無事。這也可謂簡單、枯燥、寂寞之至了。但詩人這樣說：

　　　　青山不識我姓氏，我亦不識青山名。

　　　　飛來白鳥似相識，對我對山三兩聲。

　　上面舉的四個例，都是故意說假話。假的地方，都在把無情之物當有情的人看。故可稱為「擬人的看法」。這看法進步起來，有時變成荒唐。而好處也就在荒唐。

　　總結上文：要學習藝術，須能另換一種與平常不同的態度來對付世間。眼睛要能看見形象的本身。耳朵要能聽到聲音的本身。心思要能像兒童一般天真爛漫。

參考書目　References

1. 尤克強，知識管理與創新，台北：天下遠見出版公司，2001 年 9 月第 1 版第 1 次印行。

2. 王亮中、孫峰華等編著，TRIZ 創新理論與應用原理，北京：科學出版社，2010 年 2 月第 1 版。

3. 王美音譯，Dorothy Leonard-Barton 著，知識創新之旅，台北：遠流出版公司，1998 年 11 月初版 1 刷。

4. 王笑東譯，卡特‧布利斯著，創造力激發訓練，台中：晨星出版有限公司，2003 年 3 月 31 日初版。

5. 王殿舉，齊二石編著，技術創新導論，天津：天津大學出版社，2003 年 6 月第 1 版。

6. 包昌火、謝新洲主編，技術創新與企業競爭，北京：華夏出版社，2003 年 4 月第 1 版第 1 次印刷。

7. 全國總工會職工技協辦公室編寫，創造學與創造力開發，北京：經濟管理出版社，1999 年 7 月第 1 版 1 刷。

8. 江麗美譯，愛德華‧波諾原著，六頂思考帽，台北：桂冠圖書公司，1996 年 8 月初版 1 刷。

9. 李文春、魏春健等編著，讀「水滸」掌握方法，台灣先智出版事業股份有限公司，2000 年 12 月第 1 版 1 刷。

10. 沈若薇譯，Lance H.K. Secretan 著，再創優勢企業，台北：美商麥格羅‧希爾國際股份有限公司台灣分公司，2001 年 7 月 2 版 1 刷。

11. 孟慶國、田克錄等譯，戴維‧克雷恩主編，智力資本的策略管理，台北：米娜貝爾出版公司，2001 年 1 月第 1 版第 1 刷。

12. 林忠發譯，江口克彥著，松下人才學：培育人才的 12 個觀點，台北：麥田出版股份有限公司，1999 年 7 月 2 版 1 刷。

13. 林重文譯，Steven D. Strauss 著，大創意，台北：臉譜出版社，2003 年 8 月初版 1 刷。

14. 林麗冠譯，約翰‧科特著，廢墟中站起來的巨人：一位哈佛學者眼中的松下幸之助，台北：天下遠見出版公司，1998 年 7 月第 1 版第 1 次印行。

15. 邵志芳，思維心理學，上海：華東師範大學出版社，2001 年 2 月第 1 版 1 刷。

16. 邵澤水，打開糾結的左腦，台北：廣達文化事業公司，2003 年 2 月 1 版 1 刷。

17. 孫建霞、柳新華編著，創新：奔向成功，北京：經濟科學出版社，2000 年 9 月第 1 版 1 刷。

18. 徐方瞿編著，創新與創造教育，上海：上海教育出版社，2003 年 3 月第 1 版第 2 次印刷。

19. 高翠霜譯，威廉・喬伊斯著，大改變：全球一流企業如何重塑生產力，台北：先覺出版股份有限公司，2001 年 2 月初版。

20. 張子睿編著，創造性解決問題，北京：中國水利水電出版社，2005 年 8 月第 1 版。

21. 梁良良、黃牧怡，走進思維的誤區，北京：中央編譯出版社，2001 年 11 月第 2 版第 2 次印刷。

22. 莊素玉等著，創新管理，台北：天下遠見出版公司，2000 年 4 月第 1 版第 4 次印行。

23. 郭亨杰主編，心理學：學習與應用，上海：上海教育出版社，2001 年 1 月第 1 版第 1 次印刷。

24. 郭進隆譯，彼得・聖吉著，第五項修鍊，台北：天下遠見出版公司，1999 年 8 月第 1 版第 44 次印行。

25. 陳玉芬、吳為聖譯，Neil Coade 著，超創意管理，台北：高寶國際有限公司，1999 年 3 月第 1 版第 1 刷。

26. 陳星偉譯，伊丹敬之等編，創新才會贏：14 個個案串連出日本第一的真實樣貌，台北：遠流出版公司，1999 年 12 月初版 1 刷。

27. 陳琇玲譯，Peter F. Drucker 著，成效管理，台北：天下遠見出版公司，2001 年 4 月第 1 版第 1 次印行。

28. 傅世俠、羅玲玲，科學創造方法論，北京：中國經濟出版社，2000 年 3 月第 1 版 1 刷。

29. 黃順基、蘇越、黃展驥主編，邏輯與知識創新，北京：中國人民大學出版社，2002 年 4 月第 1 版 1 刷。

30. 楊士毅，邏輯與人生：語言與謬誤，台北：書林出版有限公司，1994 年 3 月 3 版 3 刷。

31. 楊子江、王美音譯，野中郁次郎、竹內弘高著，創新求勝：智價企業論，台北：遠流出版公司，2000 年 3 月初版 3 刷。

32. 葉茂林、劉宇、王斌，知識管理理論與運作，北京：社會科學文獻出版社，2003 年 7 月第 1 次印刷。

33. 趙建春、張治學、王其江、蔣書君、司福亭合著，技術創新原理及體系構建，鄭州：河南人民出版社，2000 年 2 月第 1 版第 1 次印刷。

34. 趙敏、胡鈺編著，創新的方法，北京：當代中國出版社，2008 年 1 月第 1 版。

35. 趙鋒主編，TRIZ 理論與應用教程，西安：西北工業大學，2010 年 8 月第 1 版。

36. 趙鑫珊，藝術、科學、哲學斷想，台北：丹青圖書有限公司，1987 年 6 月初版。

37. 齊思賢譯，湯瑪斯・派辛格著，知識經濟領航員，台北：時報文化出版公司，2001 年 4 月初版 1 刷。

38. 齊思賢譯，萊斯特・梭羅著，知識經濟時代，台北：時報文化出版公司，2001 年 2 月初版 9 刷。

39. 劉天祥譯，七田真著，超右腦革命，台北：中國生產力中心，2001 年 11 月初版第 8 刷。

40. 劉仲林，中國創造學概論，天津：天津人民出版社，2001 年 5 月第 1 版第 1 次印刷。

41. 劉蘊芳譯，Michael Gelb 著，7 Brains：怎樣擁有達文西的 7 種天才，台北：大塊文化出版公司，2000 年 1 月初版 4 刷。

42. 應小端譯，金誠等著，創新，台北：天下遠見出版公司，2002 年 10 月第 1 版第 1 次印行。

43. 檀潤華、丁輝編著，創新技法與實踐，北京：機械工業出版社，2010 年 7 月第 1 版。

44. 謝佩霓譯，激發你的創造力，台北：迪茂國際出版（台灣）公司，2000 年 7 月初版 1 刷。

45. 顏惠庚、李耀中主編，技術創新方法入門——TRIZ 基礎，北京：化學工業出版社，2011 年 8 月第 1 版。

46. 羅若蘋譯，Michael Michalko 著，創意思考玩具庫，台北：方智出版社，2003 年 4 月初版 8 刷。

MEMO

MEMO

MEMO

MEMO

MEMO

國家圖書館出版品預行編目資料

創造學:理論與應用 ／ 經觀榮，王興芳編著.
--四版.--新北市:新文京開發,2019.12
面 ； 公分

ISBN 978-986-430-578-0(平裝)

1.創造性思考 2.知識管理

176.4 108021755

創造學－理論與應用（第四版） （書號：E192e4）

編 著 者	經觀榮 王興芳
出 版 者	新文京開發出版股份有限公司
地 址	新北市中和區中山路二段 362 號 9 樓
電 話	(02) 2244-8188（代表號）
F A X	(02) 2244-8189
郵 撥	1958730-2
初 版	西元 2005 年 01 月 15 日
二 版	西元 2012 年 09 月 18 日
三 版	西元 2016 年 02 月 14 日
四 版	西元 2020 年 01 月 15 日

有著作權 不准翻印 建議售價：390 元

法律顧問：蕭雄淋律師

ISBN 978-986-430-578-0

New Wun Ching Developmental Publishing Co., Ltd.

New Age · New Choice · The Best Selected Educational Publications—NEW WCDP